高职高专物联网应用技术专业“十三五”规划教材

TS MSP430 中国大学计划教材

低功耗单片机应用技术

主　编　李立早　孙　敏

参　编　魏　欣　李芳苑

西安电子科技大学出版社

内 容 简 介

本书以德州仪器(TI)公司出品的 MSP430F5529 单片机为例，介绍了 MSP430 系列单片机的结构原理以及使用方法等。全书共 7 章：第 1 章介绍了 MSP430F5529 单片机的结构与特点、低功耗工作模式与中断系统等；第 2 章介绍了 MSP430 单片机程序设计方法、MSP - EXP430F5529LP 实验板以及 IAR 开发环境的使用；第 3 章结合十六人抢答器的设计介绍了 MSP430F5529 单片机 GPIO 模块；第 4 章结合舵机控制器的设计介绍了 MSP430F5529 单片机的时钟系统以及定时器模块；第 5 章结合紫外线检测系统的设计介绍了 MSP430F5529 单片机的模/数转换模块以及 Flash 模块；第 6 章结合运动体姿态角检测系统的设计介绍了 MSP430F5529 单片机的 UART、SPI 和 I^2C 等串行通信模块；第 7 章结合简易水情检测系统的设计，综合本书所述内容，介绍了电子仪器仪表设计的流程。

本书对理论知识的介绍相对简略，重点集中于实验操作环节，适合三年制电子信息类高职高专学生使用。

图书在版编目(CIP)数据

低功耗单片机应用技术/李立早，孙敏主编. —西安：西安电子科技大学出版社，2018.9

ISBN 978 - 7 - 5606 - 4992 - 4

Ⅰ. ① 低… Ⅱ. ① 李… ② 孙… Ⅲ. ① 单片微型计算机 Ⅳ. ① TP368.1

中国版本图书馆 CIP 数据核字(2018)第 178015 号

策划编辑 陈 婷
责任编辑 张静雅 陈 婷
出版发行 西安电子科技大学出版社(西安市太白南路 2 号)
电 话 (029)88242885 88201467 邮 编 710071
网 址 www.xduph.com 电子邮箱 xdupfxb001@163.com
经 销 新华书店
印刷单位 陕西大江印务有限公司
版 次 2018 年 9 月第 1 版 2018 年 9 月第 1 次印刷
开 本 787 毫米×1092 毫米 1/16 印张 16.5
字 数 389 千字
印 数 1～3000 册
定 价 37.00 元
ISBN 978 - 7 - 5606 - 4992 - 4/TP

XDUP 5294001 - 1

前　言

美国德州仪器公司推出的MSP430系列单片机以其超低功耗享誉业界，16位处理器结合资源丰富的内部功能模块，使得该系列单片机被广泛应用于仪器仪表等各个领域。MSP430系列单片机虽然型号众多又各具特点，但其内部架构和功能模块均较为类似。为了便于广大学生和爱好者了解及学习该系列单片机，本书以中高端的MSP430F5529单片机为例进行介绍。

本书以MSP430F5529单片机的基本特点和结构作为开端，首先介绍了MSP-EXP430F5529LP实验板以及IAR开发环境；随后详细介绍了MSP430F5529单片机内部的GPIO模块、时钟系统、定时器模块、模/数转换模块、Flash模块以及串行通信模块等主要功能模块；最后以2017年全国大学生电子设计竞赛赛题为例，介绍了各功能模块的综合应用技巧。考虑到本书主要针对的读者为高职高专电子信息相关专业学生，因此在内容的选取上挑选了最为基本的功能模块进行着重介绍。从作者多年教学经验来看，实验环节更能引发高职高专学生的学习兴趣，因此本书针对每个功能模块均安排了丰富的实验内容。建议读者在使用本书的过程中，可以首先快速浏览理论知识部分，然后认真完成所有实验，最后结合实验过程中遇到的疑问再回过头来认真阅读和理解理论内容，定会使学习效率大幅提升。本书所有实验均以德州仪器公司的MSP-EXP430F5529LP实验板作为载体，基本例程均源自于德州仪器公司，并结合实验板进行了修改。

本书的第1章、第2章和第4章由孙敏老师编写，其余部分由李立早编写。本书编撰过程中，魏欣和李芳苑老师在教材内容的选取、资料的收集整理以及校对修改等诸多方面提供了建议与协助。此外，感谢作者所在的智能产品开发教研室的各位同仁为本书的编写工作提供的支持和便利。

李立早
南京信息职业技术学院
2018年5月

前 言

目　录

第 1 章　初识低功耗单片机

1996 年，美国德州仪器(Texas Instruments，TI)公司推出了 MSP430 单片机，至今已形成了一个完整的体系。该系列单片机以其超低功耗闻名业界，同时其出众的性能也赢得了用户广泛的认可。本章主要介绍 MSP430 系列单片机的基本特点和相关应用，同时，以 MSP430F5529 单片机为例，帮助读者了解 MSP430 单片机的内部结构和基本原理，以及低功耗模式的工作特点和中断的相关概念。

1.1　MSP430 单片机简介

单片机是采用超大规模集成电路技术，把具有数据处理能力的中央处理器(CPU)、随机存储器(RAM)、只读存储器(ROM)、I/O 端口和中断系统、定时器/计时器等集成在一块硅片上形成的微型计算机系统。单片机广泛应用于各种工业控制、智能家居、智能仪表等领域。目前常用的单片机包括 Intel 公司的 8051 系列单片机、ATMEL 公司的 AVR 系列单片机、ST 公司的 STM32 系列单片机等。

MSP430 系列单片机是美国 TI 公司于 1996 年开始推出的 16 位超低功耗混合信号微控制器，是基于 RISC(精简指令集)的 16 位单片机，在低功耗设计方面尤为出色，同时具有良好的数字/模拟信号处理能力，能满足仪器仪表、工业自动化、国防、智能家居等多方面的系统设计需求。

1.1.1　MSP430 单片机的主要特点

MSP430 系列单片机具有以下主要特点：

1. 超低功耗

MSP430 系列单片机的电源采用 1.8～3.6 V 低电压，在 RAM 数据保持方式下耗电仅 0.1 μA/MIPS(每秒百万条指令数)，在活动模式下耗电仅 250 μA/MIPS，输入端口最大漏电流仅 50 nA。MSP430 系列单片机有独特的时钟系统设计，包括两个不同的时钟系统：基本时钟系统和锁频环(FLL 和 FLL＋)时钟系统或数字控制振荡器(DCO)时钟系统。由时钟系统产生 CPU 和各功能模块所需的时钟，并且这些时钟可以在指令的控制下打开或关闭，从而实现对总体功耗的控制。根据系统运行时使用功能模块的不同，可采用不同的工作模式，共有 1 种活动模式(AM)和 5 种低功耗模式(LPM0～LPM4)，在不同工作模式下芯片的功耗有明显的差异。

另外，MSP430系列单片机采用矢量中断，支持十多个中断源，并可以任意嵌套。用中断请求将CPU唤醒只要6 μs，通过合理编程，可以降低系统功耗，同时对外部事件请求快速响应。

2. 强大的处理能力

MSP430系列单片机是16位单片机，采用了精简指令集(RISC)结构，一个时钟周期可以执行一条指令(传统的MCS51单片机要12个时钟周期才可以执行一条指令)，从而使MSP430在16 MHz晶振工作时，指令速度可达16 MIPS(注意：同样8 MIPS的指令速度，在运算性能上，16位处理器比8位处理器不止高两倍)。同时，MSP430系列单片机中的某些型号，采用了一般只有DSP中才有的16位多功能硬件乘法器、硬件乘加(积之和)功能、DMA等一系列先进的体系结构，大大增强了它的数据处理和运算能力，可以有效地实现一些数字信号处理的算法(如FFT、DTMF等)。

3. 高性能模拟技术和丰富的片上资源

结合TI的高性能模拟技术，MSP430系列单片机各成员都集成了较丰富的片内外设。视型号不同可组合有以下功能模块：看门狗(WDT)，模拟比较器A，定时器A(Timer_A)，定时器B(Timer_B)，串口0、1(USART0、1)，硬件乘法器，液晶驱动器，10/12/14位ADC，12位DAC，I^2C总线，直接数据存取(DMA)，端口0(P0)，端口1～6 (P1～P6)，基本定时器(Basic Timer)等。

其中，看门狗可以在程序失控时迅速复位；模拟比较器能够进行模拟电压的比较，配合定时器，可设计出高精度(10～11位)的A/D转换器；16位定时器(Timer_A和Timer_B)具有捕获/比较功能，大量的捕获/比较寄存器可用于事件计数、时序发生、脉冲宽度调制(PWM)等；多功能串口(USART)可实现异步、同步和I^2C串行通信，可方便地实现多机通信等；I/O端口多达6×8条，I/O输出时，不管是灌电流还是拉电流，每个端口的输出晶体管都能够限制输出电流(最大约25 mA)，以保证系统安全；P0、P1、P2端口能够接收外部上升沿或下降沿的中断输入；12位A/D转换器有较高的转换速率，最高可达200 kb/s，能够满足大多数数据采集的应用；LCD驱动模块能直接驱动液晶多达160段；F15X和F16X系列有两路12位高速DAC，可以实现直接数字波形合成等功能；硬件I^2C串行总线接口可以扩展I^2C接口器件；DMA功能可以提高数据传输速度，减轻CPU的负荷。

MSP430系列单片机的丰富片内外设，在目前所有单片机系列产品中是非常突出的，为系统的单片解决方案提供了极大的方便。

4. 系统工作稳定

MSP430系列单片机内部集成了数字控制振荡器。系统上电复位后，首先由DCO_CLK启动CPU，以保证程序从正确的位置开始执行，并保证晶体振荡器有足够的起振及稳定时间；然后软件可设置适当的寄存器的控制位来确定最后的系统时钟频率。如果晶体振荡器在用作CPU时钟MCLK时发生故障，则DCO会自动启动，以保证系统正常工作。另外，MSP430系列单片机集成了看门狗定时器，在看门狗模式下，系统故障时自动重启，时钟系统故障启动模式保证了单片机系统的稳定性。

5. 高效灵活的开发环境

目前MSP430系列单片机有OTP型、Flash型和ROM型3种类型的器件，国内大量使用的是 Flash 型。Flash 型有十分方便的开发调试环境，器件片内有 JTAG 调试接口，还有可电擦写的 Flash 存储器，因此可通过 JTAG 接口将程序下载到 Flash 内，再由 JTAG 接口控制程序运行、读取片内 CPU 状态以及存储器内容，供设计者调试，整个开发(编译、调试)都可以在同一个软件集成环境中进行。这种方式只需要一台 PC 和一个 JTAG 调试器，而不需要专用的仿真器和编程器。开发语言有汇编语言和 C 语言。目前较好的软件开发工具是 IAR Workbench。这种以 Flash 技术、JTAG 调试和集成开发环境相结合的开发方式，具有方便、廉价、实用等优点，在单片机开发中还较为少见。其他系列单片机的开发一般均需要专用的仿真器或编程器。

1.1.2　MSP430 单片机型号的命名规则

MSP430 单片机有多种不同功能的型号可供选择，读者在运用选型时，首先需要了解单片机型号的命名规则。MSP430 单片机型号的命名规则如图 1.1 所示。

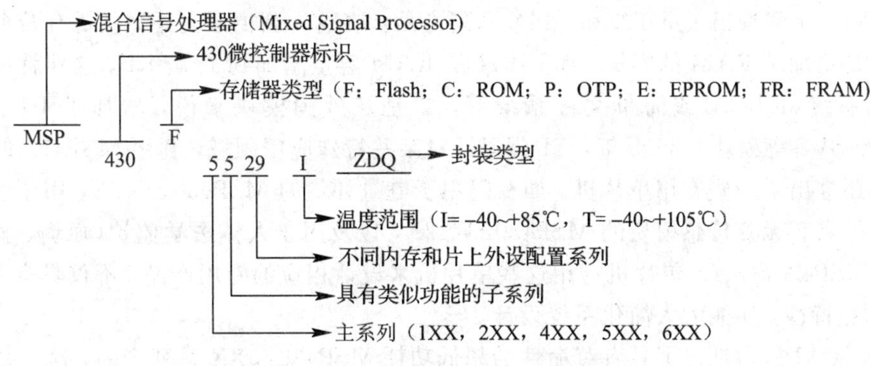

图 1.1　MSP430 系列单片机型号的命名规则

1.1.3　MSP430 单片机的典型应用

MSP430 单片机凭借其超低功耗性能和丰富的外设资源，受到越来越多设计者的认可，具有广阔的应用领域。

(1) 智能仪表。MSP430 单片机可电池供电，特别适合于便携式仪表的设计，可用于包括温度、湿度、流量、功率、电流、电压等各种智能计量仪表中，典型应用包括电表、水表、流量表等。

(2) 电机控制。MSP430 单片机集成了通信外设和高性能模拟外设，是控制打印机、风扇、天线、玩具等领域中步进电机、直流无刷电机及直流电机的理想选择。

(3) 安防系统。安防系统越来越注重节能的问题，低功耗和电池供电的安全和安防系统(比如烟雾探测器、温控器和破损玻璃检测系统等)是市场青睐的产品，MSP430 单片机的超低功耗和外设组合满足了系统的要求。

(4) 消费类电子产品。MSP430 单片机内部集成了高效的片上外设，例如 ADC、定时器、比较器等，可利用其开发众多的消费类电子产品。比如，用 MSP430 单片机实现的电容式触控是触控类电子产品的理想选择。

(5) 便携式医疗。医疗设备中，生理信号为模拟信号，并需要调理电路进行放大滤波等才能进行测量、监控和显示。MSP 单片机超低功耗的性能和模拟数字外设的高度集成化为产品的开发提供了技术支持，比如应用于血糖仪、心率检测仪等可植入装置中。

1.1.4 MSP430 单片机的系列化发展

TI 公司从 1996 年推出 MSP430 单片机开始到 2000 年初，先后推出了 33X、32X、31X 等几个系列。MSP430 单片机的 33X、32X、31X 等系列具有 LCD 驱动模块，对提高系统的集成度较为有利。每一系列有 ROM 型(C)、OTP 型(P)和 EPROM 型(E)等芯片。EPROM 型芯片价格昂贵，运行环境温度范围窄，主要用于样机开发。这也表明了这几个系列的开发模式不同，即用户可以用 EPROM 型芯片开发样机，用 OTP 型芯片进行小批量生产，而 ROM 型芯片适合批量生产。MSP430 单片机的 3XX 系列，在国内几乎没有使用。

随着 Flash 技术的迅速发展，TI 公司也将这一技术引入 MSP430 系列单片机中。2000 年推出了 FIIX/IIX1 系列，这个系列采用 20 脚封装，内存容量、片上功能和 I/O 引脚数都比较少，但是价格相对低廉。在 2000 年 7 月推出了带 ADC 或硬件乘法器的 F13X/F14X 系列。在 2001 年 7 月到 2002 年又相继推出了带 LCD 控制器的 F41X、F43X、F44X。在 2003 — 2004 年间推出了 F15X 和 F16X 系列产品。在这一新的系列中，主要有两个方面的发展：一是增加了 RAM 的容量，如 F1611 的 RAM 容量增加到了 10 KB，这样就可以引入实时操作系统(RTOS)或简单文件系统等；二是从外围模块来说，增加了 I^2C、DMA、DAC12 和 SVS 等模块。2008 年，TI 公司针对某些特殊应用领域，利用 MSP430 的超低功耗特性，还推出了一些专用单片机，如专门用于电量计量的 MSP430FE42X，用于水表、气表、热表等具有无磁传感模块的 MSP430FW42X，以及用于人体医学监护(血糖、血压、脉搏等)的 MSP430FG42X 单片机。用这些单片机来设计相应的专用产品，不仅具有 MSP430 的超低功耗特性，还能大大简化系统设计。

2008 年 TI 公司推出了具有革命性的超低功耗 MSP430F5XX 系列产品，这一系列单片机相对于主频高达 25 MHz 的产品实现了最低功耗，并拥有更大的 Flash 和 RAM 存储容量。本书正是针对 MSP430F5XX 系列中的 MSP430F5529 单片机进行介绍。

1.2 MSP430F5529 单片机的特点

MSP430F5529 单片机作为 MSP430F5XX 系列中高端的单片机型号，具备了该系列单片机的一些典型特征，主要有以下几个方面。

(1) 较低的供电电压范围：1.8～3.6 V。

(2) 超低的功耗，具体分为以下几个功耗层次：

全速工作状态(AM)：在该状态下，系统所有时钟均处于激活状态；

待机状态(LPM3)：在该状态下，系统部分时钟处于关闭状态，随时等待唤醒；

休眠状态(LPM4)：在该状态下，系统所有时钟处于关闭状态，随时等待唤醒。

(3) 快速唤醒能力：从待机状态转入全速工作状态时间不超过 3.5 μs。

(4) 16 位 RISC 架构，并支持扩展存储器，最高工作频率可达 25 MHz 的时钟。

(5) 灵活的电源管理系统，能对系统电压和核心电压进行监控和管理。

(6) 统一化的时钟系统，包括通过锁频环(FLL)控制时钟频率稳定、低功耗/低频率的内部时钟(VLO)、低频率的整形过的内部参考源(REFO)、外接低频晶振(32 kHz)和外接高频晶振(最高 32 MHz)。

(7) 带有 4 个独立的定时器模块：TA0、TA1、TA2 和 TB0。

(8) 有 2 个独立的通用串行通信接口(USCI)模块：USCI_A 和 USCI_B。每个模块又分别带有 4 个独立的通信通道，可以支持的串行通信模式主要有 UART、SPI 和 I^2C 等。

(9) 带有 12 位的模拟/数字转换器(ADC12)。

(10) 带有 1 个 32 位硬件乘法器。

(11) 带有 3 通道的直接存储器访问(DMA)通道。

(12) 带有 1 个实时时钟模块(RTC)。

以上这些特点使得 MSP430F5529 单片机具备了较强的能力，可应用于各类场合中。如其丰富的定时器资源可以用来产生多路 PWM 信号，用于对电机、舵机、晶闸管等各类设备的控制。而 ADC12 模块具备多个通道，可以实现对多路模拟信号的采样和转换工作，可以用于各类控制系统的设计，与模拟输出的传感器相匹配。而该型号单片机支持的串行通信方法多样且灵活，包括当前主流的几种串行通信方式，可以与各类芯片进行数据传输。

1.3　MSP430F5529 单片机内部结构

MSP430F5529 单片机采用了典型的冯·诺依曼结构，是将程序存储器、数据存储器合并在一起且指令和数据共享同一总线的存储器结构，其结构原理框图如图 1.2 所示。

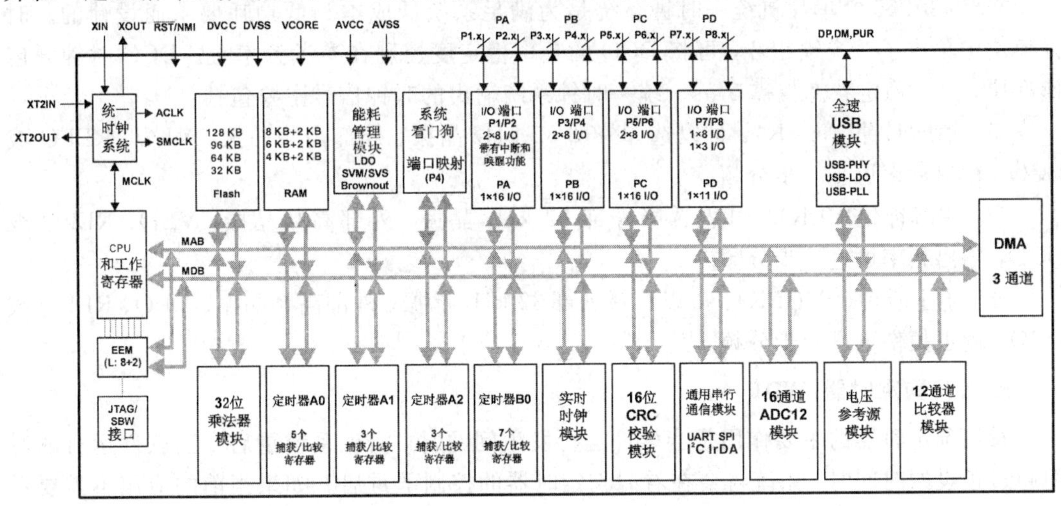

图 1.2　MSP430F5529 单片机结构原理框图

从图 1.2 中可以看出，MSP430F5529 单片机主要包含以下部件：

(1) CPU 和工作寄存器模块；

(2) 统一时钟系统(UCS)；

(3) 128 KB 的 Flash 存储器、10 KB 的 RAM 存储器；

(4) 能耗管理模块(PMM)；

(5) I/O 端口模块(PA、PB、PC、PD)；

(6) 32 位乘法器模块(MPY32)；

(7) 定时器模块(TA0、TA1、TA2、TB0)、看门狗模块(Watchdog)；

(8) 实时时钟模块；

(9) 通用串行通信模块；

(10) 12 位模拟/数字转换器模块。

在这些模块中，除了 CPU、RAM、Flash、寄存器、时钟、看门狗、能耗管理模块是单片机运行的基本模块外，其余模块均属于外设模块，这使得该型单片机具备了更为强大的能力。在后续章节中，将会对其中大部分模块的工作原理和使用方法进行详细的介绍。

1. 中央处理器

CPU 是单片机的核心，MSP430F5529 单片机的 CPU 采用了 16 位精简指令 RISC，集成有 16 位寄存器和常数发生器，能够发挥最高代码效率。与以往的 MSP430 不同，MSP430F5529 单片机采用 MSP430 扩展的 CPU(CPUX)，寻址总线从 16 位扩展到 20 位，最大寻址可达 1 MB，其中小于 64 KB 的空间可以用 16 位地址去访问，大于 64 KB 的空间需要用 20 位地址去访问。外围模块通过数据、地址和控制总线与 CPU 相连，CPU 可以很方便地通过所有对存储器操作的指令对外围模块进行控制。CPU 集成了 16 个寄存器，大大减少了指令执行的时间。寄存器到寄存器的操作时间只需要一个 CPU 时钟周期。其中前 4 个寄存器分别承担了程序计数器(PC)、堆栈指针(SP)、状态寄存器(SR)和常数发生器(CG)的任务，剩余的 12 个寄存器都属于通用寄存器(R4～R15)。

2. 统一时钟系统

MSP430F5529 单片机统一时钟系统是为满足系统低成本和低功耗要求而设计的。时钟模块中集成了一个锁相环，可将 DCO 的频率稳定度控制在参考频率上。DCO 时钟开启速度快，进入稳定状态仅需 5 μs。统一时钟系统输出的时钟信号主要包括：

(1) 辅助时钟(ACLK)：可以选择外部 32 kHz 晶振、外部高频晶振、VLO、REFO 或 DCO，输出频率可进一步分频。

(2) 主时钟(MCLK)：可以选择外部 32 kHz 晶振、外部高频晶振、VLO、REFO 或 DCO，输出频率可进一步分频。

(3) 子主时钟(SMCLK)：可以选择外部 32 kHz 晶振、外部高频晶振、VLO、REFO 或 DCO，输出频率可进一步分频。

3. 看门狗定时器(WDT_A)

看门狗定时器的主要作用是当软件运行发生问题时，实现系统重启。当软件运行的时间超过预设的时间时，系统将会在看门狗定时器的控制下重启。如果当前的应用不需要看门狗功能，则可以关闭该定时器。此时该定时器可以作为一个普通定时器来用，并能触发相应的中断信号。

4. 通用 I/O 端口

MSP430F5529 单片机包括了 7 组 8 位通用 I/O 端口。其中 P1～P7 端口组是完整的 8 位端口，而 P8 端口组只有 3 个独立的 I/O 端口。通用 I/O 端口的特点如下：

(1) 所有的 I/O 端口都可以独立编程。

(2) 可以配置成为输入、输出和相应的中断方式。

(3) 端口均可以配置成为上拉和下拉的形式。

(4) 每个端口的驱动能力都是可以配置的。

(5) 中断边沿可选择，对于 P1 和 P2 端口组均能通过中断从低功耗模式下唤醒单片机。

(6) 可以对端口控制寄存器进行读写操作。

(7) 端口可以字节方式访问(8 位)，也可以字方式访问(16 位)。

5. 定时器

MSP430F5529 单片机包括了 4 个定时器模块(TA0、TA1、TA2、TB0)，其中 TA0 带有 5 个比较/捕获通道，TA1 和 TA2 各带有 3 个比较/捕获通道，TB0 带有 7 个比较/捕获通道。这些定时器模块可以实现基本的定时功能，也可以对时钟信号进行捕获，此外还能产生 PWM 信号以及间隔时间信号等。定时器模块带有中断能力，当计数器溢出时可以触发中断，每个比较/捕获通道也可以触发相应中断。

6. 模/数转换器(ADC)

12 位模/数转换器模块支持快速的 12 位模拟信号到数字信号的转换。该转换器采用了逐次逼近内核的方式，可以实现采样选择控制，并带有内部参考源，共有 16 个独立的通道，每个通道有独立的 16 位转换结构缓存器，转换结果将会被自动存储到缓存器中，无须 CPU 干预。

7. 能耗管理模块

能耗管理模块包括了一个集成稳压器，为单片机及 CPU 提供电压。该稳压器包括了可编程的若干电压等级，在节约能耗的同时满足不同能耗要求。该模块还包括了电压管理(SVS)模块和电压监视(SVM)模块，实现掉电保护。掉电保护电路在单片机启动或关闭时被执行，为设备提供合适的内部复位信号。电压监控模块(SVS 和 SVM)主要用于侦测系统电压是否低于用户选定的电压等级。

8. 单片机复位

MSP430F5529 单片机加电后，单片机内部的断电复位(BOR)模块首先工作并产生系统复位信号，在系统复位信号的作用下单片机内部模块进行初始化。片内的模块初始化完成之后，系统开始执行用户编写的程序，上述过程如图 1.3 所示。

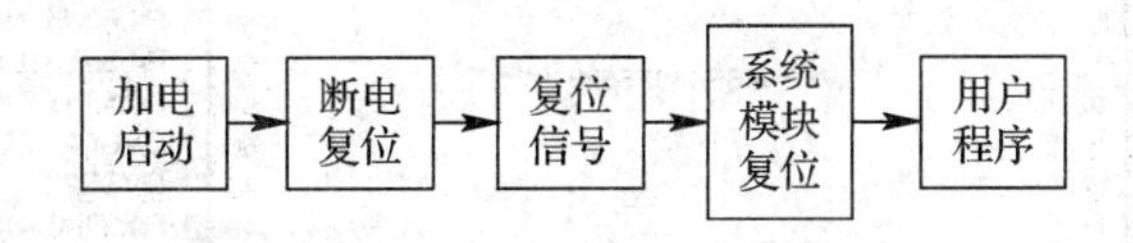

图 1.3　系统初始化过程图

断电复位电路的作用是避免系统因外界干扰、电网电压波动、误操作等原因而进入错误的运行过程。当电源电压低于某一阈值时会产生复位信号，系统可以复位。

MSP430F5529 单片机有两种复位信号，分别为上电复位信号(POR)和上电清零信号(PUC)。POR 和 PUC 之间的关系如图 1.4 所示。

当系统在上电或掉电时，或者复位引脚输入低电平时都会触发 POR 信号，该信号将会复位系统，这种复位被称为“硬复位”。内部时间例如看门狗定时器溢出等会触发 PUC 信号，该信号同样会引起复位，这种复位被称为“软复位”。

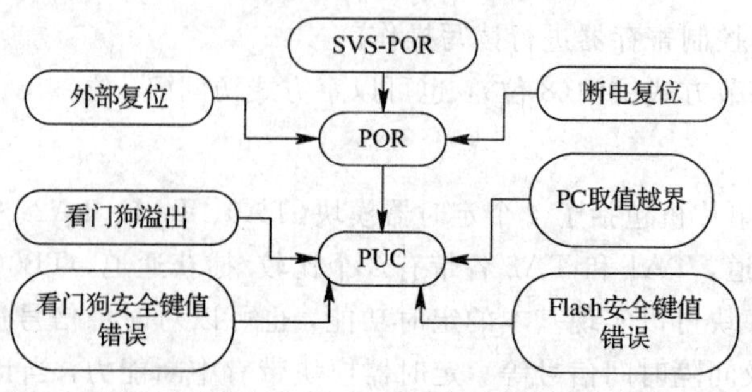

图 1.4 POR 和 PUC 关系示意图

1.4 MSP430F5529 单片机引脚分配

MSP430F5529 单片机通常采用 S－PQFP－G80 封装方式，共包括 80 个引脚，其中 63 个引脚均为通用 I/O 端口，这 63 个通用 I/O 端口除了具备基本的输入/输出功能外，绝大部分都具备第二或第三甚至第四个复用功能。这样的设置使得该型单片机拥有极为丰富的 I/O 端口数量，保证了与外部设备的数据通信和控制能力，同时又能充分发挥内部集成的外设模块的功能，给设计带来了极大的灵活性。MSP430F5529 单片机的引脚图如图 1.5 所示。

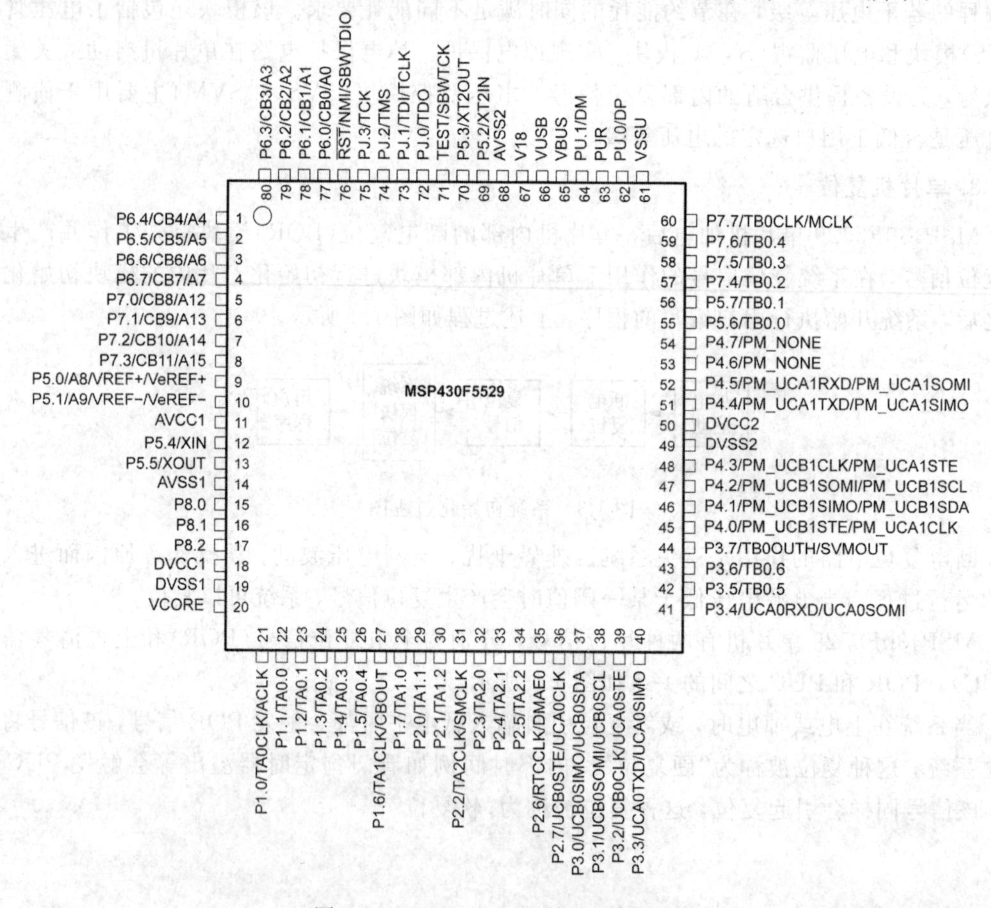

图 1.5 MSP430F5529 单片机引脚图

1.5　MSP430F5529 单片机低功耗工作模式

MSP430F5529 单片机是一款以低功耗为主要特点的单片机，用户可以根据外围模块对时钟的需求，通过软件控制时钟系统，合理利用系统资源，实现系统的低功耗设计。下面介绍 5 种低功耗模式和 1 种活动模式。

1.5.1　工作模式

MSP430 系列单片机是为超低功耗应用所设计的。简单而言，MSP430 单片机包括两大类工作模式，即低功耗工作模式和全速工作模式。其中低功耗工作模式又可以分为 5 种情况。图 1.6 给出了两大类工作模式间的相互转换关系。

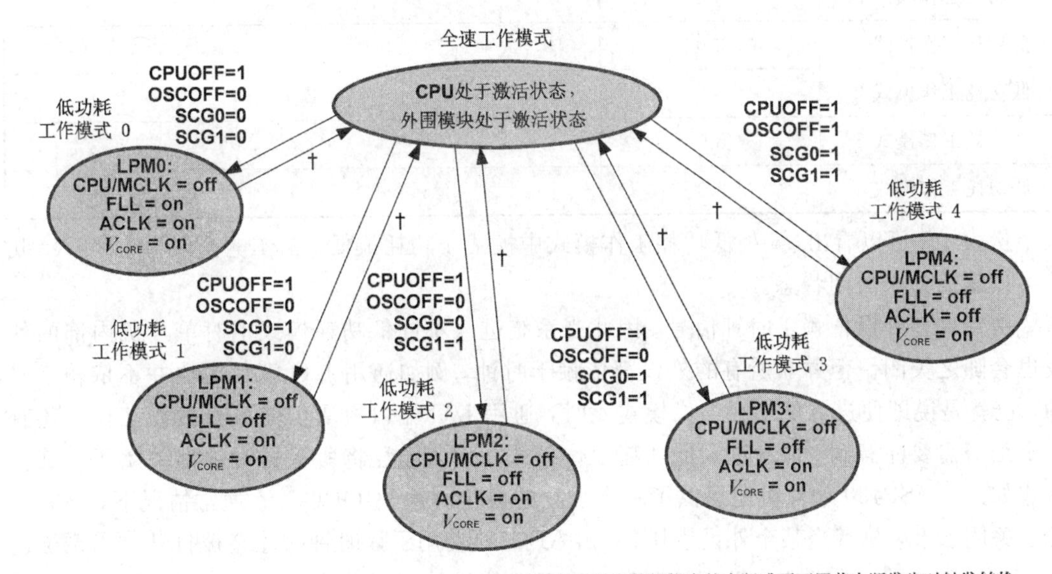

图 1.6　MSP430 单片机工作模式转换图

从图 1.6 可见，通过对状态寄存器 SR 中 CPUOFF、OSCOFF、SCG0 和 SCG1 位的配置可以使得 MSP430 工作在不同的工作模式下。读者可以发现，5 种低功耗工作模式的区别主要体现在对 CPU 和时钟的关闭程度上。表 1.1 给出了各种工作模式各自的特点。

表 1.1　工作模式状态表

工作模式	工作状态
全速工作模式	CPU 和所有时钟处于工作状态
低功耗工作模式 0	CPU 不工作；ACLK 和 SMCLK 保持工作，MCLK 不工作；锁频环(FLL)保持工作
低功耗工作模式 1	CPU 不工作；ACLK 和 SMCLK 保持工作，MCLK 不工作；锁频环(FLL)不工作

续表

工作模式	工作状态
低功耗工作模式 2	CPU 不工作；ACLK 保持工作；MCLK、锁频环(FLL)和 DCOCLK 不工作；DCO 发生器保持使能状态
低功耗工作模式 3	CPU 不工作；ACLK 保持工作；MCLK、锁频环(FLL)和 DCOCLK 不工作；DCO 发生器关闭
低功耗工作模式 4	CPU 不工作；MCLK、锁频环(FLL)和 DCOCLK 不工作；DCO 发生器关闭；ACLK 不工作；晶振停止工作；完成数据的保存

在低功耗工作模式下，实际功耗情况如表 1.2 所示。

表 1.2　实际功耗表

低功耗工作模式	供电电压/V	最小电流值(25℃)/μA
低功耗工作模式 0	3.0	83
低功耗工作模式 1	3.0	6.5
低功耗工作模式 2	3.0	2.1
低功耗工作模式 3	3.0	1.4
低功耗工作模式 4	3.0	1.1

从表 1.2 可以看出，5 种低功耗工作模式中模式 4 功耗最低，工作电流仅为 1.1 μA，几乎可以认为处于关闭状态。

由于许多外设依赖于时钟信号，因此当系统进入不同低功耗模式下时单片机内部的外设也会随之关闭。但并非所有的外设都依赖于时钟，例如通用 I/O 端口模块并不依赖于时钟，也就是说即便进入低功耗工作模式 4 时，通用 I/O 端口模块仍然可以独立工作。还有一个细节需要注意到，似乎进入低功耗工作模式 4 时，已经将所有的时钟都关闭了。其实并非如此，MSP430 单片机还提供了一个独立的模块时钟(MODOS)。通常情况下，该时钟处于关闭状态，只有当某个外设模块(例如 ADC12)使用了该时钟时才会被打开。当系统进入低功耗工作模式时并不会关闭该时钟，它仍然能维持外设正常工作。所以，将系统设置成低功耗工作模式 4 并不等同于系统功耗真的降到最低。

当系统处于低功耗工作模式时，任何处于使能状态的中断信号或者是不可屏蔽中断信号都能够使 MSP430 单片机回到激活状态。例如，当系统处于低功耗工作模式 4 时，外部信号仍然可以通过通用 I/O 端口唤醒 CPU。但读者需要注意的是，唤醒 CPU 并不意味着退出低功耗工作模式。如果中断服务程序中没有改变系统工作模式，那么 CPU 在执行完中断服务程序后仍然会回到之前的低功耗工作模式。

1.5.2　进入和退出低功耗工作模式

MSP430 单片机工作模式的选择主要通过对状态寄存器 SR 的设置来完成。在实际编程过程中，并不需要直接对寄存器进行配置，只需要调用头文件中相应的宏定义便可完成对工作模式的选择。

(1) 进入 5 种低功耗工作模式的对应语句如下：

```
__bis_SR_register(LPM0_bits);          //进入低功耗工作模式 0
```

```
__bis_SR_register(LPM1_bits);          //进入低功耗工作模式 1
__bis_SR_register(LPM2_bits);          //进入低功耗工作模式 2
__bis_SR_register(LPM3_bits);          //进入低功耗工作模式 3
__bis_SR_register(LPM4_bits);          //进入低功耗工作模式 4
```

(2) 退出5种低功耗工作模式的对应语句如下：

```
__bic_SR_register_on_exit(LPM0_bits);          //退出低功耗工作模式 0
__bic_SR_register_on_exit(LPM1_bits);          //退出低功耗工作模式 1
__bic_SR_register_on_exit(LPM2_bits);          //退出低功耗工作模式 2
__bic_SR_register_on_exit(LPM3_bits);          //退出低功耗工作模式 3
__bic_SR_register_on_exit(LPM4_bits);          //退出低功耗工作模式 4
```

请留意进入和退出低功耗工作模式语句间的细微差异。在许多例程中，会将进入低功耗工作模式与打开总中断(GIE)连起来使用。例如，进入低功耗工作模式4并打开总中断的语句如下：

```
__bis_SR_register(LPM4_bits + GIE);          //进入低功耗工作模式 4 并打开总中断
```

1.5.3　低功耗应用原则

在实际低功耗应用设计过程中，要想把功耗降到最低，只是将系统设置为低功耗工作模式是不够的。事实上，当有中断向CPU发出请求时，系统会被唤醒，暂时回到全速工作模式响应中断。所以降低功耗的关键在于，尽量降低系统回到全速工作模式占整个工作周期的比例。此外，还需注意以下几点：

(1) 尽量采用中断方式唤醒处理器，避免使用轮询。

(2) 外设模块在不需要时尽量关闭。将系统设置为低功耗工作模式并不意味着关闭了所有外设，部分外设需要通过软件设置来关闭。

(3) 采用低功耗外设模块替代软件驱动。例如，采用软件运算驱动I/O端口可以产生PWM波，而定时器模块也可以直接产生PWM波。第一种方式下，CPU必须一直保持工作才能维持PWM波的输出；而后一种方式下CPU可以关闭，显然功耗更低。

(4) 尽量避免复杂的数学运算，可以通过查表方式替代。

(5) 避免频繁的子程序调用。

例1.1　本例演示了如何将单片机配置成最低功耗的方式，其中包括了对时钟的选择、端口的设置以及其他设备的配置方式。注意：由于Launchpad实验板附带有仿真器等设备，这些设备都会有电流消耗，如果直接从输入端测量电流，则会发现明显高于1.2 μA。

```
//*****************************************************
//   配置端口并进入 LPM4 模式，实测电流约 1.2 μA
//   MCLK=SMCLK=DCO
//
//                 MSP430F552x
//              ----------------
//         /|\ |             XIN|-
//          |  |                | 32 kHz
//          ---|RST         XOUT|-
//             |                |
```

```
//
//*************************************************************
#include <msp430.h>
int main (void)
{
  WDTCTL = WDTPW + WDTHOLD;                    //关闭看门狗定时器
  /*选择 VLO 作为 ACLK 时钟源*/
  UCSCTL4=SELA_1;
  /*端口设置为输出方向，输出低电平*/
  P1OUT=0x00; P2OUT=0x00; P3OUT=0x00; P4OUT=0x00;
  P5OUT=0x00; P6OUT=0x00;
  P7OUT=0x00; P8OUT=0x00; PJOUT=0x00;
  P1DIR=0xFF; P2DIR=0xFF; P3DIR=0xFF; P4DIR=0xFF; P5DIR=0xFF; P6DIR=0xFF;
  P7DIR=0xFF; P8DIR=0xFF; PJDIR=0xFF;
  /* 关闭 VUSB LDO 和 SLDO*/
  USBKEYPID=0x9628;
  USBPWRCTL&=~(SLDOEN+VUSBEN);
  USBKEYPID=0x9600;
  /*关闭 SVS*/
  PMMCTL0_H=PMMPW_H;                           // 能耗管理模块密码
  SVSMHCTL&=~(SVMHE+SVSHE);                    // 关闭供电电压监测
  SVSMLCTL&=~(SVMLE+SVSLE);                    // 关闭核心电压监测
  __bis_SR_register(LPM4_bits);                // 进入低功耗工作模式
  __no_operation();
}
```

1.6　MSP430F5529 单片机中断系统

1.6.1　中断的基本概念

中断是指暂停 CPU 正在运行的程序，转去执行相应的中断服务程序，之后返回被中断的程序继续运行的工作方式。

(1) 中断源：引起中断的原因或者是能够发出中断请求的信号源。

(2) 中断源分类：外部硬件中断源和内部软件中断源。

(3) 中断向量表：中断服务程序的入口地址。

(4) 中断优先级：单片机中为每一个中断分配的优先级。

(5) 断点和中断现场：断点是指 CPU 执行程序被中断时的下一条指令的地址；中断现场是指 CPU 在转去执行中断程序前的运行状态。

1.6.2　MSP430F5529 单片机的中断源

MSP430F5529 单片机的中断源结构如图 1.7 所示。中断优先级是固定的，由硬件确定，用户不能修改。当多个中断同时发出中断请求时，CPU 按照中断优先级的高低顺序依次响应。MSP430F5529 单片机包含三类中断源：系统复位中断源、非屏蔽中断源和可屏蔽中断源。

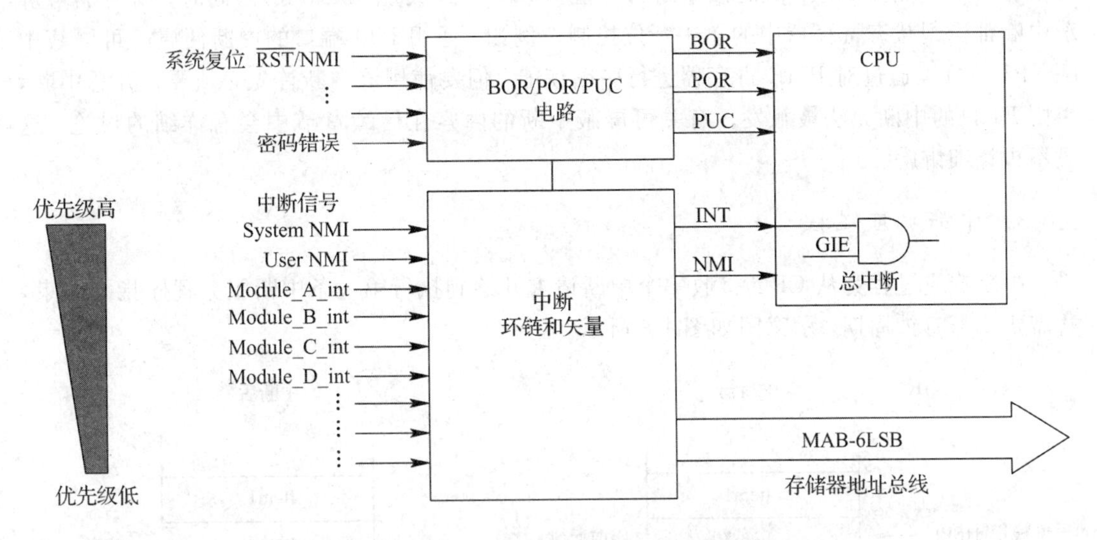

图 1.7　MSP430F5529 单片机中断源结构

1. 系统复位中断源

系统复位中断源包括 3 类：断电复位信号、上电复位信号和上电清除信号。BOR 信号由系统上电、复位模式下 RST 和 NMI 引脚低电平信号、从低功耗模式唤醒及软件 BOR 事件四种事件产生。POR 信号可由 BOR 信号产生，但 POR 信号不能产生 BOR 信号。PUC 信号由 BOR 信号、看门狗模式下定时器溢出、看门狗定时器口令错误、Flash 模块密码错误、电源模块密码错误、CPU 从 00H～01FFH 取指令六种事件产生。

2. 非屏蔽中断源

非屏蔽中断(NMI)是不能够被总中断(GIE)屏蔽的。MSP430F5529 单片机支持两个等级非屏蔽中断：系统非屏蔽中断(SNMI)和用户非屏蔽中断(UNMI)。非屏蔽中断必须通过单独的中断使能位使能。在一个非屏蔽中断被响应时，与该中断处于同一等级的非屏蔽中断将会自动失效，避免了同等级的中断相互嵌套的情况。

用户非屏蔽中断主要产生的中断源包括：

(1) 引脚 RST/NMI 上的上升或下降沿信号；

(2) 晶振失效；

(3) 对 Flash 存储器的违规访问。

系统非屏蔽中断主要产生的中断源包括：

(1) 能耗管理模块中 SVML 和 SVMH 发现电压失常；

(2) 能耗管理模块中稳压器两侧延时问题；

(3) 对存储器的空访问；

(4) JTAG 信箱时间。

3. 可屏蔽中断源

可屏蔽中断主要由具备中断能力的外围设备产生，能够被总中断屏蔽。每个可屏蔽中断都有一个使能控制位，决定该中断的使能(Enable)或失能(Disable)。同时，所有的可屏蔽中断都受到状态寄存器中的总中断位控制。例如，通用 I/O 端口的中断便属于可屏蔽中断，P1 口可以通过对 P1IE 寄存器进行中断使能，但要使用该中断首先必须要打开总中断，否则 P1 口的中断无法被触发。有关可屏蔽中断的内容在后续章节中会有详细的讨论，这里不再详细讲解。

1.6.3 中断响应过程

中断响应过程为从 CPU 接收一个中断请求开始到执行第一条中断服务程序指令结束，共需要 6 个时钟周期，示意图如图 1.8 所示。

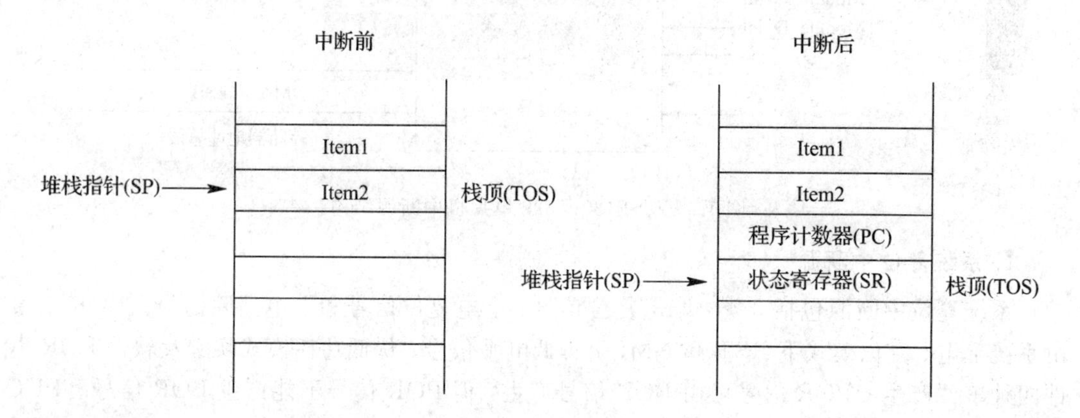

图 1.8 中断响应过程

中断响应过程如下：

(1) 当前正在执行的指令需要被执行完。

(2) 正指向的下一条指令的程序计数器被放入堆栈。

(3) 状态寄存器被放入堆栈，至此完成现场保护。

(4) 如果有多个中断请求，选择其中优先级最高的中断进行处理。

(5) 将需要被处理的中断标志位自动清零。

(6) 状态寄存器中除了 SCG0 外，全部被清零，脱离低功耗工作模式。因为 GIE 位也被清零，所以其他中断都被使能。

(7) 中断矢量中的内容被载入程序计数器，开始执行对应地址的中断服务程序。

1.6.4 中断返回过程

当中断服务程序执行结束时，程序将返回中断发生前的断点，共需要 5 个时钟周期。主要包含以下过程：

(1) 之前保存在堆栈中的状态寄存器的值将会弹出并赋给 SR；

(2) 之前保存在堆栈中的程序计数器的值将会弹出并赋给 PC；

(3) 继续执行中断时的下一条指令。

中断返回过程示意图如图 1.9 所示。

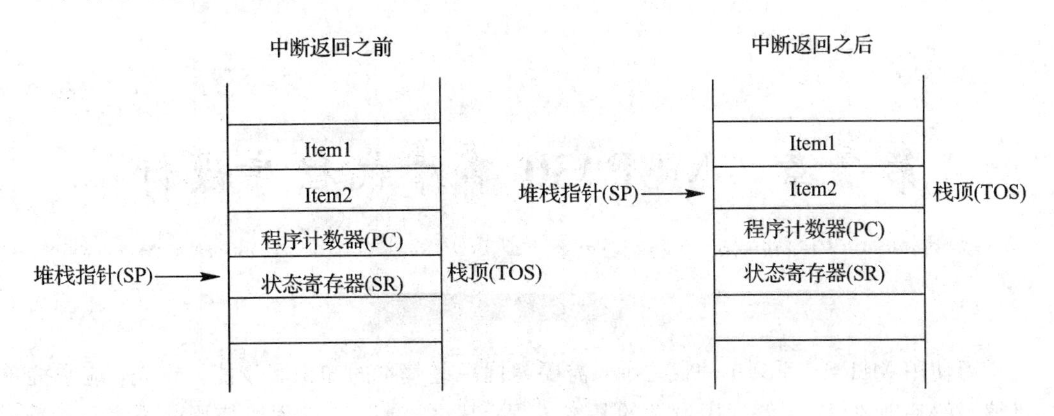

图 1.9　中断返回过程

1.6.5　中断嵌套

如果在中断服务程序中总中断被置 1，中断嵌套便成为可能。在这种情况下，当一个中断正在执行中断服务程序时，另一个中断有可能被触发并要求处理，此时并不需要去考虑新触发的中断的优先级问题。

知识梳理与小结

本章的知识结构如图 1.10 所示。本章的学习重点在于掌握 MSP430F5529 单片机的内部结构，了解低功耗工作模式以及中断的相关概念。学习难点在于理解 MSP430 单片机中断系统结构和工作原理，为后续的应用打下基础。

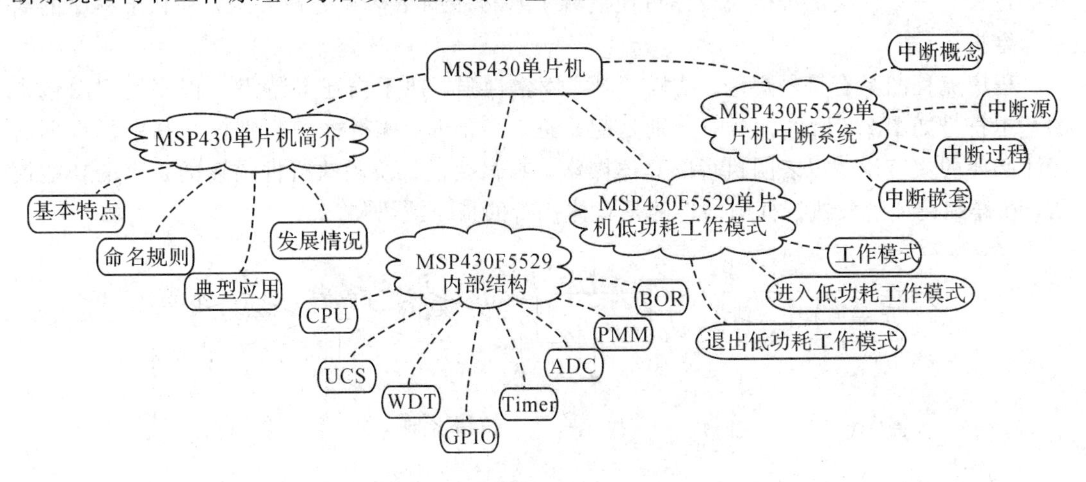

图 1.10　第 1 章知识结构图

第 2 章 MSP430 单片机程序设计

学习使用 MSP430 系列单片机之前，需要掌握一些基本的知识和技能。首先，应掌握单片机编程的基础知识，了解程序设计的基本流程；其次，单片机编程所使用的语言与标准 C 语言虽然在语法结构上完全一致，但使用方法上仍有一些差异，使用过程中应加以留意；再次，本书中所有例程和实验均是在 TI 公司推出的 MSP－EXP430F5529LP 实验板上完成，了解该实验板的结构和使用方法对后继的学习至关重要；最后，本书将会介绍 MSP430 系列单片机的开发环境，即 IAR 公司出品的 Embedded Workbench for MSP430 软件。

2.1 单片机程序设计基础

2.1.1 程序流程图

在开始一个单片机程序设计时，需要首先进行算法设计，绘制程序流程图，再使用具体的程序设计语言进行代码的实现程序。实际上程序流程图的编制过程就是思考和实现算法的过程。一个优良的程序流程图可使读者了解程序的结构和处理方法，有利于程序的纠错和维护。

程序流程图具有符号规范、结构清晰、逻辑性强、便于描述等特点。程序流程图包含的基本符号如图 2.1 所示。图中分别是起始框、终止框、执行框和判别框。其中执行框需标注必要的文字说明以表明执行的具体操作。在概要设计阶段执行框描述的是大的功能模块，在详细设计阶段执行框则描述的是具体执行的指令或语句。

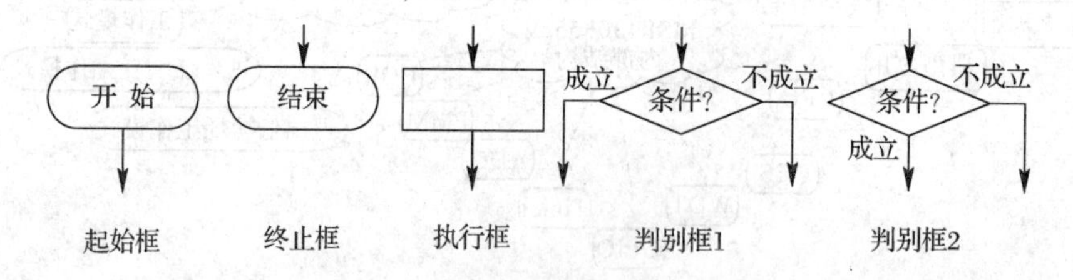

图 2.1 流程图包含的基本符号

绘制流程图的基本原则如下：

（1）使用标准的框图符号。

（2）框图一般按从上到下、从左到右的方向绘制。

(3) 除判别框以外，大多数流程框图符号只有一个进入点和一个退出点。

(4) 按照结构化程序设计中的三种基本结构的流程图标准画法绘制。

(5) 流程图要画箭头，标明流程执行的先后顺序。

2.1.2　单片机程序设计语言

单片机设计语言的发展经历了从机器语言、汇编语言到高级语言的历程。

汇编语言是直接面向 CPU 的程序设计语言，直接利用单片机指令集中的指令实现具体的算法功能，使得汇编语言和机器语言具有较好的一致性。汇编语言的程序代码简单，内存占用较少，执行效率高，是高效的程序设计语言。通常用汇编语言和高级语言配合来弥补高级语言在硬件控制方面的不足。汇编语言的缺点是不同处理器的汇编语言语法和编译器不同，编译完成的程序无法在不同的单片机上执行，可移植性差。同时也存在程序编写繁琐、开发效率低下、可读性差、维护困难等问题。目前单片机性能不断提升，存储资源越来越丰富，使得汇编语言目标代码少、效率高的优势逐渐丧失，使用汇编语言进行单片机开发变得不流行。

C 语言是一门高级语言，具有以下特点：语句简洁紧凑、运算符灵活、数据类型丰富、控制语句结构化、可移植性好。使用 C 语言进行程序设计是目前单片机系统开发和应用的必然趋势，主要有两个方面的原因：一是随着芯片工艺的不断优化，单片机能够在更低的成本下实现更高的运算速度和存储空间；二是单片机系统处理任务越来越复杂，产品开发周期越来越短，对开发进度提出了更高的要求。

使用汇编语言已经不能满足单片机系统的开发要求，而目前 MSP430 单片机的 C 语言编译器的性能优良，因此，初学者可以在不深入学习汇编指令系统的情况下，直接学习使用 C 语言进行编程。本书的程序代码均用 MSP430 单片机 C 语言编写。

2.1.3　单片机程序设计的一般步骤

单片机程序设计流程图如图 2.2 所示。

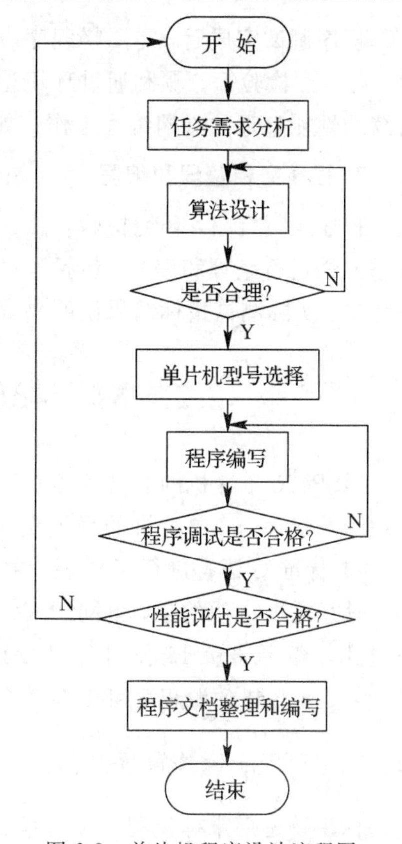

图 2.2　单片机程序设计流程图

1. 任务需求分析

任务需求分析阶段要对任务目标进行详细的了解，将具体的逻辑问题转化为计算机可以处理的问题。

2. 算法设计

任务需求明确后，需要将其转化为解决问题的步骤和方法，即为算法。对于大型程序，算法设计可分为概要设计和详细设计。算法设计好之后，就可以进行流程图的绘制工作了。可以说，算法的设计过程就是程序流程图的绘制过程。

3. 单片机型号选择

算法设计之后，需要确定硬件平台也就是在什么单片机上实现上述算法。在确定好使用的单片机型号后，需要完成单片机系统的存储空间的资源配置及工作单元的分配。这个过程要利用单片机类型的特点优化资源配置和系统设计。

4. 程序编写

程序编写工作是系统设计的重要步骤，经过第1～3步，已经完成了程序编写前的准备工作。编程前需要选择好编程语言，读者在刚开始进行编程时，一方面要多读例程和别人的程序，积累学习编程经验；另一方面，必须多动手，亲自编写程序，不怕出现问题，从而积累编程经验。

5. 程序调试

在程序编写完成后，需要进行程序调试工作。程序调试合格只是第一步，说明没有语法错误，但不能排除逻辑错误，是否达到设定功能还需要进行实际数据测试工作。一般来说，这个过程需要反复进行，调试后修改程序，再调试。因此对于程序编写人员，尤其是初学者，需要有足够的耐心，找到问题并修正，直至合格。

6. 性能评估

程序调试完成后，需要将程序应用到产品上进行实际的环境检验，其中包含电性能检验、可靠性检验等。顺利通过环境检验的，意味着整个程序设计工作就完成了，可以进行后续的性能整理的文档编写工作。如果没有通过，还需进行分析和调试直至合格。

7. 程序文档整理和编写

程序运行合格，环境检验合格，并不意味着整个单片机系统设计工作结束，还需要对程序文档进行整理和编写，包括程序功能要求、指标程序的设计任务书、程序流程图、源程序清单、实际测试指标结果说明书等。

2.2 MSP430单片机C语言程序设计

MSP430单片机的C语言程序(以下简称C430)设计方法和标准的C语言基本相同，但相比计算机而言，单片机的系统资源匮乏，为了更好地适应MSP430单片机的程序设计，C430对标准C语言进行了拓展，主要是数据类型、数据长度、关键字拓展以及函数拓展等。这里需要说明的是，不同的C430编译器对C语言的编译效果不完全相同，比如IAR公司的C编译器和TI公司的C编译器对C430支持程度不完全相同，但大多数情况下，MSP430单片机的源程序可以在各个版本的C430编译器上使用。

2.2.1 标识符和关键字

标识符是用来标识程序中常量、变量、函数、数组、文件名等的名称。标识符的第一个字符必须为字母或下划线，随后的字符也必须是字母、数字或下划线。所有字母严格区分大小写，这点需要特别注意。例如，sec和SEC这两个标识符在C语言中就是两个完全不同的标识符。

关键字指的是 C 语言中被赋予特殊含义的标识符，又称为保留字，C 语言中的关键字如表 2.1 所示。

表 2.1　C 语言中的关键字

与变量相关的关键字			
auto	声明自动变量	extern	声明变量在其他文件中已被定义
static	声明静态变量	const	声明只读变量
register	声明寄存器变量	volatile	声明变量隐含改变
与数据类型相关的关键字			
short	声明短整型变量	struct	声明结构体变量
int	声明整型变量	union	声明公用型变量
long	声明长整型变量	enum	声明枚举类型变量
float	声明浮点型变量	void	声明函数无返回值
double	声明双精度变量	unsigned	声明无符号类型变量
char	声明字符型变量	signed	声明有符号类型变量
与程序控制相关的关键字			
if	条件语句	for	循环语句
else	条件语句否定分支	do	循环语句中循环体
switch	开关语句	while	循环语句的循环条件
case	开关语句分支	continue	结束当前循环，开始下一轮循环
default	开关语句中“其他”分支	break	跳出当前循环
goto	无条件跳转语句	return	子程序返回语句
其他关键字			
sizeof	计算数据类型长度	typedef	给数据类型取别名

另外，C430 为了更好地满足单片机程序设计的要求，扩充了一些新的关键字，这些关键字以双下划线开头。例如，关键字“__no_init”。由于 C 语言 main 函数开始运行前，会将 RAM 区域进行清零操作，若想使部分变量不被清零，则需要使用关键字__no_init，其作用是在程序启动时不给变量赋初值。一般用于不需要进行初始化的变量。

C430 还对标准 C 语言中的一些关键字进行了进一步的限制，下面以 static 为例进行说明。

static 用于定义本地全局变量，只能在本文件中使用，可避免跨文件的全局变量的混乱。例如：

```
static unsigned char i;          //定义静态 unsigned char 型变量 i
```

2.2.2　运算符及优先级

运算符是告诉编译器执行特定算术或逻辑操作的符号。C 语言把除了控制语句和输入输出语句以外的几乎所有的基本操作都作为运算符处理。因此，C 语言的运算符非常丰富，包括算术运算符、关系运算符、逻辑运算符、按位运算符、逗号运算符、复合运算符等，如表 2.2 所示。

表 2.2　C 语言运算符及优先级

优先级	运算符	名　称	使 用 形 式
1	[]	数组下标	数组名[常量表达式]
	()	圆括号	(表达式)
	.	成员选择(对象)	对象.成员名
	->	成员选择(指针)	对象指针－＞成员名
2	-	负运算符号	－表达式
	(类型)	类型转换符	(数据类型)表达式
	++	自增运算符	＋＋变量名/变量名＋＋
	--	自减运算符	－－变量名/变量名－－
	*	取值运算符	*指针变量
	&	取地址运算符	&变量名
	!	逻辑非运算符	!表达式
	~	按位取反运算符	～表达式
	sizeof	长度运算符	sizeof(表达式)
3	/	除	表达式/表达式
	*	乘	表达式*表达式
	%	余数(取模)	整型表达式%整型表达式
4	+	加	表达式＋表达式
	-	减	表达式－表达式
5	<<	左移	变量<<表达式
	>>	右移	变量>>表达式
6	>	大于	表达式>表达式
	>=	大于等于	表达式>=表达式
	<	小于	表达式<表达式
	<=	小于等于	表达式<=表达式
7	==	等于	表达式==表达式
	!=	不等于	表达式!=表达式
8	&	按位与	表达式&表达式
9	^	按位异或	表达式^表达式
10	|	按位或	表达式|表达式
11	&&	逻辑与	表达式&&表达式
12	||	逻辑或	表达式||表达式

续表

<table>
<tr><th>优先级</th><th>运算符</th><th>名　称</th><th>使 用 形 式</th></tr>
<tr><td>13</td><td>?：</td><td>条件运算符</td><td>表达式 1? 表达式 2：表达式 3</td></tr>
<tr><td rowspan="11">14</td><td>＝</td><td>赋值运算符</td><td>变量＝表达式</td></tr>
<tr><td>/＝</td><td>除后赋值</td><td>变量/＝表达式</td></tr>
<tr><td>*＝</td><td>乘后赋值</td><td>变量*＝表达式</td></tr>
<tr><td>%＝</td><td>取模后赋值</td><td>变量%＝表达式</td></tr>
<tr><td>＋＝</td><td>加后赋值</td><td>变量＋＝表达式</td></tr>
<tr><td>－＝</td><td>减后赋值</td><td>变量－＝表达式</td></tr>
<tr><td>＜＜＝</td><td>左移后赋值</td><td>变量＜＜＝表达式</td></tr>
<tr><td>＞＞＝</td><td>右移后赋值</td><td>变量＞＞＝表达式</td></tr>
<tr><td>&＝</td><td>按位与后赋值</td><td>变量 &＝表达式</td></tr>
<tr><td>^＝</td><td>按位异或后赋值</td><td>变量^＝表达式</td></tr>
<tr><td>|＝</td><td>按位或后赋值</td><td>变量|＝表达式</td></tr>
<tr><td>15</td><td>，</td><td>逗号运算符</td><td>表达式，表达式，…</td></tr>
</table>

2.2.3　常见的程序结构

开始程序编制之前，需要明确整个程序的功能和每一个部分的结构，程序由三种基本的结构组合而成：顺序结构、选择结构和循环结构。下面分别来介绍这三种基本的结构。

1. 顺序结构

顺序结构是按照从前往后顺序依次执行的，每个语句都会被执行到，并且只能执行一次。一般而言，顺序程序结构包含变量定义、变量赋值、运算处理和输出结果等步骤，如图 2.3 所示。在 C430 中，顺序结构主要用于模块的初始化参数配置。

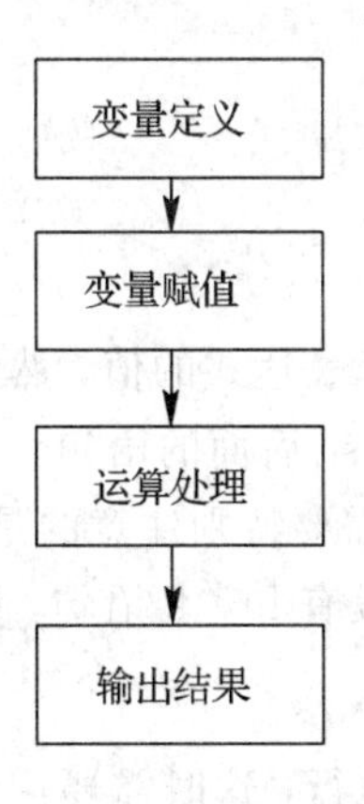

图 2.3　顺序程序结构

2. 选择结构

选择结构又称为分支结构，主要作用是根据给定的条件执行两组操作中的一组操作。在一次执行过程中，只有一条分支被选中执行，而其他分支语句直接跳过。在C430中，可供选择的选择结构语句有两种：条件语句和开关语句。

1）条件语句(if语句)

条件语句用来判定条件是否满足，根据判定的结果(真或假)来决定执行的操作。主要有以下三种基本形式：

· 简单if语句

```
if(表达式) 语句;
```

· 双分支if语句

```
if(表达式) 语句1;
else 语句2;
```

· 多分支if语句

```
if(表达式1) 语句1;
else if(表达式2) 语句2;
else if(表达式3) 语句3;
else 语句4;
```

2）开关语句(switch语句)

从上面的条件语句讲解可知，if语句可实现多分支选择，但如果在分支过多的情况下，if语句嵌套层次过多，则会造成程序冗长，可读性不高。这时候可使用switch语句。switch语句可实现多方向条件分支。开关语句的使用可使程序条理分明，可读性强。switch语句的一般形式为：

```
switch(表达式)
{
  case 常数表达式1：语句1；break;
  case 常数表达式2：语句2；break;
  case 常数表达式3：语句3；break;
  ⋮
  case 常数表达式n：语句n；break;
  default：语句n+1;
}
```

switch语句的执行过程是首先计算表达式的值，然后将该值与case后面的常数表达式逐个比较，当两者相等时，则执行该case后面的语句。若与case后面的常数表达式的值均不相等，则执行default后面的语句。需要特别注意的是，语句中break的作用是终止当前语句的执行，跳出switch语句。如果没有break语句，则程序会接着执行下面的语句。

3. 循环结构

在程序设计中有些语句需要重复执行，这时需要用到循环语句。循环语句在给定条件成立的情况下会反复执行程序直到条件不成立为止。给定的条件为循环条件，反复执行的程序段为循环体。循环语句主要有以下三种格式：

(1) for(表达式1；表达式2；表达式3)语句；

(2) while(条件表达式)语句;

(3) do 循环体语句 while(条件表达式)。

2.2.4 预处理

预处理是 C 语言具有的一种对源程序的处理能力，就是在进行源程序编译之前进行的处理工作。C 语言提供了多种预处理能力，常见的包括宏定义、文件包含、条件编译等。

预处理指令均以“#”开头，单独占代码行。主要的预处理指令如表 2.3 所示。

表 2.3　预处理指令及使用

预处理指令	使　用
#	无效
#include	包含一个源文件代码
#define	定义宏
#if	如果给定条件为真，则编译下面程序
#undef	取消已定义的宏
#ifdef	如果宏已定义，则编译下面程序
#elif	如果前面的#if 给定条件不为真，则编译下面程序
#error	停止编译并显示错误信息

1. 宏定义预处理

宏定义了一个代表特定内容的标识符。宏最常见的用法是定义代表某个值的全局符号。宏的第二种用法是定义带参数的宏，这样的宏可以像函数一样被调用。

1) 无参数#define 指令

无参数宏是指宏名后面不含有参数，其定义的一般格式为：

```
#define 宏名 字符串
```

其中，“字符串”可以是常数、表达式、格式串等，例如：

```
#define PI 3.1415926            //定义宏 PI 为圆周率
```

2) 带参数#define 指令

带参数宏是指宏名后面含有参数，其定义的一般格式为：

```
#define 宏名(参数表) 宏体
```

2. 文件包含预处理

文件包含的含义是在一个程序文件中可以包含其他文件的内容。这样文件将由多个文件组成，可以用文件包含命令来实现这一功能，格式如下：

```
#include<文件名>
```

或

```
#include"文件名"
```

其中，include 是关键字，文件名是被包含的文件名。这里注意要使用文件全名，包括文件的路径和扩展名。文件包含预处理命令一般写在文件的开头，例如：

```
#include<msp430.h>
```

3. 条件编译预处理

条件编译可按不同的条件来编译程序的不同部分，进而产生不同的目标代码文件。条件编译预处理十分有利于程序的移植和调试。条件编译预处理主要有以下三种形式：

1）常量表达式条件预处理命令

```
＃ifdef 宏标识符
程序段 1
＃elif 常量表达式 2
程序段 2
⋮
＃elif 常量表达式 n－1
程序段 n－1
＃else
程序段 n
＃endif
```

上述语句作用是：检查常量表达式，如为真，则编译后续程序段，并结束本次条件编译；若所有常量表达式均为假，则编译程序段，然后结束程序。

2）标识符定义条件预处理命令

```
＃ifdef 宏标识符
程序段 1
＃else
程序段 2
＃endif
```

上述语句作用是：如果标识符已被＃define 定义过，则编译程序段 1；否则编译程序段 2。

3）标识符未定义条件预处理命令

```
＃ifndef 宏标识符
程序段 1
＃else
程序段 2
＃endif
```

上述语句作用是：如果标识符未被＃define 定义过，则编译程序段 1；否则编译程序段 2。

2.3 MSP430 单片机开发系统

2.3.1 MSP－EXP430F5529LP 实验板介绍

MSP－EXP430F5529LP 是 MSP430F5529 单片机实验开发平台，是一款集成 USB2.0 模块的实验板，可帮助用户快速使用 MSP430F5529 单片机进行学习和开发，实验板集成了板级内置程序仿真器、按键、LED 灯等。用户只需要连接一根 USB 下载线就可以进行 MSP430 单片机的实验和开发，方便快捷。MSP－EXP430F5529LP 实物如图 2.4 所示。

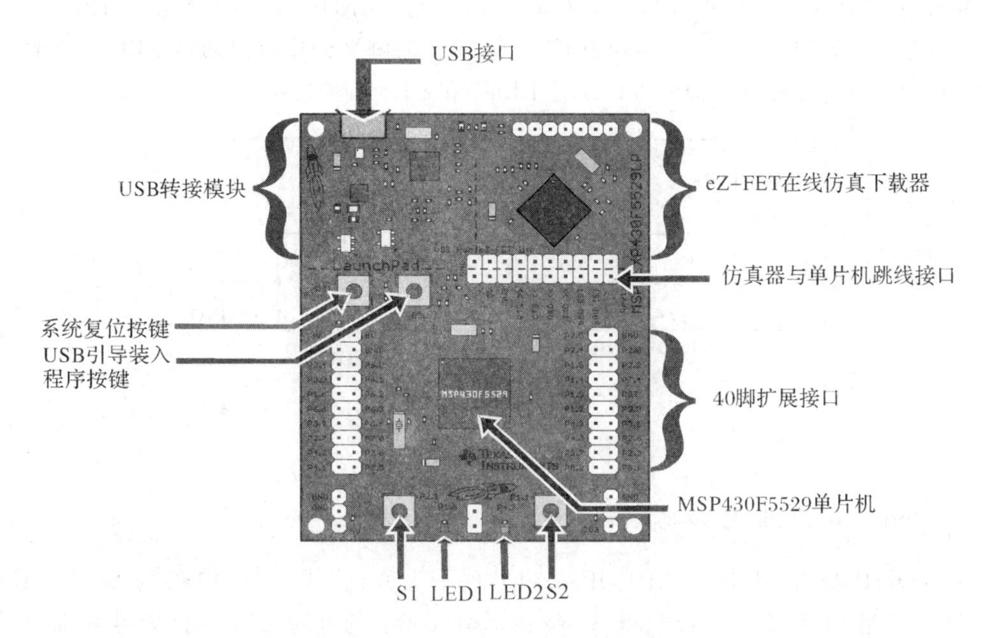

图 2.4　MSP－EXP430F5529LP 功能模块

MSP－EXP430F5529LP 实验板由电源模块、按键输入模块、LED 显示模块、BooksterPack 集线器模块等组成。下面对主要模块进行介绍。

2.3.2　按键输入模块

按键输入模块如图 2.5 所示，该电路中有两个按键 S1(P2.1)和 S2(P1.1)。这里需要注意的是，S1 和 S2 都未提供电阻上拉，无法输入高电平。因此在使用过程中需要配置端口上拉电阻，详见 GPIO 模块部分。另外，在实验板上还有两个特殊功能按键 S3(RST)和 S4(BSL)，按键 S3 可使系统复位，按键 S4 可通过 USB 端口触发 BSL 过程。

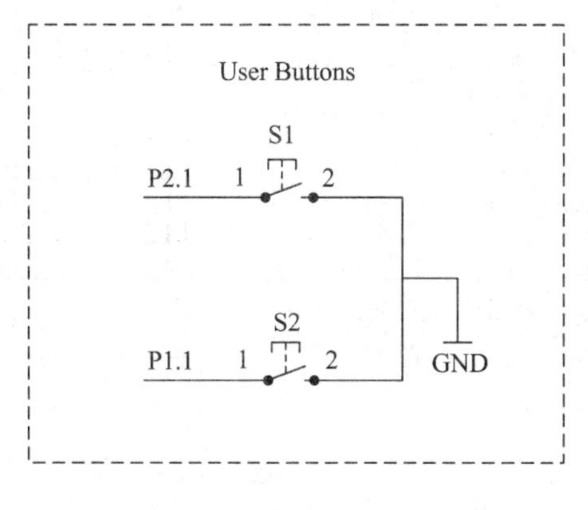

图 2.5　按键输入电路

2.3.3 LED 显示模块

MSP-EXP430F5529LP 实验板上有两个 LED 灯，LED1 与 P1.0 连接，LED2 与 P4.7 连接，电路连接如图 2.6 所示。实验中 P1.0 和 P4.7 的电平变化可以通过 LED 灯观察。需要注意的是，通过短路跳线 JP8 可以断开 LED1 和 P1.0 口的连接。

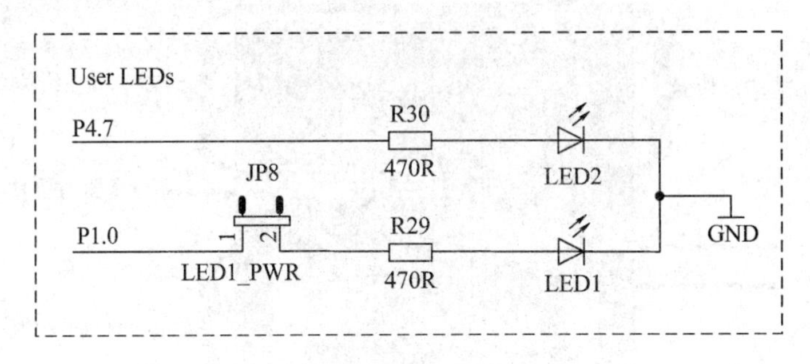

图 2.6　LED 连接电路

2.3.4 BooksterPack 集线器模块

BooksterPack 是 MSP-EXP430F5529LP 的一大特色，集成了 40 线的 BooksterPack 集线器，正是由于 BooksterPack 的存在，MSP430 的扩展运用才变得更加方便。MSP430F5529 单片机内部集成 128 KB 的 Flash 和 10 KB 的 RAM，以及 SPI、SCI、I²C、ADC、DMA 和 USB2.0 等丰富的外设资源。MSP430F5529 Launchpad 通过 BoosterPack 接口引出 SPI 接口、I²C 接口和 UART 接口，还包含多个定时器、比较器、DMA 和 ADC 引脚，这些丰富的引脚为外部扩展功能提供了必要条件。BooksterPack 接口的资源和功能如图 2.7 所示。

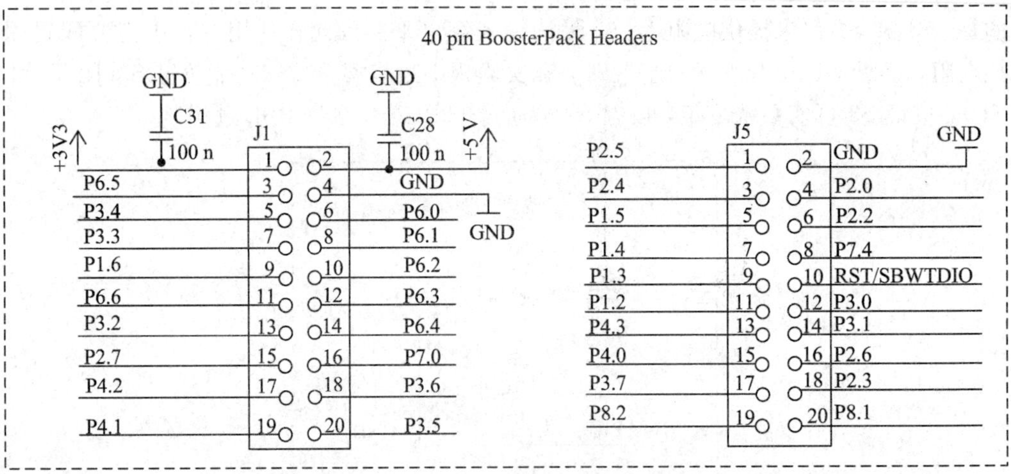

图 2.7　扩展接口电路

2.3.5 电源模块

电源模块负责给 MSP-EXP430F5529LP 实验板供电。通常采用 USB 端口为实验板供电，也可以直接采用 5 V 电源为实验板供电。电脑 USB 端口输出电压为 5 V，输出最大电流为 500 mA。直接采用电源供电可以提供更大的驱动电流。输入的 5 V 电压经过低功耗线性稳压器 TPS62237 后输出为 3.3 V，作为单片机电源，相关电路如图 2.8 所示。

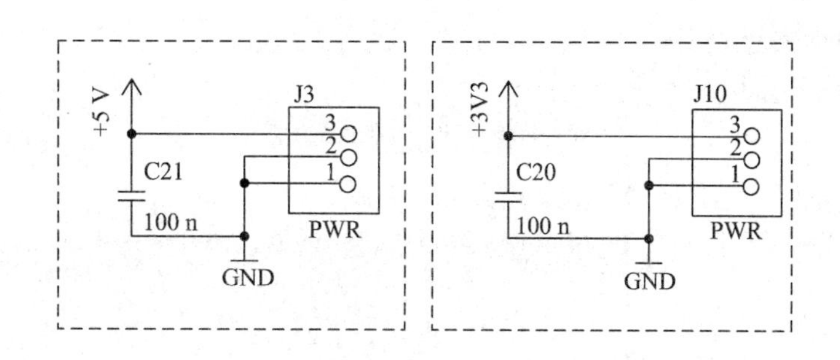

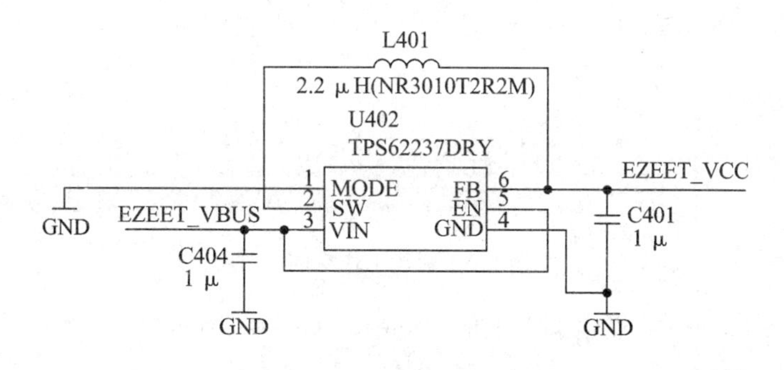

图 2.8　电源模块主要电路

2.4　MSP430 单片机编译软件的使用

国内普及的 MSP430 开发软件主要有以下两种：一是 TI 公司研发的 CCS(Code Composer Studio)，是一款具有环境配置、源文件编辑、程序调试、分析等功能的集成开发环境；二是 IAR 公司的 Embedded Workbench for MSP430(简称 EW430)和 AQ430。目前 IAR 的用户居多。IAR EW430 软件提供了工程管理、程序编辑、代码下载、调试等所有功能，并且软件界面和操作方法与 IAR EW for ARM 等开发软件一致。因此，学会了 IAR EW430，就可以很顺利地过渡到另一种新处理器的开发工作。下面介绍如何在 IAR 中建立一个工程：

(1) 新建一个工作空间；

(2) 新建一个工程项目；

(3) 工程配置；

(4) 将源文件加载入工程；

(5) 设置工具选项；

(6) 编译；

(7) 链接；

(8) 运行。

2.4.1 新建工程

点击 IAR Embedded Workbench 打开 IAR 软件。执行主菜单中的 File→New→Workspace，新建一个工作空间，如图 2.9 所示。

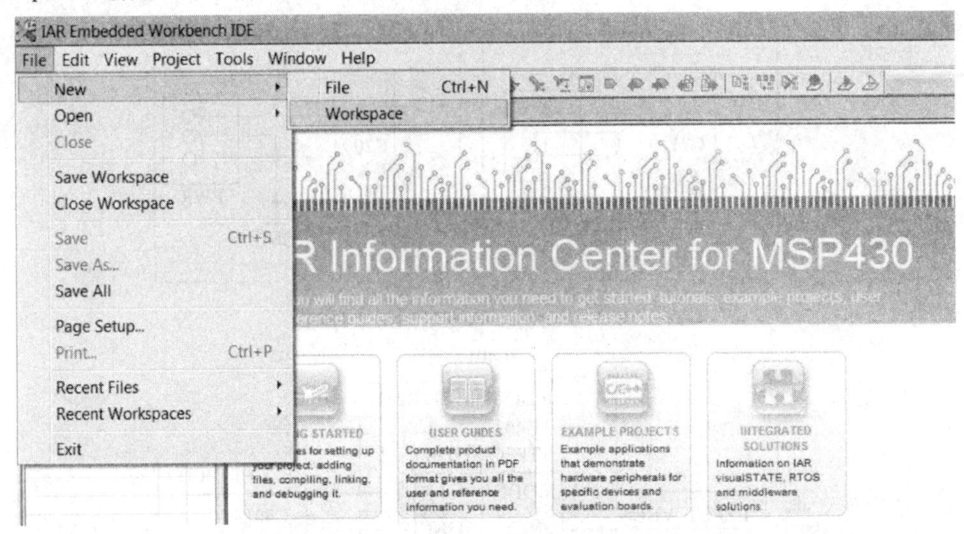

图 2.9 新建工作空间

建立新的 Workspace 后点击菜单上的 Project→Create New Project 命令，建立一个新的工程，如图 2.10 所示。

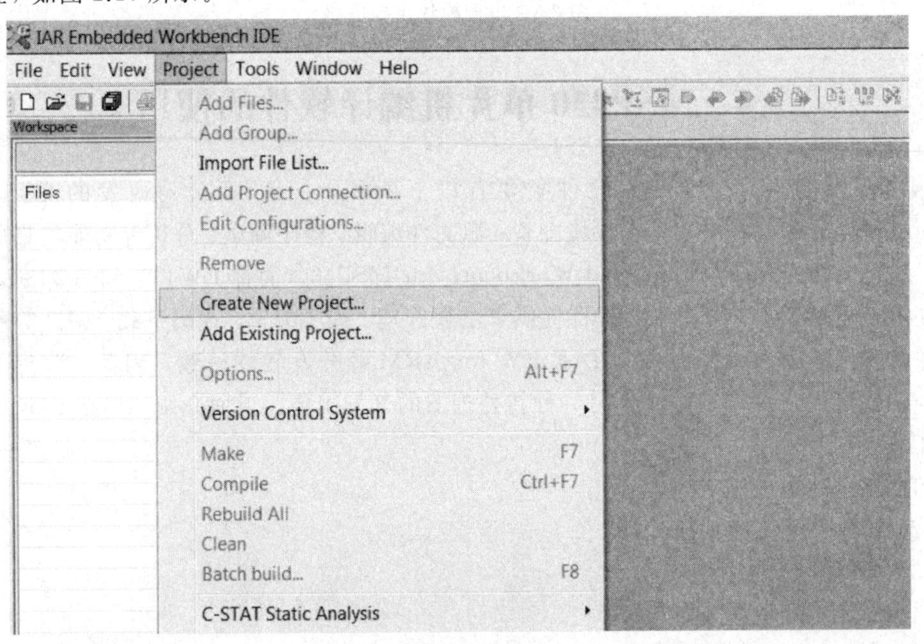

图 2.10 新建工程界面图

出现新工程对话框如图 2.11 所示。在对话框中，Tool chain 中对应工程建立的器件为 MSP430 。Project Templates 工程模板下可以选择工程模板来建立新的工程，可选项包括

ASD、C ++、C 模板以及创建一个外部可执行文件类型。这里选择常用的单片机开发语言 C 语言为例进行说明。点击 C 语言模板前面的“+”号，选择 main 选项，点击“OK”按钮，创建一个 C 语言工程，显示如图 2.12 所示界面。这个新建的项目自带一个源文件 main.c。

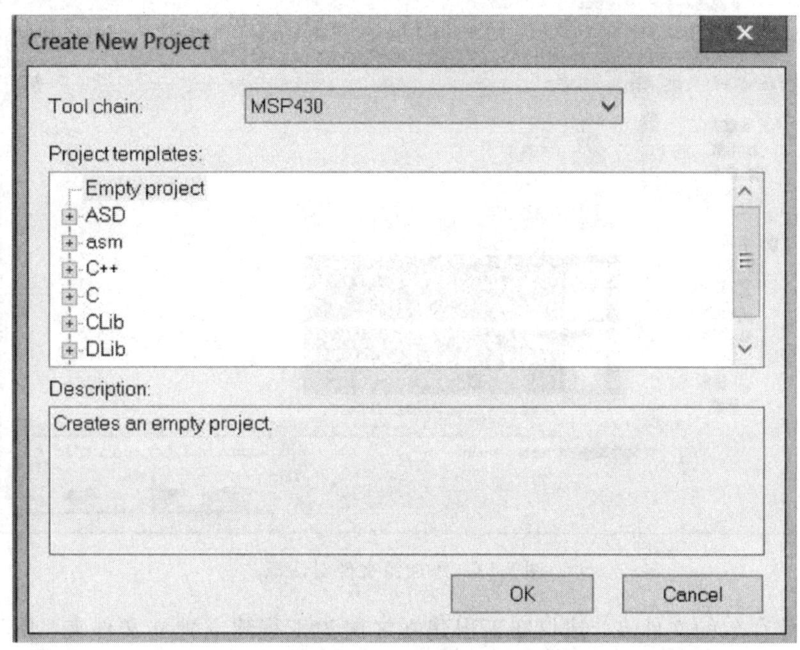

图 2.11　新建工程对话框

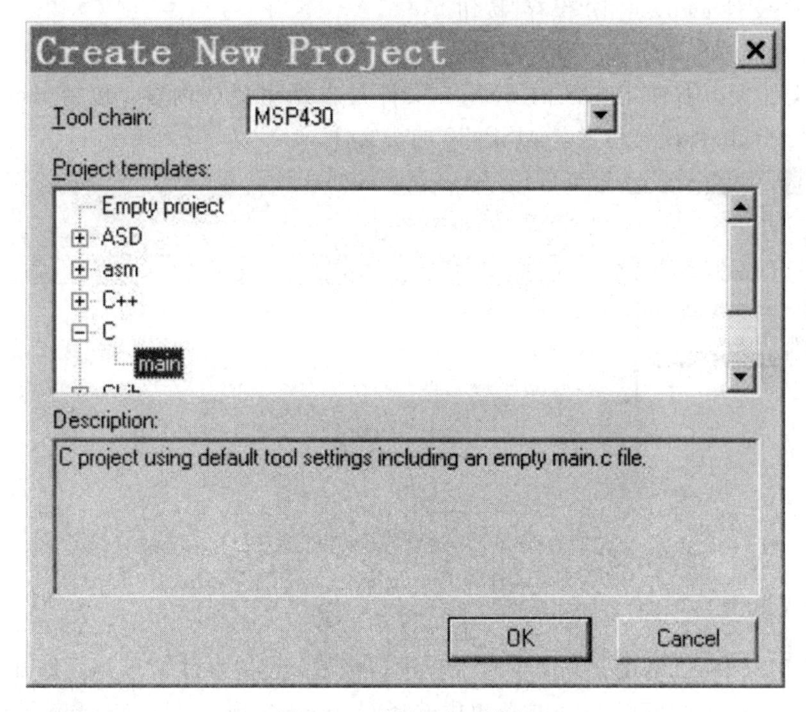

图 2.12　选择 C 语言模板

如果用户已经编辑好源文件，可选择 File→Add Files 命令打开一个添加文件的对话框，如图 2.13 所示。在这里可以向项目中添加源文件，用鼠标同时选择多个文件或按住 Ctrl 键点击多个文件名可以一次性向项目中添加多个文件。

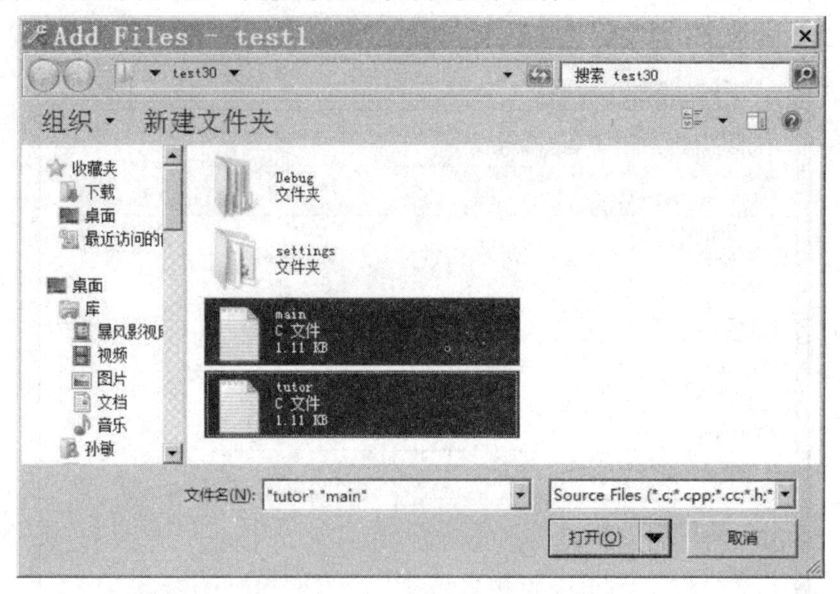

图 2.13　添加源文件对话框

选择工程文件存放的文件夹，建议在工程建立之前为工程建立独立文件夹，便于工程文件分类存放管理。这里已建立一个文件名为 test 的文件夹，将新建的工程文件命名为 test，扩展名为工程文件 ewp，点击“保存”按钮。

图 2.14 为新建好的工程界面，左面的工作区中显示的为新建工程包含的 main.c 文件和 Output 文件夹。右面工作区的 main.c 文件是自动生成的内容，包括 include 语句和 main()程序。include 语句包含了 MSP430 的头文件。

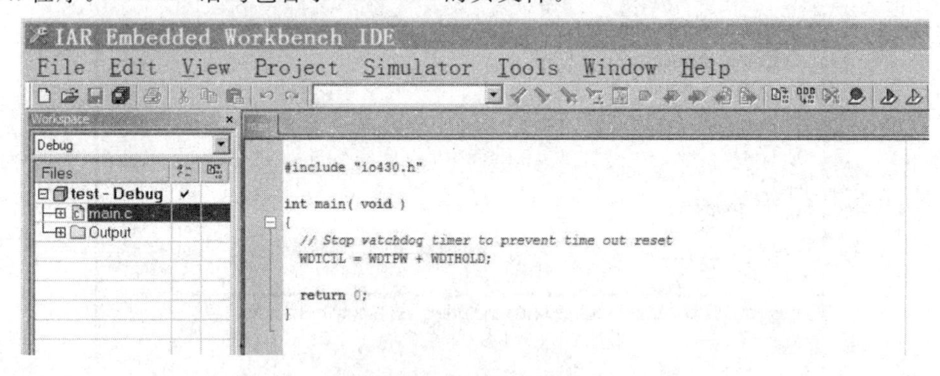

图 2.14　新建的工程界面

2.4.2　工程配置

建立好 MSP430 工程之后，需要对工程进行配置，设置器件型号等。打开工程后，点击主菜单栏的 Project 选项，在下拉菜单中选择 Options 选项，或是点击 Workspace 窗口中的工程名字，点击右键，在弹出的菜单中选择 Options 选项，如图 2.15 所示。

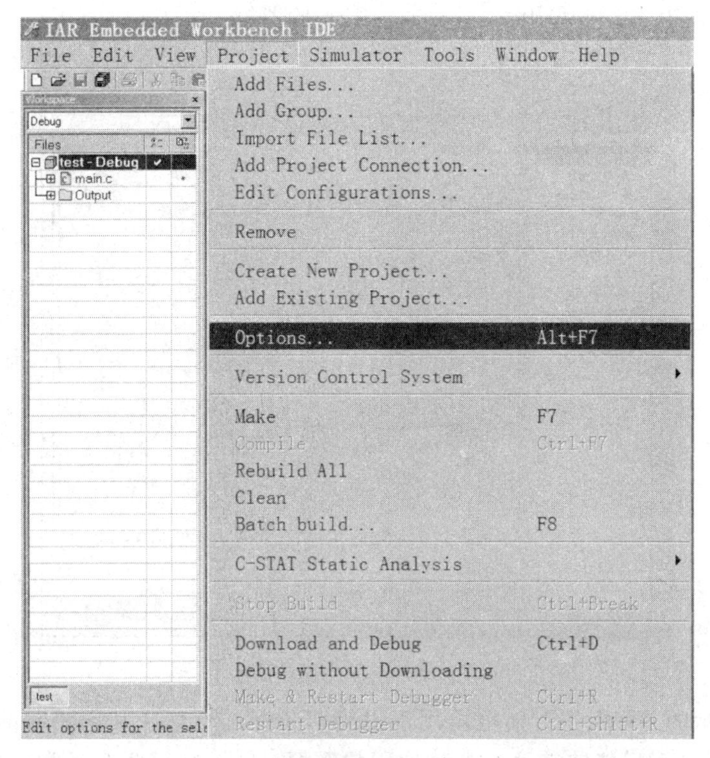

(a) 方法一

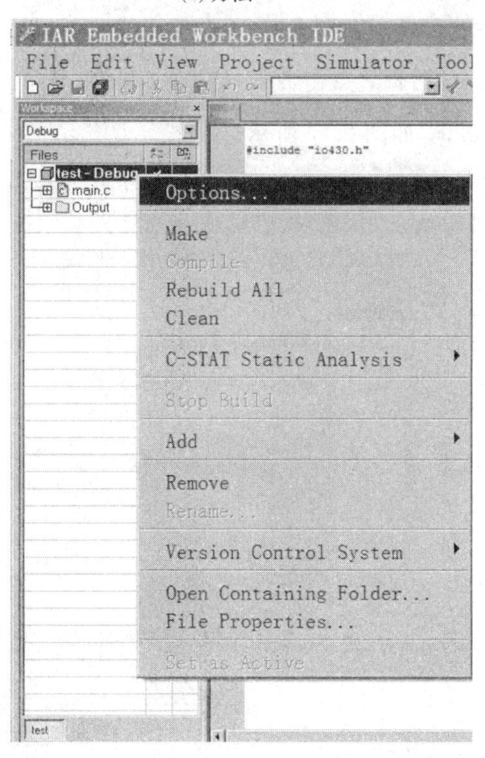

(b) 方法二

图 2.15　工程 Options 选项

弹出的 Options for node“test”对话框如图 2.16 所示。

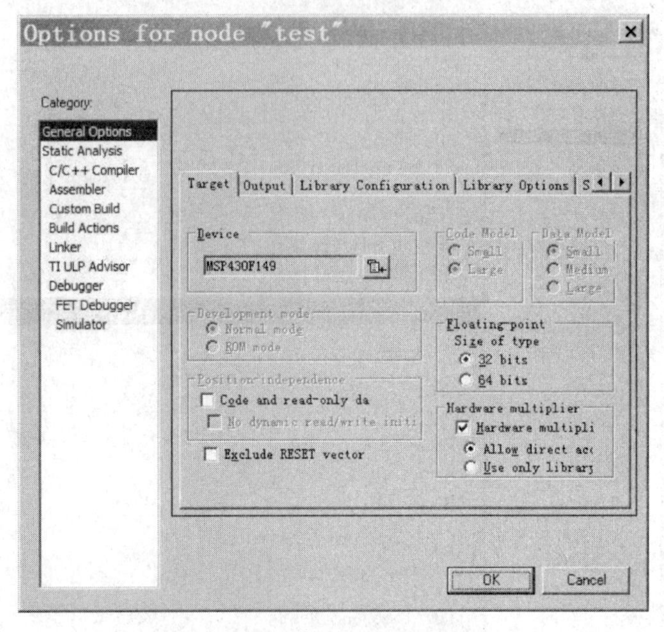

图 2.16　工程配置对话框

图 2.16 所示的工程配置对话框可用于对当前工程进行编译和创建时的各种控制现象的设置。系统默认配置能够满足大多数运用的需要，这里介绍两个经常需要修改的配置，包括单片机型号和仿真器的选择。在图 2.16 中点击左侧 Category 下 General Options 中的 Target 选项，点击 Device 对话框，点击右侧 按键，在下拉菜单找到使用的单片机型号，这里选择 MSP430F5529，如图 2.17 所示。

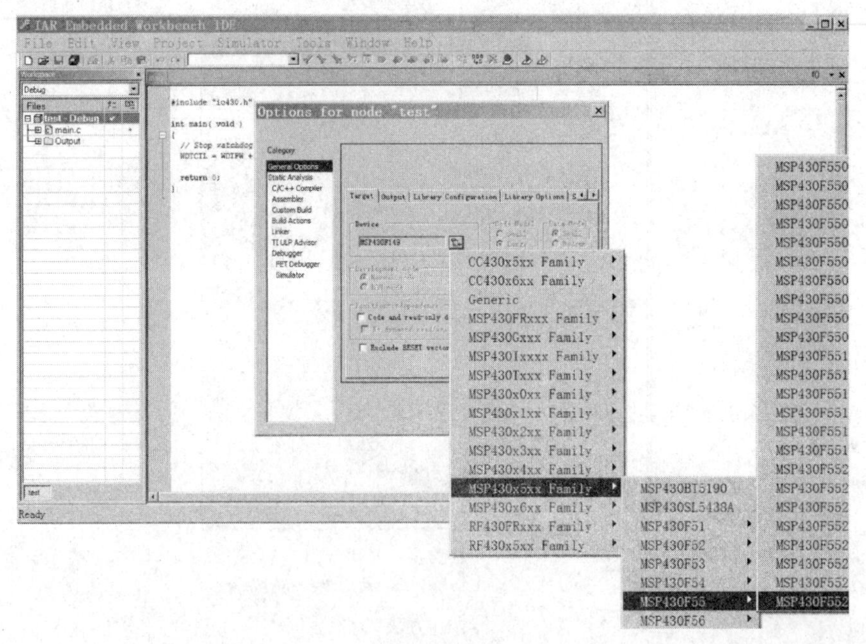

图 2.17　单片机型号选择

2.4.3　编译、链接及调试

选择图 2.18 左侧 Category 下 Debugger 选项中的 FET Debugger 选项，即选择了硬件仿真，点击 OK，就完成了配置。配置完成后点击主菜单 Project→Compile 命令，对源文件进行编译，编译信息会显示在软件界面下的 Messages 框中，如图 2.19 所示。

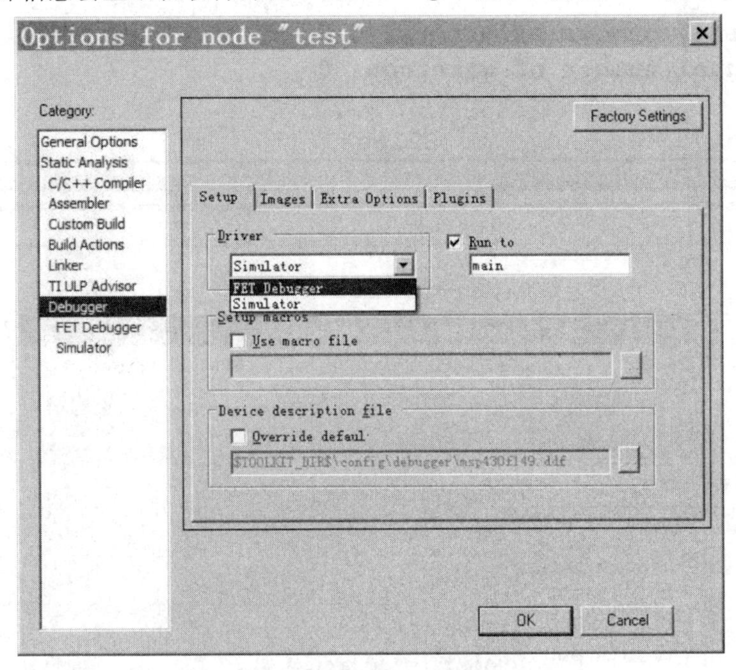

图 2.18　仿真器选择

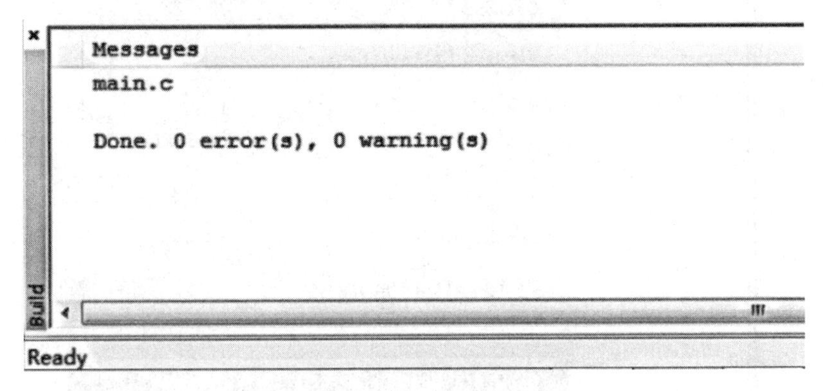

图 2.19　编译完成界面

如果编译界面 Messages 显示为 0 个错误、0 个警告，则编译完成；否则要修改直至显示 0 个错误、0 个警告为止。

当源文件编译通过，点击主菜单 Project→Make 命令，对源文件创建链接，链接创建完成后界面如图 2.20 所示，链接界面 Messages 显示 0 个错误、0 个警告。

源文件链接成功后，Project 下拉菜单有两个命令，分别为 Download and Debug(下载及调试)和 Debug without Downloading(不下载调试)，如图 2.21 所示。选择 Download and Debug 命令运行，进入调试界面。

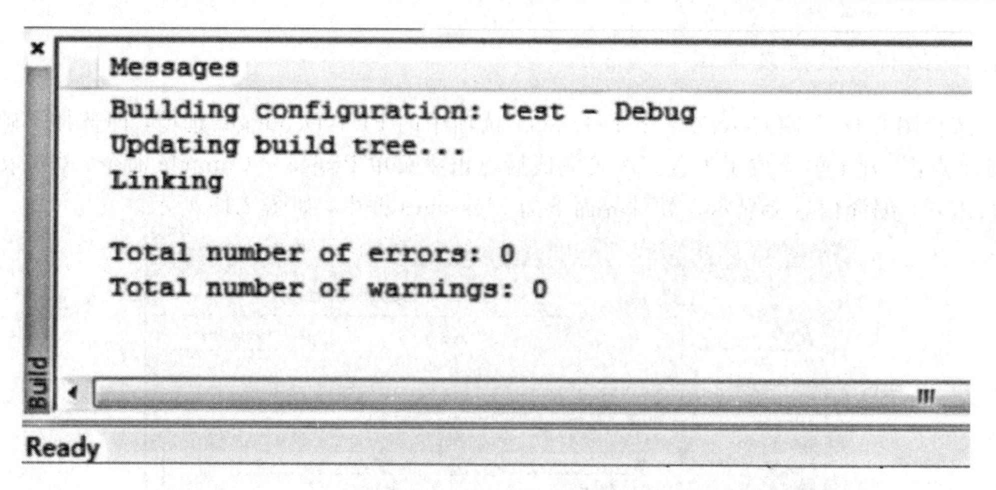

图 2.20 链接完成界面

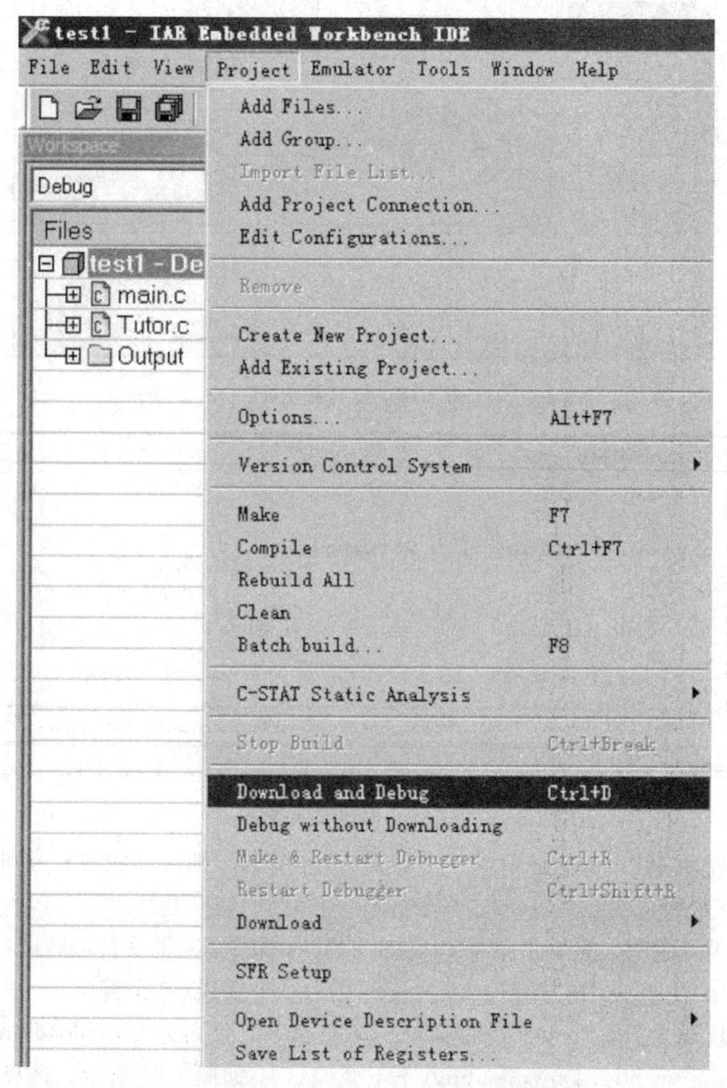

图 2.21 Debug 命令界面

可点击 GO 运行程序，观察实验现象。如图 2.22 所示。

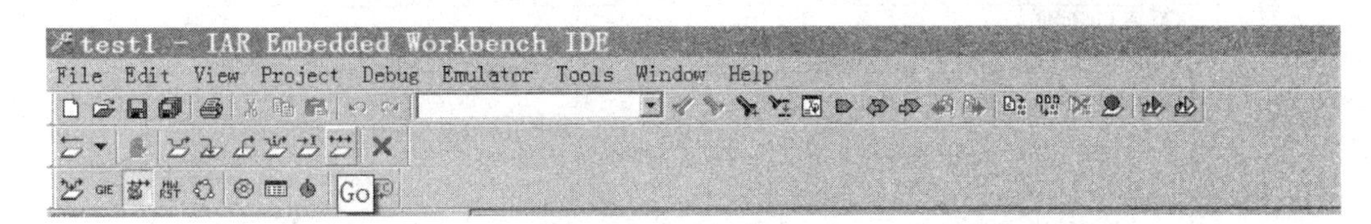

图 2.22　GO 命令界面

程序运行后可通过主菜单 View→Register 命令查看寄存器信息，通过 View→Watch 命令打开 Watch 1～Watch 4 窗口，或者使用 Quick Watch 命令(如图 2.23 所示)，输入需要查看的寄存器名称，就可以查看寄存器的取值，如图 2.24 所示。

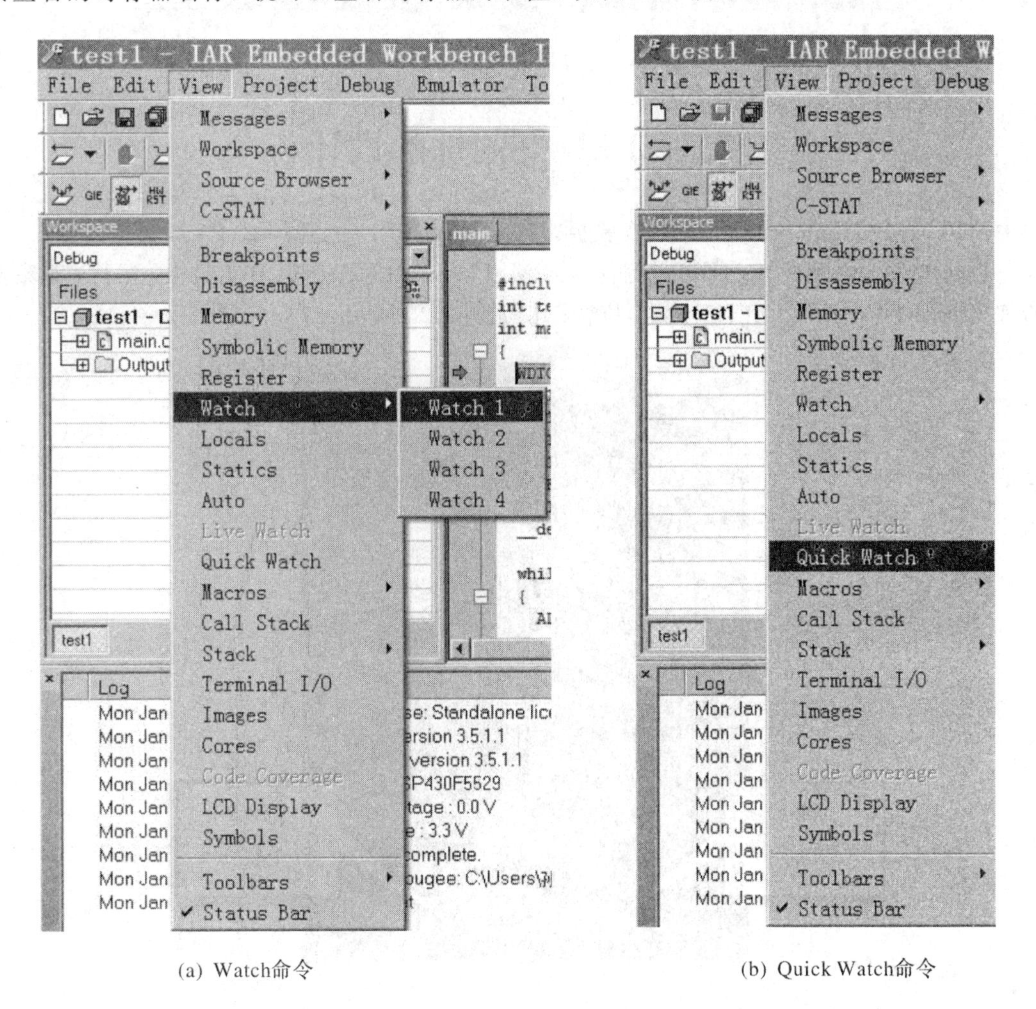

(a) Watch命令　　(b) Quick Watch命令

图 2.23　Watch/Quick Watch 命令界面

上述介绍了 MSP430 程序设计开发的基本步骤和命令，其他命令也可以通过 IAR Embedded Workbench 中的 help 命令查看。

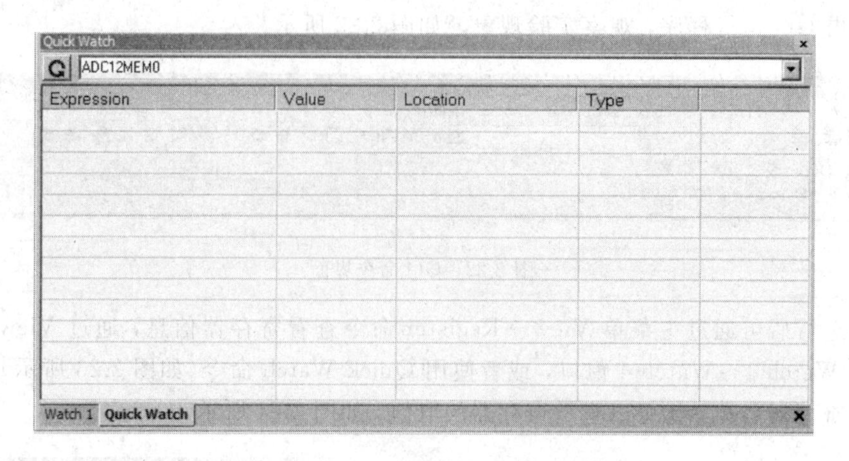

图 2.24　寄存器 ADC12MEM0 界面

2.5　LED 灯闪烁的设计

使用 MSP-EXP430F5529LP 实验板，实现 LED1(P1.0)、LED2(P4.7)交替闪烁。

进行工程建立和配置，将指定例程写入 MSP-EXP430F5529LP 实验板，运行，观察实验现象。LED1(P1.0)、LED2(P4.7)位置标识如图 2.25 所示。

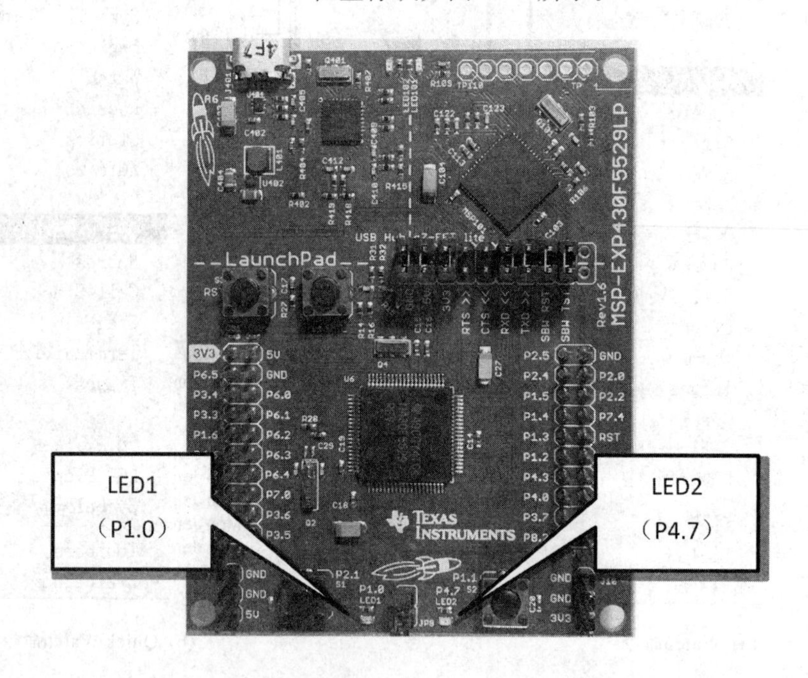

图 2.25　LED1(P1.0)、LED2(P4.7)位置标识图

例程如下所示：

```
//************************************************************
//实现 LED1(P1.0)和 LED2(P4.7)交替闪烁，闪烁频率约为 1 Hz
//
```

```
//                    MSP430F5529
//                 -----------------
//            /|\|              XIN|-
//             | |                 |
//             --|RST          XOUT|-
//               |                 |
//               |             P1.0|-->LED1
//               |             P4.7|-->LED2
//
//*****************************************
#include <msp430.h>
int main(void)
{
  WDTCTL = WDTPW + WDTHOLD;          // 关闭看门狗定时器
  P1DIR |= BIT0;                     // 设置 P1.0 为输出
  P4DIR |= BIT7;                     // 设置 P4.7 为输出
  P1OUT |= BIT0;                     // 设置 P1.0 输出为高电平
  P4OUT &= ~BIT7;                    // 设置 P4.7 输出为低电平
  while(1)
  {
    P1OUT ^= BIT0;                   // P1.0 输出信号翻转
    P4OUT ^= BIT7;                   // P4.7 输出信号翻转
    __delay_cycles(500000);          // 延时
  }
}
```

知识梳理与小结

本章的知识结构如图 2.26 所示。本章的学习重点在于掌握 MSP430 系列单片机编程的基本知识和技巧，学会使用 MSP-EXP430F5529LP 实验板和 IAR 开发环境。学习难点在于理解 MSP430 系列单片机程序编写的方法和技巧，适应单片机编程语言的使用。

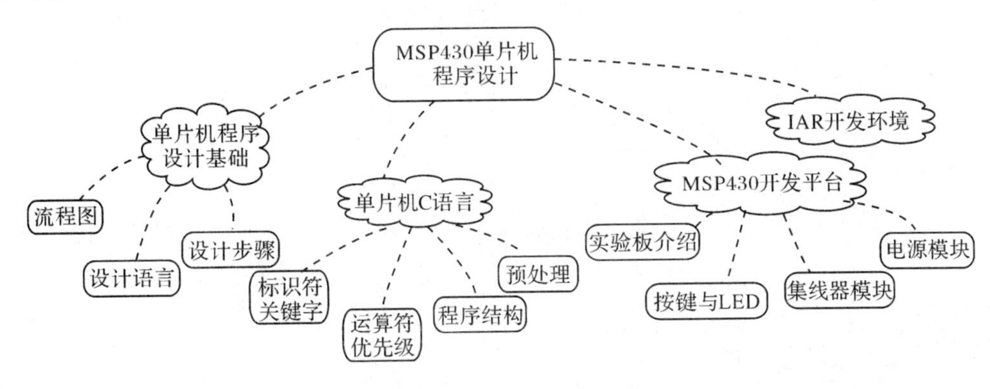

图 2.26　第 2 章知识结构图

第3章 十六人抢答器的设计

通用输入输出(GPIO)模块是单片机与外部进行数据交换的基本途径，几乎所有的单片机应用程序都会涉及GPIO模块。本章首先将会为读者介绍MSP430F5529单片机GPIO模块的基本结构以及工作原理，GPIO中断的应用和寄存器配置等知识；其次，通过独立键盘、矩阵键盘和串行数码管软件设计等实例，帮助读者掌握GPIO模块的应用技巧；最后，通过完成十六人抢答器的设计，使读者进一步加深对GPIO模块的认识。

3.1 GPIO模块简介

TI公司的MSP430F5529单片机配备有大量的GPIO端口，其主要特点如下：

(1) 共计59个GPIO端口，每个端口均可以独立编程；

(2) 以16个一组可划分为4组，即PA、PB、PC、PD(11个端口)；

(3) 以8个一组可划分为8组，即P1～P8，其中P8仅有3个端口；

(4) P1和P2端口组共计16个端口具有独立中断能力；

(5) 每个端口均有独立的输入输出寄存器；

(6) 每个端口均有独立的上拉和下拉电阻；

(7) 大部分端口与其他模块共用，具有复用功能。

MSP430F5529单片机大部分引脚都具有GPIO功能，相关的引脚如图3.1所示。从图中可以发现，除了个别引脚，如电源引脚、系统复位引脚以及USB引脚等，其余引脚均是GPIO引脚。

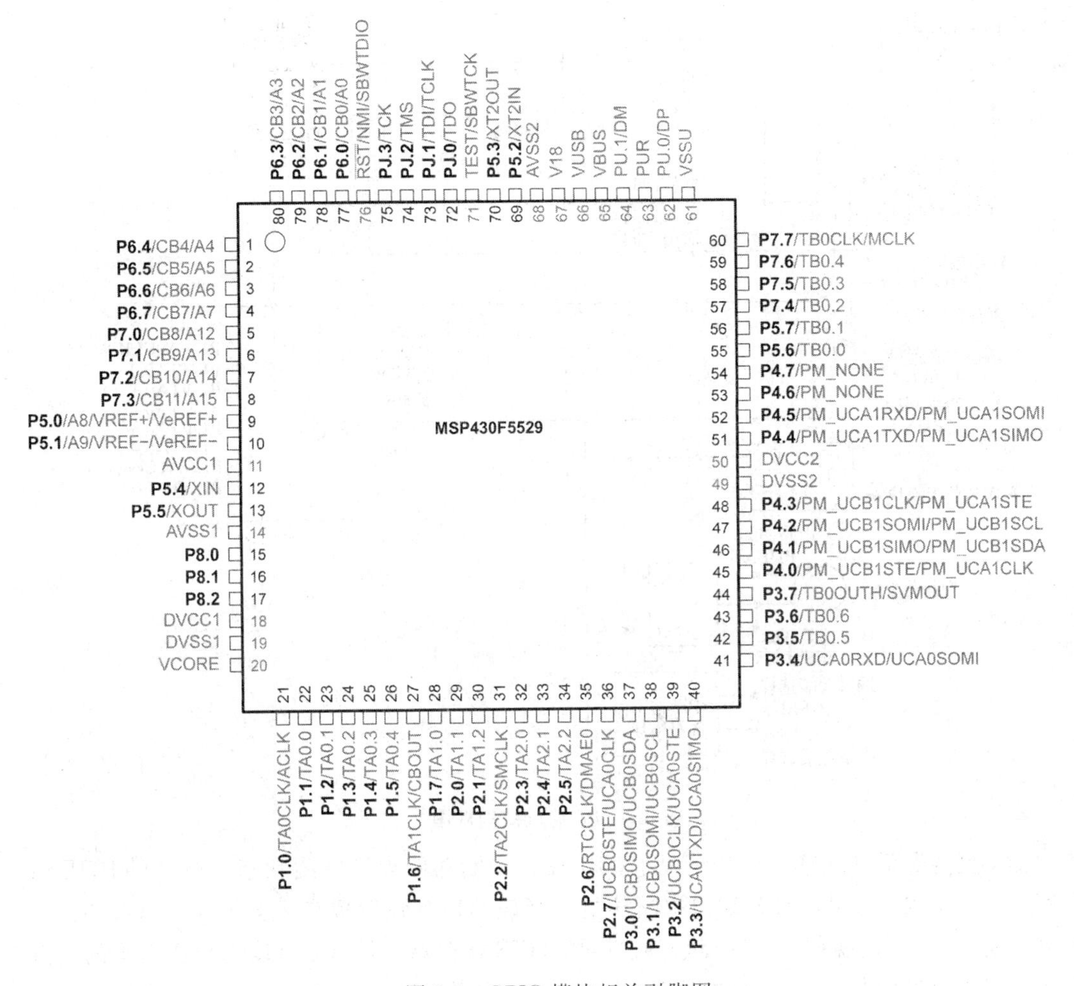

图 3.1　GPIO 模块相关引脚图

3.1.1　GPIO 结构与原理

MSP430F5529 单片机 GPIO 模块的总体结构大致相同，其中 P1 和 P2 端口组因具备中断能力，和其他端口组有细微差异。因此，下面以 P1 和 P3 端口组为例分别介绍 GPIO 模块的基本结构和工作原理。

图 3.2 为 MSP430F5529 单片机 P1 端口结构框图，从图中可以看到带有中断能力的 GPIO 端口的基本结构，了解其工作原理。

P1 端口和其他 GPIO 端口一样，既能实现数据的输入，也可以实现数据的输出。通过对 P1DIR 寄存器的设置，选择端口数据的传输方向。当需要通过 P1 端口输出数据时，只需要将数据写入 P1OUT 寄存器中即可。此时如果将 P1REN 寄存器置 1，则开启端口上拉电阻功能。通过对 P1DS 寄存器的设置，可以调节端口的驱动能力。当需要通过 P1 端口输入数据时，在外部数据通过端口输入单片机后，将被存放在 P1IN 寄存器中，只需访问该寄存器即可获得数据。此时如果将 P1REN 寄存器置 1，则开启端口下拉电阻功能。

P1 端口和一般 GPIO 端口的区别在于具有独立的中断能力，这一特点使得该端口组的

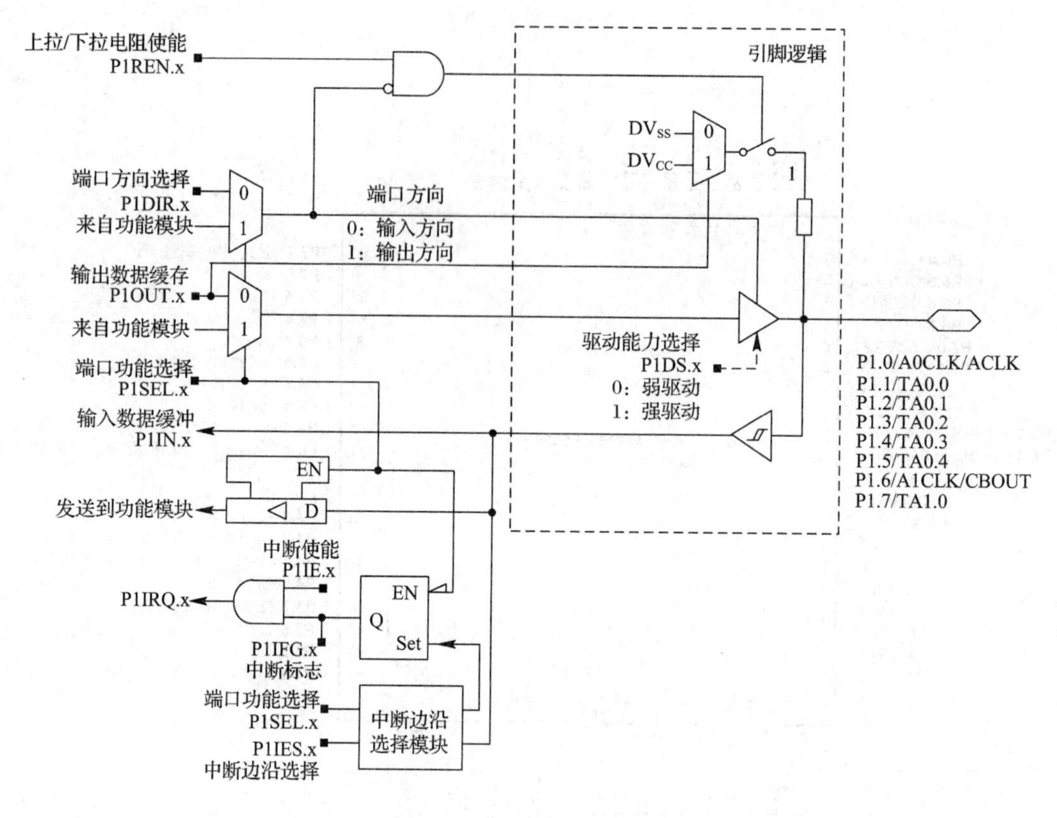

图 3.2　P1 端口结构框图

使用变得更为灵活和便捷。默认情况下，P1 端口中断功能处于关闭状态。通过对 P1IE 寄存器进行置 1 操作，可以打开端口中断功能。当该端口被设置成输入方向时，如果外部输入电平发生变化则会触发端口中断。通过对 P1IES 寄存器的设置，可以选择在电平的上升沿或下降沿触发中断。一旦有中断被触发，中断标志寄存器 P1IFG 对应位将会被置 1。在使用 GPIO 端口中断时，切记首先打开单片机总中断。

默认情况下，P1 端口被作为普通输入输出端口来使用。通过对 P1SEL 寄存器的设置，可以将其转换为某些内部模块的功能端口。具体参见芯片用户手册。

图 3.3 为 MSP430F5529 单片机 P3 端口结构框图，该图描述了所有不带有中断功能 GPIO 端口(P3～P8)的结构。

P3 端口既能实现数据的输入，也可以实现数据的输出。通过对 P3DIR 寄存器的设置，选择端口数据的传输方向。当需要通过 P3 端口输出数据时，只需要将数据写入 P3OUT 寄存器中即可。此时如果将 P3REN 寄存器置 1，则开启端口上拉电阻功能。通过对 P3DS 寄存器的设置，可以调节端口的驱动能力。当需要通过 P3 端口输入数据时，在外部数据通过端口输入单片机后，将被存放在 P3IN 寄存器中，只需访问该寄存器即可获得数据。此时如果将 P3REN 寄存器置 1，则开启端口下拉电阻功能。P3 端口同样可以被复用，这是通过对 P3SEL 寄存器的设置来实现。从图中可以看到，P3 端口可以被作为串行数据通信端口或者定时器端口来使用。

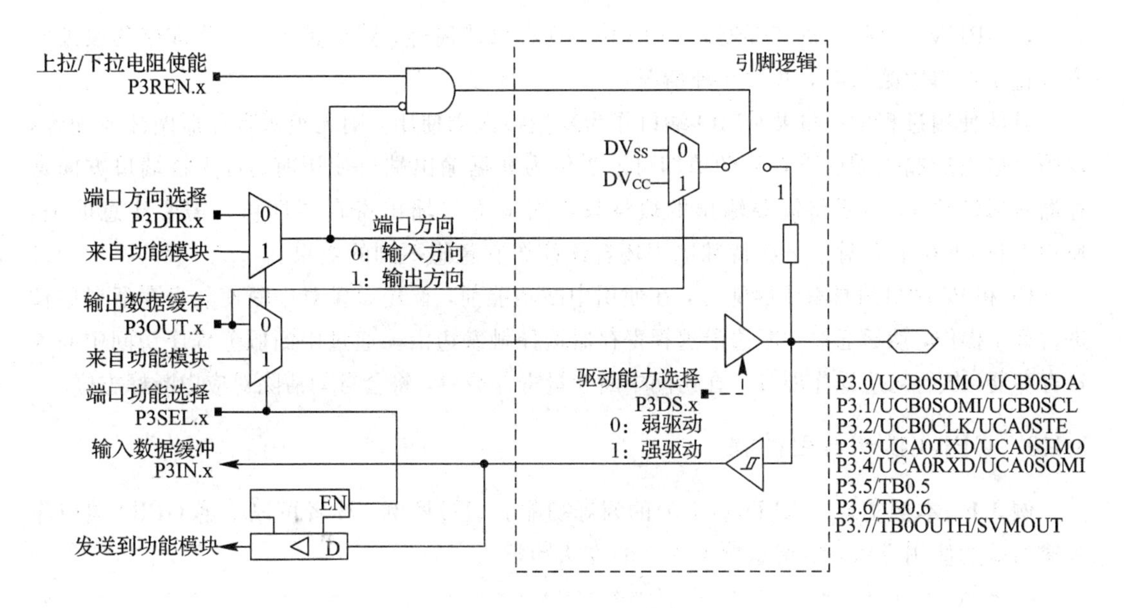

图 3.3　P3 端口结构框图

3.1.2　GPIO 寄存器配置

每组 GPIO 端口均带有 6 个基本寄存器，P1 和 P2 端口组由于具备中断能力，每组相应增加了 4 个寄存器。下面以 P1 端口组为例介绍 GPIO 模块的寄存器，其他 GPIO 端口寄存器与 P1 类似，详见附录。

1）端口基本寄存器

(1) P1IN：端口输入寄存器，用于存放外部输入数据。复位时无初值，具有只读属性。

(2) P1OUT：端口输出寄存器，用于存放需要输出的数据，复位时无初值。在打开上拉/下拉电阻后，该寄存器清零时选择下拉模式，置 1 时则选择上拉模式。

(3) P1DIR：端口方向寄存器。当其清零时端口作为输入端，置 1 时则作为输出端。默认值为 0。

(4) P1REN：上拉/下拉电阻使能寄存器。当其清零时断开上拉/下拉电阻，置 1 时则开启该功能。默认值为 0。

(5) P1DS：驱动强度寄存器。当其清零时减弱驱动强度，置 1 时则保持正常输出强度。默认值为 0。

(6) P1SEL：端口功能选择寄存器。当其清零时端口作为基本 I/O 口使用，置 1 时则作为其他模块的功能端口。默认值为 0。

2）端口中断寄存器

(1) P1IE：中断使能寄存器。置 1 时开启端口中断功能，默认值为 0。

(2) P1IES：中断边沿选择寄存器。当其清零时选择上升沿触发中断，置 1 时则选择下降沿触发。该寄存器复位时无初值。

(3) P1IFG：中断标志寄存器。当有中断被挂起时，寄存器对应位将会被置 1。默认值为 0。

(4) P1IV：中断矢量寄存器。共16位，具有只读属性，默认值为0。该寄存器以编码方式记录端口中断情况，共计9种情况。

具体使用过程中，如果GPIO端口作为数据输入端使用，则无须对寄存器做任何配置，仅需读取对应输入端口寄存器的值即可。当作为数据输出端口使用时，首先将端口方向寄存器对应位置1，然后将需要输出的数据写入对应端口输出寄存器即可。需要注意的是，使用上拉/下拉电阻对于某些特殊应用场合往往会有意想不到的效果。

P1和P2端口组具有中断能力，在使用中断功能前，首先需要对中断使能寄存器对应位进行置1操作，然后通过中断边沿选择寄存器选择触发边沿。通过中断服务程序访问中断矢量寄存器，执行对应操作即可。在访问中断矢量寄存器后，将会自动清除对应中断标志位。

3.1.3 GPIO模块典型例程

例3.1 本例实现了LED1(P1.0)的闪烁功能。通过该例，读者可以了解GPIO端口作为输出端的使用方法，请留意按位操作的方法和技巧。

```
//*************************************************
//实现LED1(P1.0)闪烁，闪烁频率约为1 Hz
//
//                MSP430F552x
//              ------------
//         /|\|              |
//          | |              |
//         --|RST            |
//           |               |
//           |          P1.0|-->LED1
//
//*************************************************
#include <msp430.h>
int main(void)
{
  WDTCTL = WDTPW + WDTHOLD;                  //关闭看门狗定时器
  P1DIR |= BIT0;                             //设置P1.0为输出
  while(1)
  {
    P1OUT ^= BIT0;                           //P1.0输出信号翻转
    __delay_cycles(500000);                  //延时
  }
}
```

例3.2 本例实现了LED1(P1.0)和LED2(P4.7)交替闪烁，请留意GPIO端口作为输出端使用时的配置方法和技巧。

```
//*************************************************
//实现LED1(P1.0)和LED2(P4.7)交替闪烁，闪烁频率约为1 Hz
//
```

```
//                    MSP430F552x
//                  -------------
//              /|\|             |
//               | |             |
//              --|RST           |
//                |              |
//                |          P1.0|-->LED1
//                |          P4.7|-->LED2
//
//*****************************************
#include <msp430.h>

int main(void)
{
  WDTCTL = WDTPW + WDTHOLD;                  //关闭看门狗定时器
  P1DIR |= BIT0;                             //设置 P1.0 为输出
  P4DIR |= BIT7;                             //设置 P4.7 为输出
  P1OUT |= BIT0;                             //设置 P1.0 输出为高电平
  P4OUT &= ~BIT7;                            //设置 P4.7 输出为低电平

  while(1)
  {
    P1OUT ^= BIT0;                           //P1.0 输出信号翻转
    P4OUT ^= BIT7;                           //P4.7 输出信号翻转
    __delay_cycles(500000);                  //延时
  }
}
```

例 3.3　本例通过按键 S2(P1.1)控制 LED1(P1.0)的亮灭，由于 Launchpad 按键电路结构的特殊性，因此必须使用端口 P1.1 上拉电阻。本例中采用了轮询方式对按键状态进行扫描，请思考该方式的优缺点。

```
//*****************************************
//通过按键 S2(P1.1)控制 LED1(P1.0)亮灭，采用轮询方式
//
//                    MSP430F552x
//                  -------------
//              /|\|             |
//               | |             |
//              --|RST           |
//         /|\    |              |
//        --o--|P1.1         P1.0|-->LED
//       \|/
//
```

```
//*************************************************
#include <msp430.h>

int main(void)
{
  WDTCTL = WDTPW + WDTHOLD;                      //关闭看门狗定时器
  P1DIR |= BIT0;                                 //设置 P1.0 为输出
  P1REN |= BIT1;                                 //使能 P1.1 内部电阻
  P1OUT |= BIT1;                                 //设置 P1.1 电阻为上拉

  while (1)
  {
    if (P1IN & BIT1)
      P1OUT |= BIT0;                  //如果 P1.1 输入为高电平，则 P1.0 输出为高电平
    else
      P1OUT &= ~BIT0;                 //反之 P1.0 输出为低电平
  }
}
```

例 3.4 本例与例 3.3 功能基本一致，但本例采用了中断方式对按键状态进行检测。请留意端口中断配置方法以及中断服务程序架构，并思考本例与例 3.3 的区别以及各自的优缺点。

```
//*************************************************
//通过按键 S2(P1.1)控制 LED1(P1.0)亮灭，采用中断方式
//
//                    MSP430F552x
//                  -------------
//             /|\|              |
//              | |              |
//              --|RST           |
//        /|\     |              |
//        --o--|P1.1        P1.0 |-->LED
//        \|/
//
//*************************************************

#include <msp430.h>

int main(void)
{
  WDTCTL = WDTPW + WDTHOLD;                   //关闭看门狗定时器
  P1DIR |= BIT0;                              //设置 P1.0 为输出
  P1REN |= BIT1;                              //使能 P1.1 内部电阻
  P1OUT |= BIT1;                              //设置 P1.1 电阻为上拉
  P1IES |= BIT1;                              //设置 P1.1 下降沿触发
```

```
    P1IFG &= ~BIT1;                              //清除 P1.1 中断标志位
    P1IE |= BIT1;                                //使能 P1.1 中断

    __bis_SR_register(LPM4_bits + GIE);          //进入低功耗工作模式 4，打开总中断
    __no_operation();                            //调试预留
}

// Port 1 interrupt service routine              //中断服务程序
#pragma vector=PORT1_VECTOR                      //选择中断向量
__interruptvoid Port_1(void)
{
    P1OUT^= BIT0;                                //P1.0 输出信号翻转
    P1IFG &= ~BIT1;                              //清除 P1.1 中断标志位
}
```

3.2　GPIO 模块应用实例

在电子产品设计过程中，通常都会带有输入输出设备。常见的输入设备如按键、独立键盘、矩阵键盘等，输出设备则包括数码管、12864 液晶、OLED 显示屏、TFT 液晶等，这些设备实现了用户与电子产品间的交互。这里选择最为简单的独立键盘、矩阵键盘以及四位串行数码管作为例子，帮助读者了解交互设备的软件设计方法，同时加深对于 MSP430F5529 单片机 GPIO 模块的认识。

3.2.1　独立键盘软件的设计

本例中选择了四个按键构成独立键盘，每个按键均与单片机 GPIO 端口直接相连，具体电路原理图如图 3.4 所示。

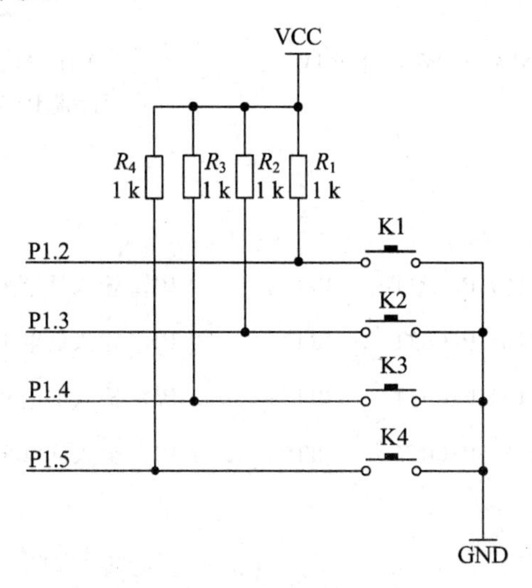

图 3.4　独立键盘电路原理图

任务目标：当按下 K1～K4 任意一个按键，MSP430F5529 Launchpad 实验板上 LED2 (P4.7)实现翻转。

任务分析：由电路原理图可知，按键松开时 P1.2～P1.5 输入均为高电平；但任意按键按下时，对应端口将会输入低电平。当单片机读取到某个端口出现低电平时，立即将 P4.7 输出值翻转，即可实现任务目标。由于 P1.2～P1.5 端口具备中断功能，因此本例分别采用轮询和中断两种方式对键盘值进行检测。

1）轮询方式

所谓轮询方式即 CPU 周而复始地依次访问各设备，根据设备状态执行对应操作。本例中，通过对 P1.2～P1.5 端口输入值的反复读取，判断是否有按键按下。采用该方法的优点在于程序编写简单，意义明确；缺点也是显而易见的，单片机所有的时间都用在了对键盘的判断上，干不了任何其他工作，效率较低。

```
//****************************************
//按下按键 P4.7 对应 LED 灯翻转
//
//                MSP430F552x
//            -----------
//      /|\|             P1.2|<--key1
//       | |             P1.3|<--key2
//      --|RST           P1.4|<--key3
//        |              P1.5|<--key4
//        |                  |
//        |              P4.7|-->LED
//
//****************************************
#include <msp430.h>
int main(void)
{
  WDTCTL = WDTPW + WDTHOLD;                  //关闭看门狗定时器
  P4DIR |= BIT7;                             //设置 P4.7 为输出

  while(1)
  {
    if (~P1IN & BIT2) P4OUT ^= BIT7;     // P1.2 输入低电平，P4.7 输出翻转
    if (~P1IN & BIT3) P4OUT ^= BIT7;     // P1.3 输入低电平，P4.7 输出翻转
    if (~P1IN & BIT4) P4OUT ^= BIT7;     // P1.4 输入低电平，P4.7 输出翻转
    if (~P1IN & BIT5) P4OUT ^= BIT7;     // P1.5 输入低电平，P4.7 输出翻转
  }
}
```

2）中断方式

所谓中断方式即外部设备状态变化触发中断信号，请求 CPU 执行对应操作。在本例

中，当任意按键按下时，端口将会输入一个下降沿，由此触发相应中断请求CPU翻转P4.7输出信号。请注意本例中使用端口中断前所进行的相关操作，包括打开端口中断、选择触发边沿以及打开总中断。另外，请留意对于中断矢量寄存器的访问方式以及中断矢量寄存器每个值所对应的端口。

```
//*************************************************
//按下按键P4.7对应LED灯翻转
//
//                     MSP430F552x
//                   -----------
//          /|\|              P1.2|<-- key1
//           | |              P1.3|<-- key2
//          --|RST            P1.4|<-- key3
//            |               P1.5|<-- key4
//            |                   |
//            |               P4.7|-->LED
//
//*************************************************
#include <msp430.h>
int main(void)
{
  WDTCTL = WDTPW + WDTHOLD;                          //关闭看门狗定时器
  P4DIR |= BIT7;                                     //设置P4.7为输出
  P1IE  |= BIT2 + BIT3 + BIT4 + BIT5;                //使能I/O口中断
  P1IES |= BIT2 + BIT3 + BIT4 + BIT5;                //选择下降沿触发中断
  _EINT();                                           //打开总中断
  while(1);
}

// Port 1 interrupt service routine                  //中断服务程序
#pragma vector=PORT1_VECTOR                          //选择中断向量
__interruptvoid Port_1(void)
{
  switch(__even_in_range(P1IV, 16))
  {
    case  0: break;                       // 无中断请求
    case  2: break;                       // P1.0中断
    case  4: break;                       // P1.1中断
    case  6: P4OUT ^= BIT7;break;         // P1.2中断，P4.7输出翻转
    case  8: P4OUT ^= BIT7;break;         // P1.3中断，P4.7输出翻转
    case 10: P4OUT ^= BIT7;break;         // P1.4中断，P4.7输出翻转
    case 12: P4OUT ^= BIT7;break;         // P1.5中断，P4.7输出翻转
```

```
        case 14: break;                         // P1.6 中断
        case 16: break;                         // P1.7 中断
        default: break;
      }
    }
```

思考题

(1) 两种实现方式各自具有哪些优缺点？两种方法各适用于哪种场合？

(2) 两种实现方式中各按键是否具有相同的优先级？

(3) LED2 在按键按下后是否有连续翻转的情况？原因何在？如何解决？

3.2.2 矩阵键盘软件的设计

本例中采用 16 个按键构成 4×4 矩阵键盘，其具体电路原理图如图 3.5 所示。矩阵键盘共 8 个端口，分别与单片机的 8 个 GPIO 端口相连。

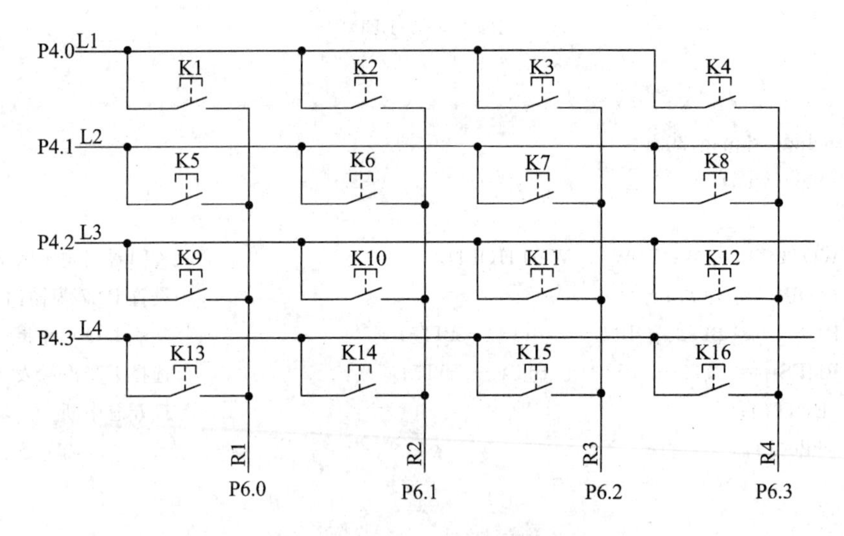

图 3.5 矩阵键盘电路原理图

任务目标：当矩阵键盘中某个按键按下时，获得该键的编号。

任务分析：矩阵键盘键值的读取通常采用扫描方式实现。一个完整的扫描周期包括 4 个步骤：首先，向第一行 L1 输入高电平，其他行 L2～L4 输入低电平，轮询 R1～R4 端口，如果 R1 输出高电平则代表 K1 被按下；如果 R2 输出高电平则代表 K2 被按下，依次类推。然后，向第二行 L2 输入高电平，其他行输入低电平，再次轮询 R1～R4 端口，判断 K5～K8 是否被按下。直到第四行 L4 输入高电平，并轮询 R1～R4 端口，结束一个扫描周期。周而复始地对矩阵键盘进行重复扫描，便可获得任意时刻的键值了。

```
//*****************************************************
//4×4 keypad 程序，按下对应程序获得键值
//
//              MSP430F552x
//           -----------
//      /|\|         P4.0|-->L1
```

```
//              | |                 P4.1|-->L2
//             --|RST               P4.2|-->L3
//               |                  P4.3|-->L4
//               |                  P6.0|<--R1
//               |                  P6.1|<--R2
//               |                  P6.2|<--R3
//               |                  P6.3|<--R4
//               |                       |
//
//****************************************
#include <msp430.h>
unsignedchar keynum=0;                      // 键值变量，通过 Watch 观察键值
int main(void)
{
  WDTCTL = WDTPW + WDTHOLD;                          //关闭看门狗定时器
  P4DIR |= BIT0 + BIT1 + BIT2 + BIT3;                //设置 P4.0~P4.3 为输出
  P6REN |= BIT0 + BIT1 + BIT2 + BIT3;                //打开 P6.0~P6.3 下拉电阻

  while(1)
  {
    /***************扫描第一行***************/
    P4OUT |=  BIT0;     P4OUT &= ~BIT1;
    P4OUT &= ~BIT2;     P4OUT &= ~BIT3;
    if (P6IN & BIT0) keynum=1;
    if (P6IN & BIT1) keynum=2;
    if (P6IN & BIT2) keynum=3;
    if (P6IN & BIT3) keynum=4;

    /***************扫描第二行***************/
    P4OUT |=  BIT1;     P4OUT &= ~BIT0;
    P4OUT &= ~BIT2;     P4OUT &= ~BIT3;
    if (P6IN & BIT0) keynum=5;
    if (P6IN & BIT1) keynum=6;
    if (P6IN & BIT2) keynum=7;
    if (P6IN & BIT3) keynum=8;

    /***************扫描第三行***************/
    P4OUT |=  BIT2;     P4OUT &= ~BIT1;
    P4OUT &= ~BIT0;     P4OUT &= ~BIT3;
    if (P6IN & BIT0) keynum=9;
    if (P6IN & BIT1) keynum=10;
    if (P6IN & BIT2) keynum=11;
    if (P6IN & BIT3) keynum=12;
```

```
        /*****************扫描第四行*****************/
        P4OUT |=  BIT3;    P4OUT &= ~BIT1;
        P4OUT &= ~BIT2;    P4OUT &= ~BIT0;
        if (P6IN & BIT0) keynum=13;
        if (P6IN & BIT1) keynum=14;
        if (P6IN & BIT2) keynum=15;
        if (P6IN & BIT3) keynum=16;
    }
}
```

思考题

(1) 矩阵键盘与独立键盘相比有何优缺点?

(2) 本例程序中为何要启用下拉电阻?

(3) 矩阵键盘中各按键是否具有相同优先级?

(4) 如何修改能使得该程序更为简洁?

(5) 采用矩阵键盘扫描方法是否需要考虑按键消抖动问题? 原因何在?

(6) 是否可以采用中断方式实现对矩阵键盘的扫描?

3.2.3 四位串行数码管软件的设计

数码管是最基本的显示设备。本例中选用了四位串行数码管为例，介绍串行数码管的软件设计方法。四位串行数码管原理图如图 3.6 所示。

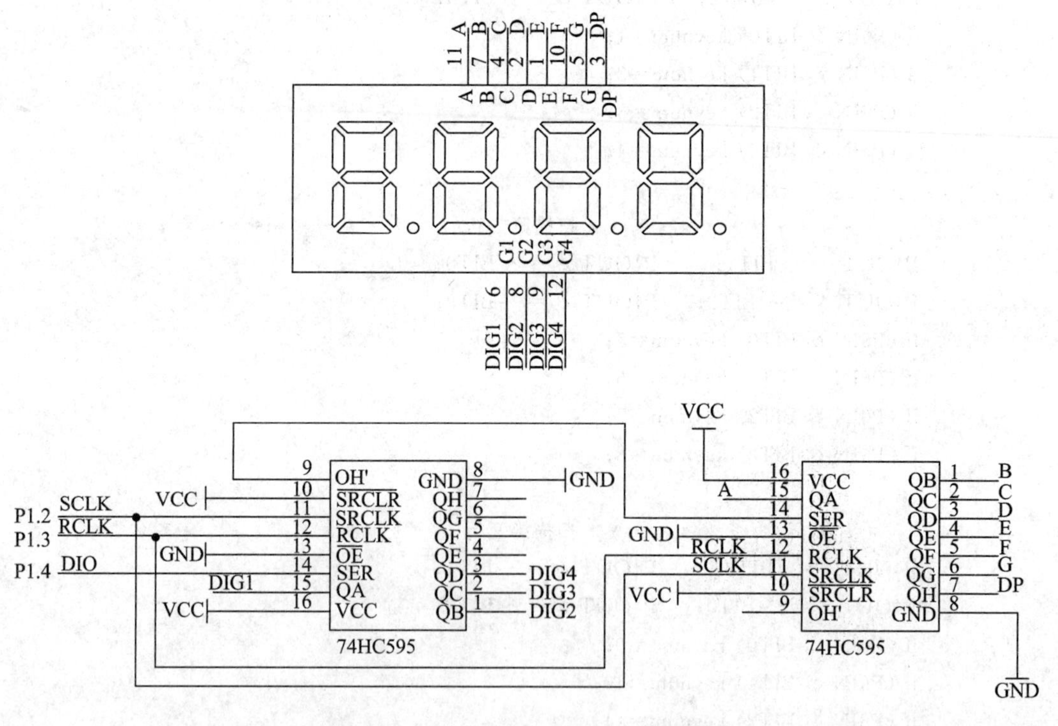

图 3.6 四位串行数码管电路原理图

任务目标：在四位串行数码管上显示数值。

任务分析：四位数码管通常采用扫描方式进行工作，一个扫描周期包括了 4 个步骤：首先，使能数码管第一位公共端 DIG0，并输入对应段码；然后，使能数码管第二位公共端 DIG1，并输入对应段码，以此类推，直到使能第四位公共端 DIG3，并输入相应段码，完成一个扫描周期。当扫描频率达到较高值时，数码管便能显示稳定的数码了。本例中采用了移位寄存器 74HC595 实现对四位数码管的扫描，大大减少了端口占用数量。

根据四位数码管扫描原理，首先将第一个数码管对应段码和位码依次送入数据输入端 DIO，在此过程中需要同步提供移位时钟 SCLK。当 8 位段码和位码数据移位完成时，向寄存器时钟 RCLK 提供一个上升沿，将移位数据并行输出给数码管。然后依次送入第二到第四个数码管对应的段码和位码，完成一个扫描周期。

本例例程中采用子函数方式编写，包括了串行数据传输程序和数码管显示程序，实现在数码管上显示“1234”的效果。请留意如何对被显示变量进行处理，从而获得千位至个位数据。

```
//*****************************************
//74HC595 串行四位数码管显示程序
//
//                MSP430F552x          595LED
//              -----------
//         /|\|              P1.2|-->|SCLK
//          | |                  |   |
//          --|RST           P1.3|-->|RCLK
//            |                  |   |
//            |              P1.4|-->|DIO
//
//*****************************************
#include <msp430.h>

unsigned char SEG[] = {0xc0, 0xf9, 0xa4, 0xb0, 0x99, 0x92, 0x82, 0xf8, 0x80, 0x90};
unsigned char DIG[] = {0x01, 0x02, 0x04, 0x08};

void LED_OUT(unsigned char data)
{
  unsigned char i;
  for(i=8;i>=1;i--)
  {
    if (data&0x80)  P1OUT |=  BIT4;
    else            P1OUT &= ~BIT4;
    data<<=1;
    P1OUT &= ~BIT2;                       //移位时钟
    P1OUT |=  BIT2;                       //移位时钟
  }
}
```

```
void LED4_Display (unsigned char LED[4])
{
  unsigned char i;
  for(i=0;i<4;i++)
  {
    LED_OUT(SEG[LED[i]]);                   //输出段码
    LED_OUT(DIG[i]);                        //输出位码
    P1OUT &= ~BIT3;                         //锁存输出时钟
    P1OUT |=  BIT3;                         //锁存输出时钟
  }
}

int main(void)
{
  unsigned long count=1234;                 //显示数据
  unsigned char Dispdata[4];                //显示缓存数组
  WDTCTL = WDTPW + WDTHOLD;                 //关闭看门狗定时器
  P1DIR |= BIT2+BIT3+BIT4;                  //设置数码管相关端口方向

  while(1)
  {
    Dispdata[3]=count/1000;                 //千位
    Dispdata[2]=count/100%10;               //百位
    Dispdata[1]=count/10%10;                //十位
    Dispdata[0]=count%10;                   //个位
    LED4_Display (Dispdata);                //送数码管显示
  }
}
```

思考题

(1) 能否采用 GPIO 端口直接驱动四位数码管？是否需要添加额外的电路？

(2) 如果扫描频率过低会出现何种情况？扫描频率至少应达到多少赫兹？

(3) 采用两片 74HC595 最多可以驱动几位数码管？

(4) 采用该方法扫描数码管是否会对程序的编写造成限制？

(5) 实验过程中数码管某一位是否特别亮，原因何在？如何解决？

3.3　十六人抢答器的具体设计

任务目标：用 MSP430F5529 单片机、4×4 矩阵键盘以及四位串行数码管设计一个抢答器。具体要求如下：

(1) 每个按键对应一位选手，共 16 位选手。选手编号与按键编号相一致，即 K1 按键对应 1 号选手，K2 按键对应 2 号选手，以此类推。另有一个独立按键由主持人操作，当按下后抢答器清零并开始新一轮抢答。

（2）当主持人按下按键时，数码管显示“00”，开始抢答。系统将记录第一位按下按键的选手，并将选手编号显示在数码管上，如 12 号选手按下按键，数码管将显示“12”。此后，其他选手再按下按键将不会被记录和显示。直到主持人再次按下按键，开始下一轮抢答为止。

任务分析：该任务中用到了 4×4 矩阵键盘和四位串行数码管，可以借鉴前文所介绍的软件设计方法，并将以上程序加以修改和整合。主持人所使用的按键可直接采用 MSP430F5529 Launchpad 上配备的独立按键，可以参考独立键盘软件设计方法。

本任务的难点在于如何锁存第一位抢答选手的编号。最为直接的思路是设置一个锁存标志位“latch”，初始值为 0。仅当 latch=0 时，系统允许记录并显示选手编号；一旦第一位选手按下按键，将会在记录该选手编号同时将 latch 置 1；而当 latch=1 时，系统封闭，不再允许其他选手进行抢答；当主持人按键被按下时，将 latch 清零，开始下一轮抢答。

任务要求四位数码管仅显示两位，通常可以采用两种途径实现：① 关闭数码管左侧两位，实现方法是仅扫描右侧两位数码管；② 正常扫描数码管，但将数码管左侧两位段码全部关闭。

下面提供的例程，可以实现矩阵键盘编号的显示功能，供读者设计参考。

```
#include <msp430.h>

unsigned char SEG[] ={0xc0, 0xf9, 0xa4, 0xb0, 0x99, 0x92, 0x82, 0xf8, 0x80, 0x90};
unsigned char DIG[] = {0x01, 0x02, 0x04, 0x08};

void LED4_Display (unsigned char LED[2]);
void LED_OUT(unsigned char data);

int main(void)
{
  unsigned char keynum=0;
  unsigned char Dispdata[2];              //显示缓存数组
  WDTCTL = WDTPW + WDTHOLD; //关闭看门狗定时器
  P4DIR |= BIT0 + BIT1 + BIT2 + BIT3;
  P6REN |= BIT0 + BIT1 + BIT2 + BIT3;
  P1DIR |= BIT2+BIT3+BIT4;               //设置数码管相关端口方向
  while(1)
  {
    /* * * * * * * * * * * * * * * 扫描第一行 * * * * * * * * * * * * * * */
    P4OUT |=  BIT0;      P4OUT &= ~BIT1;
    P4OUT &= ~BIT2;      P4OUT &= ~BIT3;
    if (P6IN & BIT0) keynum=1;
    if (P6IN & BIT1) keynum=2;
    if (P6IN & BIT2) keynum=3;
```

```
    if (P6IN & BIT3) keynum=4;

    /****************扫描第二行****************/
    P4OUT |=  BIT1;     P4OUT &= ~BIT0;
    P4OUT &= ~BIT2;     P4OUT &= ~BIT3;
    if (P6IN & BIT0) keynum=5;
    if (P6IN & BIT1) keynum=6;
    if (P6IN & BIT2) keynum=7;
    if (P6IN & BIT3) keynum=8;

    /****************扫描第三行****************/
    P4OUT |=  BIT2;     P4OUT &= ~BIT1;
    P4OUT &= ~BIT0;     P4OUT &= ~BIT3;
    if (P6IN & BIT0) keynum=9;
    if (P6IN & BIT1) keynum=10;
    if (P6IN & BIT2) keynum=11;
    if (P6IN & BIT3) keynum=12;

    /****************扫描第四行****************/
    P4OUT |=  BIT3;     P4OUT &= ~BIT1;
    P4OUT &= ~BIT2;     P4OUT &= ~BIT0;
    if (P6IN & BIT0) keynum=13;
    if (P6IN & BIT1) keynum=14;
    if (P6IN & BIT2) keynum=15;
    if (P6IN & BIT3) keynum=16;

    Dispdata[1]=keynum/10;        //十位
    Dispdata[0]=keynum%10;        //个位
    LED4_Display (Dispdata);      //送数码管显示
  }
}

void LED_OUT(unsigned char data)
{
  unsignedchar i;
  for(i=8;i>=1;i--)
  {
    if (data&0x80)   P1OUT |=  BIT4;
    else             P1OUT &= ~BIT4;
    data<<=1;
    P1OUT &= ~BIT2;   //移位时钟
    P1OUT |=  BIT2;   //移位时钟
  }
```

```
}

void LED4_Display (unsigned char LED[2])
{
  unsigned char i;
  for(i=0;i<2;i++)
  {
    LED_OUT(SEG[LED[i]]);          //输出段码
    LED_OUT(DIG[i]);               //输出位码
    P1OUT &= ~BIT3;                //锁存输出时钟
    P1OUT |=  BIT3;                //锁存输出时钟
  }
  LED_OUT(0);LED_OUT(0);           //关闭数码管，等待下次扫描
  P1OUT &= ~BIT3;                  //锁存输出时钟
  P1OUT |=  BIT3;                  //锁存输出时钟
}
```

思考题

(1) 采用以上思路设计的抢答器，每位参赛选手是否具有相同的优先级？

(2) 主持人按键应采用轮询还是中断方式？各有何优缺点？

(3) 除了以上思路外，是否还有其他方案可以实现对数据的锁存？

(4) 本例程中采用何种方式关闭数码管左侧两位？如果采用其他方案应如何实现？

知识梳理与小结

本章的知识结构如图 3.7 所示。本章的学习重点在于掌握 MSP430F5529 单片机 GPIO 模块的结构和原理以及相关寄存器的配置方式；通过典型例程掌握 GPIO 模块的使用方法和技巧，了解 GPIO 模块在实际工程中的应用，完成十六人抢答器的设计。学习难点在于理解 MSP430F5529 单片机 GPIO 模块的结构和寄存器配置。单片机软件的设计是依托硬件结构实现的，如果对硬件没有深刻的认识，那么所谓的单片机软件设计就是无源之水，无本之木。

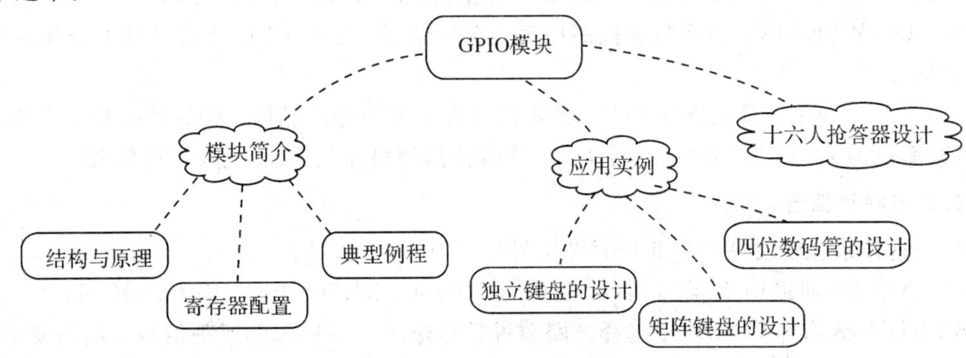

图 3.7　第 3 章知识结构图

第4章　舵机控制器的设计

时钟系统和定时器模块是单片机系统最为基本的功能模块，常见的单片机均有配备。本章首先以MSP430F5529单片机为例介绍时钟系统的结构、工作原理以及寄存器配置等；其次，着重介绍MSP430F5529单片机的定时器模块，包括定时器的计数模式、捕获模式以及比较模式等，并通过实例帮助读者掌握定时器的使用方法；最后，以舵机控制器的设计为例，综合运用本章所介绍的时钟系统和定时器模块的相关知识。

4.1　时钟系统的结构和原理

通常单片机以及内部功能模块都是按照一定时序进行工作的，因此时钟信号对于单片机而言至关重要。MSP430F5529单片机拥有一套完整的时钟模块，可选择不同的输入时钟信号，再加以分频处理等，为所有内部模块提供时钟信号，该时钟模块被称为统一时钟系统。

4.1.1　时钟系统结构

1. 6个时钟源

统一时钟系统模块包括6个时钟源：

(1) XT1CLK：外部低频振荡器，可以选择外部晶体振荡器作为输入，也可直接输入外部时钟信号，支持的频率范围从32 768 Hz到32 MHz。该时钟源信号可作为FLL的参考时钟输入。

(2) VLOCLK：内部极低功耗低频振荡器，输出频率约为10 kHz，功耗较低但稳定性不佳。

(3) REFOCLK：内部低频振荡器，输出频率约为32 768 Hz，可以为FLL提供时钟参考。

(4) DCOCLK：内部数字控制振荡器，通过锁频环(FLL)倍频后得到。

(5) DCOCLKDIV：内部数字控制振荡器分频信号，是在DCOCLK基础上分频后得到的时钟信号。

(6) XT2CLK：外部高频振荡器，输入信号可来自于标准晶振、振荡器或者是外部时钟信号(频率范围为4～32 MHz)。同样的，该时钟信号可作为FLL的参考时钟源。

2. 3种时钟信号

统一时钟系统模块可产生3种时钟信号供CPU和外设使用。

(1) ACLK(辅助时钟信号)：可以从XT1CLK、REFOCLK、VLOCLK、DCOCLK、DCOCLKDIV或者XT2CLK中选择一路时钟信号输入。当输入的时钟信号不满足要求时，还可以进一步分频。其中较为特别的是ACLK/n信号，是在ACLK基础上进一步分频获得的。ACLK主要为外设模块提供低速时钟信号。

（2）MCLK（主时钟信号）：可以从 XT1CLK、REFOCLK、VLOCLK、DCOCLK、DCOCLKDIV 或者 XT2CLK 中选择一路时钟信号输入。当输入的时钟信号不满足要求时，还可以进一步分频。MCLK 主要为 CPU 提供时钟信号，通常频率较高。

（3）SMCLK（子系统主时钟信号）：可以从 XT1CLK、REFOCLK、VLOCLK、DCOCLK、DCOCLKDIV 或者 XT2CLK 中选择一路时钟信号输入。当输入的时钟信号不满足要求时，还可以进一步分频。SMCLK 主要为外设模块提供高速时钟信号，通常和 MCLK 频率一致。

3. MSP430F5529 单片机时钟系统结构框图

MSP430F5529 单片机时钟系统结构框图如图 4.1 所示。MSP430F5529 单片机统一时钟系统模块支持低功耗和极低功耗模式。该时钟系统能够提供 3 种内部时钟输出信号，用户可以通过合理选择来达到系统性能和低功耗的相互平衡。该时钟系统只需要1～2个外

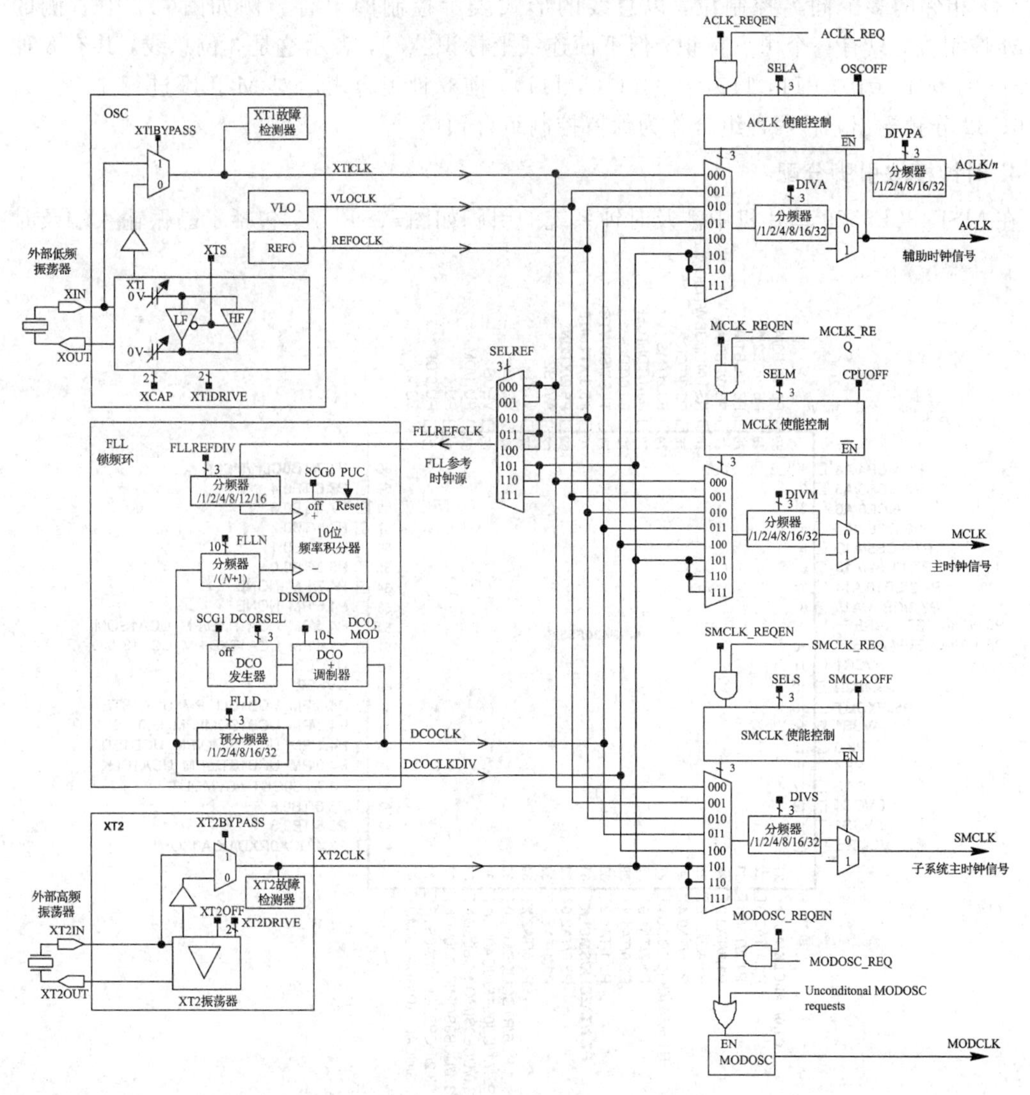

图 4.1　MSP430F5529 单片机时钟系统结构框图

部晶振或者振荡器，而无须更多的外部设备，便能够正常工作。通过软件的控制，用户可以任意配置时钟系统的工作方式。

为了便于读者理解和学习结构框图，下面对 MSP430F5529 单片机时钟系统结构框图的表示规则进行简单介绍。

(1) 图 4.1 中每个方框表示一种器件，每一个正方形黑点表示一个控制位。若黑色的引出线直接与部件相连，则说明对应控制位“1”有效；若黑色的引出线末端带圆圈与部件相连，则说明该控制位“0”有效。

(2) 梯形图表示多路选择器，功能是从多个输入通道选择一路通道作为输出，具体选择通道序号由与其连接的控制位决定，例如 SELREF 控制位所连接的梯形图，其主要功能是从 3 个时钟源中选择一个时钟源作为 FLL 模块的参考时钟，具体控制位配置和参考时钟对应关系见图 4.1。

(3) 相邻的多个同名控制位，以总线的形式表示控制的组合。例如图 4.1 中右侧的 DIVM 控制位，只有一个黑点标识，但下面连线上标识“\3”，表示这是 3 位总线，共有 8 种组合(000，001，010，011，110，101，110，111)，前 6 种组合表示对 MCLK 进行 1、2、4、8、16、32 分频输出，后两种组合作为保留控制组合预留。

4. 时钟模块引脚分配

在 MSP430F5529 单片机中涉及时钟系统的引脚如图 4.2 所示，包括了晶振输入端及时

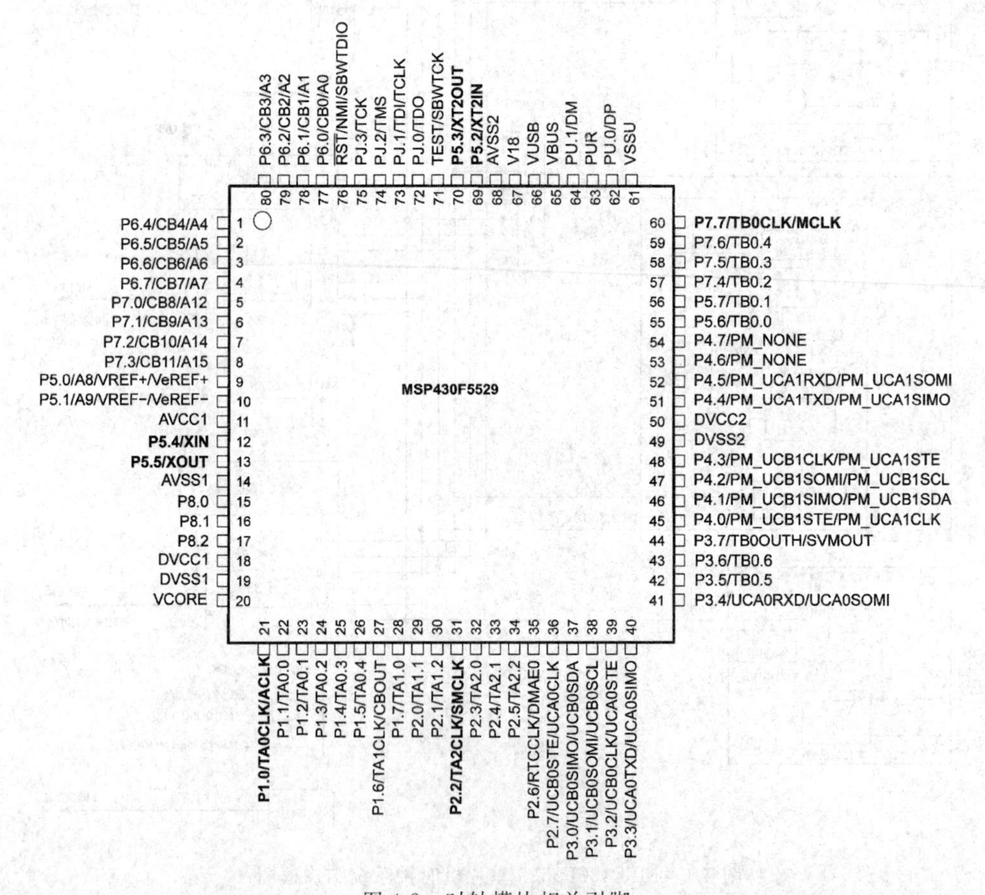

图 4.2　时钟模块相关引脚

钟信号输出端两大部分。这些引脚均和通用 I/O 口复用，可以通过 I/O 端口相关寄存器具体设置。时钟信号输出端可以直接将内部时钟信号输出，可直接使用或者进行相关测量，给设计带来极大的便利。

4.1.2　时钟系统原理

1. 超低能耗低频振荡器(VLO)

VLO 可以在没有外部晶振的情况下，提供一个 10 kHz 的时钟频率信号。VLO 为并不需要精确时钟标准的系统提供了一个低成本、超低功耗的时钟源。当 VLO 被用作 ACLK、MCLK、SMCLK 时(SELA ＝ {1} 或 SELM ＝ {1} 或 SELS ＝ {1})，VLO 被使能。

2. 整形低频参考振荡器(REFO)

REFO 主要用于对成本比较敏感的应用中，通常这些应用都不希望使用外部晶振。经内部调整，REFO 可以提供一个整形后的较为稳定的 32 768 kHz 时钟信号，该信号也可以被用作 FLLREFCLK 的信号源。REFO 在不工作时，是不消耗电能的，可以根据具体需要使能 REFO 时钟源。

3. XT1 振荡器

XT1 振荡器如图 4.3 所示。MSP430F5529 单片机支持两种时钟模式，即低频(LF)工作模式和高频(HF)工作模式。

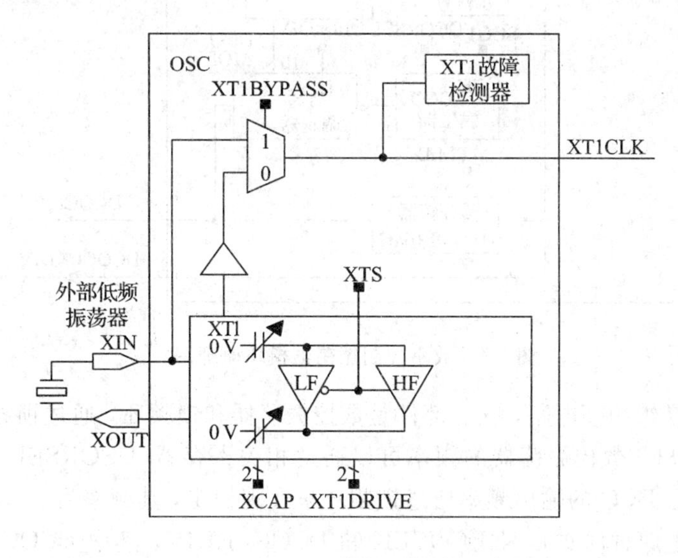

图 4.3　XT1 振荡器结构框图

低频工作模式下，XT1 振荡器支持超低电流 32 768 Hz 手表晶振，可以通过 XIN 和 XOUT 端直接连接 32 768 Hz 手表晶振，无须任何额外的器件。可以通过软件配置 XCAP 寄存器为 LF 模式下配置内部电容，内部可配置电容包括以下 4 种：2 pF(XCAP＝00)、6 pF(XCAP＝01)、9 pF(XCAP＝10)和 12 pF(XCAP＝11)，其中 12 pF 为典型值。可以通过软件方式更改对 XT1 的驱动强度。上电之初，默认驱动强度为最大，确保晶振能可靠启动。用户也可以进一步减小对 XT1 的驱动强度。

在高频工作模式下，XT1 振荡器支持外接高速晶振或谐振器。应用中可根据外接高速晶振和振荡器的要求正确配置驱动强度。HF 模式下 XT1DRIVE 控制位对应晶振或谐振器范围，对应关系如表 4.1 所示。

表 4.1 XT1DRIVE 控制位与晶振或谐振器频率范围对比(HF 模式下)

XT1DRIVE 控制位	晶振或谐振器频率范围/MHz
00	4～8
01	8～16
10	16～24
11	24～32

4. 数字控制振荡器

数字控制振荡器模块如图 4.4 所示。

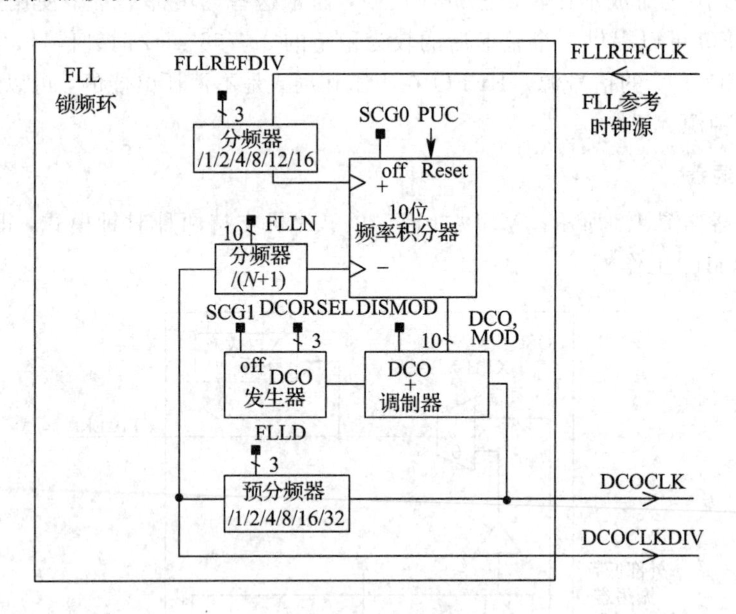

图 4.4 数字控制振荡器模块原理图

DCO 的实质是锁相环电路，核心部件是数控振荡器和锁频环，通过锁相技术实现高频率精度的 DCO 输出。数控振荡器的频率可以通过相关寄存器(DCORSEL、DCO 和 MOD 位)进行软件配置。DCO 的输出频率通过锁频环来实现稳定，其频率为 $f_{\text{FLLREFCLK}}/n$ 的整数倍。FLL 可以产生两种时钟信号 DCOCLK 和 DCOCLKDIV，其中 DCOCLKDIV 信号为 DCOCLK 时钟经 1/2/4/8/16/32 分频得到(分频系数为 D)。锁频环实质为频率积分器，锁相环参考频率处理后与数控振荡器频率构成反馈环路，经过反馈调整，最终达到锁相环频率的稳定。DCOCLK 和 DCOCLKDIV 的频率由式(4-1)和式(4-2)确定：

$$f_{\text{DCOCLK}} = D \times (N+1) \times \left(\frac{f_{\text{FLLREFCLK}}}{n}\right) \tag{4-1}$$

$$f_{\text{DCOCLKDIV}} = (N+1) \times \left(\frac{f_{\text{FLLREFCLK}}}{n}\right) \tag{4-2}$$

FLL 的参考时钟源可以来自 XT1CLK、REFOCLK 或 XT2CLK，通过相关寄存器

(SELREF)进行配置。此外，可以通过寄存器中 FLLREFDIV 位配置 n 的值，可选范围为 $n=1，2，4，8，12，16$，默认为 1。参数 D 可以通过寄存器中 FLLD 位进行配置，可选范围为 $D=1，2，4，8，16，32$，默认为 2。默认情况下，如果 MCLK 和 SMCLK 的时钟源来自于 DCOCLKDIV，则其提供的频率为 DCOCLK/2。$N+1$ 由寄存器中 FLLN 位来确定，如果设置 FLLN=2，则 $N+1=2+1=3$。

典型 DCO 频率如图 4.5 所示，测试条件为 VCC=3.0 V，环境温度 $T=25$℃。寄存器(DCOREF)控制字决定了 DCO 可输出的频率的范围。

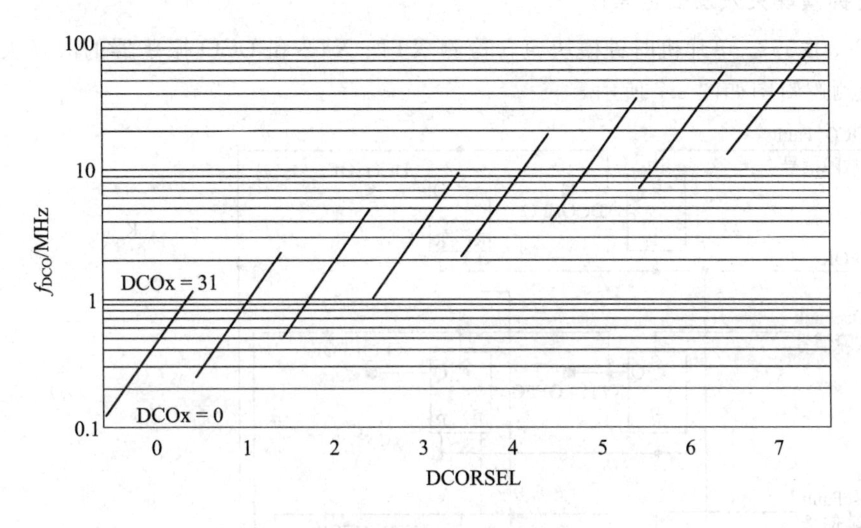

图 4.5　典型 DCO 频率图

5. XT2 振荡器

在 MSP430F5529 中，XT2 振荡器用来产生高频时钟信号 XT2CLK，XT2 工作特性类似于 XT1 高频工作模式，晶振频率范围为 4～32 MHz，可通过相关寄存器(XT2DRIVE)设置 XT2 的工作频率范围。XT2 振荡器结构如图 4.6 所示。

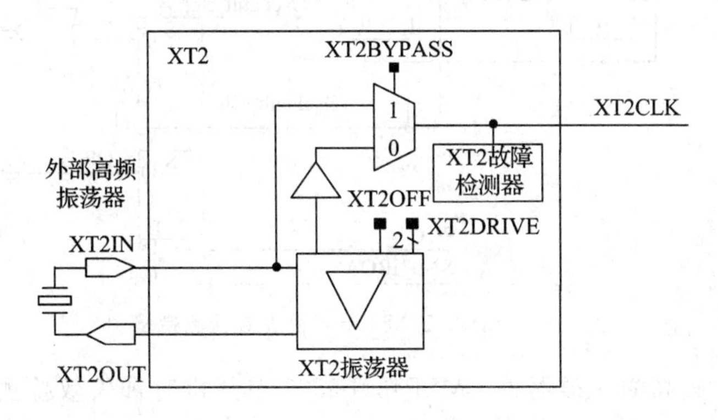

图 4.6　XT2 振荡器结构框图

高频时钟信号 XT2CLK 可为主时钟、辅助时钟和子系统主时钟提供时钟参考信号，也可作为高精度时钟源，给 DCO 锁相环模块提供参考信号。XT2 模块需要时，可通过寄存器控制字(XT2OFF)开启。

6. 内部模块振荡器(MODOSC)

UCS 模块也支持内部振荡器(即模块振荡器)，它为 Flash 存储控制模块以及系统中其他模块服务。它提供的时钟信号为 MODCLK。为了减小功耗，通常 MODOSC 处于关闭状态，仅当有外围模块发出请求信号时才处于使能状态。如 Flash 存储控制器在进行写操作和擦除操作时，会需要用到 MODCLK 时钟信号。此外，ADC12 模块也会采用 MODCLK 时钟信号作为它的转换时钟。

7. 时钟模块失效及安全操作

MSP430F5529 单片机时钟模块包含检测 XT1、XT2 和 DCO 振荡器的故障失效功能，其失效检测逻辑图如图 4.7 所示。

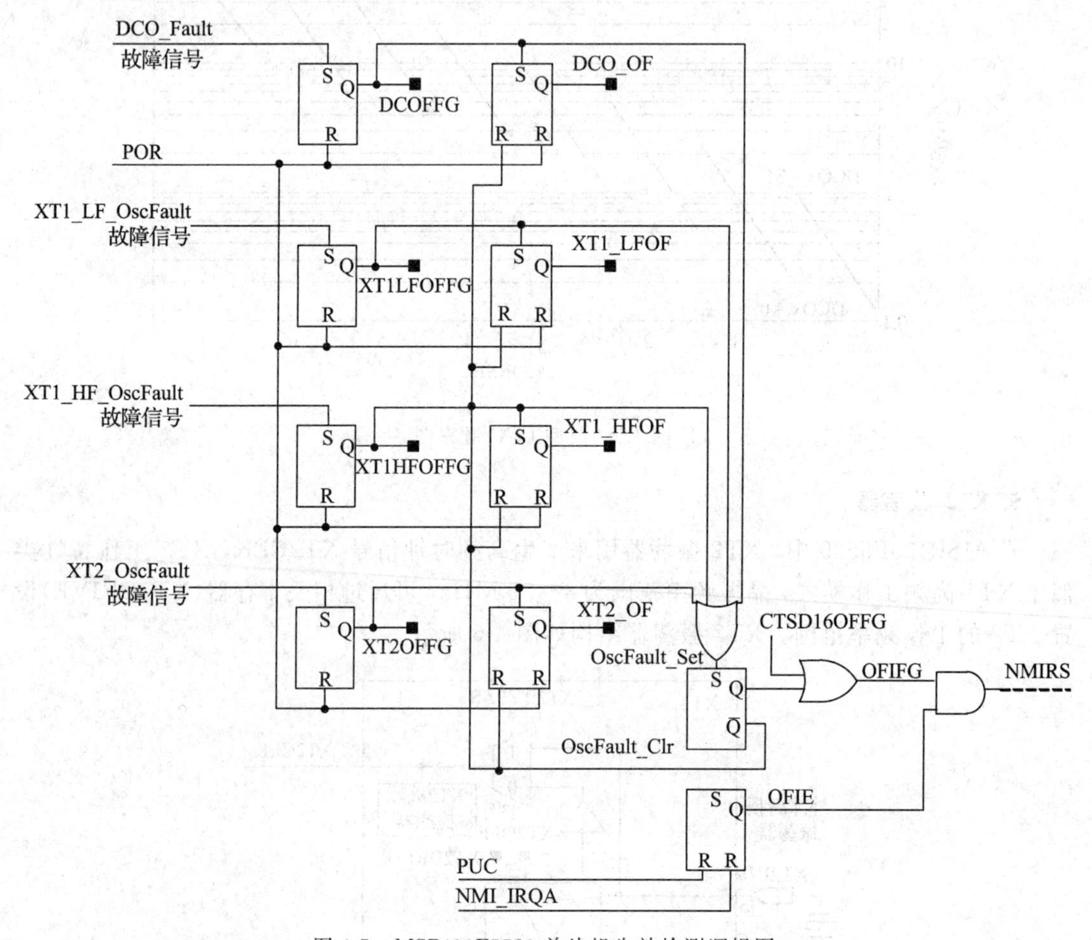

图 4.7 MSP430F5529 单片机失效检测逻辑图

晶振是失效率较高的一类器件，MSP430F5529 单片机时钟失效检测正是为了避免晶振失效带来的时钟信号不稳定而设计的。

晶振故障失效情况有以下四种：

(1) XT1LFOFFG：XT1 振荡器在低频模式下失效；

(2) XT1HFOFFG：XT1 振荡器在高频模式下失效；

(3) XT2OFFG：XT2 振荡器失效；

（4）DCOFFG：DCO振荡器失效。

在晶振刚刚启动或没有起振情况下，晶振的故障失效标志位XT1LFOFFG、XT1HFOFFG或XT2OFFG将置位。一旦被置位，即使晶振恢复到正常状态也将一直保持置位，直到手动软件清除置位标志。之后如果晶振出现故障失效情况，则晶振故障失效标志位会再次置位。

4.1.3 时钟系统寄存器配置

1. 时钟模块控制寄存器UCSCTL0

（1）DCO：DCO频差选择，选择DCO频差，并在FLL运行中自动调整。

（2）MOD：调试计数器。MOD位数值在FLL运行过程中自动调整。

2. 时钟模块控制寄存器UCSCTL1

（1）DCORSEL：DCO频率范围选择，可参考图4.5。

（2）DISMOD：调制器使能控制位。默认为0时使能调制器，为1时失能调制器。

3. 时钟模块控制寄存器UCSCTL2

（1）FLLD：FLL预分频器，设置的分频系数为D。

（2）FLLN：倍频系数，设置的倍频系数为N。

4. 时钟模块控制寄存器UCSCTL3

（1）SELREF：FLL参考时钟源选择器，设置FLL的参考时钟来自哪个时钟源。可供选择的时钟源包括XT1CLK、XT2CLK、REFOCLK。

（2）FLLREFDIV：FLL参考时钟分频器，设置的分频系数为n。

5. 时钟模块控制寄存器UCSCTL4

（1）SELA：ACLK参考时钟源选择控制位，用于选择ACLK输出的时钟源。

（2）SELM：MCLK参考时钟源选择控制位，用于选择MCLK输出的时钟源。

（3）SELS：SMCLK参考时钟源选择控制位，用于选择SMCLK输出的时钟源。

6. 时钟模块控制寄存器UCSCTL5

（1）DIVPA：ACLK/n时钟输出分频器分频比控制字。

（2）DIVA：ACLK时钟输出分频器分频比控制字。

（3）DIVM：MCLK时钟输出分频器分频比控制字。

（4）DIVS：SMCLK时钟输出分频器分频比控制字。

7. 时钟模块控制寄存器UCSCTL6

（1）XT2DRIVE：XT2振荡器驱动调节控制位。默认采用最大驱动电流，确保系统上电时能快速启动振荡器。当需要考虑低功耗问题时，可适当调节该位设置，降低电流消耗。

（2）XT2BYPASS：XT2振荡器旁路选择控制位。

（3）XT2OFF：XT2振荡器关闭控制位。

（4）XT1DRIVE：XT1振荡器驱动调节控制位。

（5）XTS：XT1模式选择控制位。

（6）XT1BYPASS：XT1振荡器旁路选择控制位。

(7) XCAP：振荡器负载电容选择控制位。

(8) SMCLKOFF：SMCLK 开关控制位。

(9) XT1OFF：XT1 振荡器关闭控制位。

8. 时钟模块控制寄存器 UCSCTL7

(1) XT2OFFG：XT2 晶振故障失效标志位。如果 XT2 晶振故障失效，则 XT2OFFG 置位，之后晶振故障失效标志位 OFIFG 置位，请求中断。XT2OFFG 可软件手动清除，如再次发生中断，将再次自动置位。

(2) XT1HFOFFG：XT1（高频模式）晶振故障失效标志位。置位和清除方法同 XT2OFFG。

(3) XT1LFOFFG：XT1（低频模式）晶振故障失效标志位。置位和清除方法同 XT2OFFG。

(4) DCOFFG：DCO 振荡器故障失效标志位。置位和清除方法同 XT2OFFG。

9. 时钟模块控制寄存器 UCSCTL8

(1) MODOSCREQEN：MODOSCZ 时钟条件请求控制位。

(2) SMCLKREQEN：SMCLK 时钟条件请求控制位。

(3) AMCLKREQEN：AMCLK 时钟条件请求控制位。

(4) MCLKREQEN：MCLK 时钟条件请求控制位。

10. 时钟模块控制寄存器 UCSCTL9

(1) XT2BYPASSLV：XT2 旁路输入振荡范围选择控制位。

(2) XT1BYPASSLV：XT1 旁路输入振荡范围选择控制位。

4.2 时钟模块典型例程

例 4.1 实现 LED2(P4.7)闪烁，闪烁频率约为 1 Hz。通过该例，读者可以了解 GPIO 端口作为时钟端口的使用方法。注意闪烁的实现方法。

```
//*******************************************************************
//时钟系统默认情况下：ACLK=REFO=32 kHz，MCLK=SMCLK=1 MHz
//LED2(P4.7)闪烁，闪烁频率约为 1 Hz
//
//                  MSP430F5529
//               -----------
//          /|\|              |
//           | |          P1.0 |-->ACLK=REFO=32 kHz
//           --|RST       P7.7 |-->MCLK=1 MHz
//             |          P2.2 |-->SMCLK=1 MHz
//             |               |
//             |          P4.7 |-->LED2
//
//
```

```
//*****************************************
#include <msp430.h>
int main(void)
{
  WDTCTL=WDTPW+WDTHOLD;                    //关闭看门狗定时器
  P4DIR|=BIT7;                             //设置 P4.7 为输出
  P1DIR|=BIT0;                             //ACLK 输出到 P1.0，拔出跳线帽
  P1SEL|=BIT0;
  P2DIR|=BIT2;                             //SMCLK 输出到 P2.2
  P2SEL|=BIT2;
  P7DIR|=BIT7;                             //MCLK 输出到 P7.7
  P7SEL|=BIT7;
  while(1)
  {
    P4OUT^=BIT7;                           //P4.7 输出信号翻转
    __delay_cycles(500000);                //延时
  }
}
```

例 4.2 实现 LED2(P4.7)闪烁，闪烁频率约为 8 Hz。通过该例，读者可以了解 DCO 模块频率计算方法及软件实现方法。

```
//*****************************************
//配置 DCO 倍频比，实现：ACLK=REFO=32 kHz，MCLK=SMCLK=8 MHz
//LED2(P4.7)闪烁，闪烁频率约为 8 Hz
//
//                MSP430F5529
//             -----------------
//         /|\|                 |
//          | |         P1.0|-->ACLK=REFO =32 kHz
//          --|RST      P7.7|-->MCLK=8 MHz
//            |         P2.2|-->SMCLK=8 MHz
//            |                 |
//            |         P4.7-->LED2
//*****************************************
#include <msp430.h>
int main(void)
{
  WDTCTL=WDTPW+WDTHOLD;                    //关闭看门狗定时器
  P4DIR|=BIT7;                             //设置 P4.7 为输出
  P1DIR|=BIT0;                             //ACLK 输出到 P1.0，拔出跳线帽

  P1SEL|=BIT0;
  P2DIR|=BIT2;                             //SMCLK 输出到 P2.2
```

```
    P2SEL|=BIT2;
    P7DIR|=BIT7;                                //MCLK 输出到 P7.7
    P7SEL|=BIT7;
    UCSCTL3=SELREF_2;                           //选择 DCO 参考源为 REFO
    UCSCTL4|=SELA_2;                            //ACLK = REFO
    UCSCTL0=0x0000;                             //设置为最低值
    do                                          //通过循环直到 DCO 稳定
    {
      UCSCTL7&=~(XT2OFFG+XT1LFOFFG+DCOFFG);
                                                //清除 XT2、XT1、DCO 故障标志位
      SFRIFG1&=~OFIFG;                          //清除故障标志位
    }while(SFRIFG1&OFIFG);                      //测试振荡器故障标志位
    __bis_SR_register(SCG0);                    //使能 FLL 控制环
    UCSCTL1=DCORSEL_5;                          //选择 DCO 频率上限为 16 MHz
    UCSCTL2|=249;                               //设置倍频比
    //锁频环输出频率为参考频率的 N+1 倍
    //当参考频率为 32 768 Hz，倍频系数为 249+1 时，锁频环输出频率为 8 MHz
    __bic_SR_register(SCG0);                    //使能 FLL 控制环
    __delay_cycles(250000);                     //等待 DCO 设置完成
    while(1)
    {
      P4OUT^=BIT7;                              //P4.7 输出信号翻转
      __delay_cycles(500000);                   //延时
    }
  }
```

例 4.3 使用 XT1，实现 LED2(P4.7)闪烁，闪烁频率约为 1 Hz。注意使能 XT1 的方法以及失效检测逻辑的设计。

```
//****************************************
//启用外部低速晶振 XT1，MCLK 和 SMCLK 为默认
//ACLK=XT1=32.768 kHz，MCLK=SMCLK=1 MHz
//LED2(P4.7)闪烁，闪烁频率约为 1 Hz
//
//                  MSP430F552x
//               -----------
//        /|\|              XIN|-
//         | |                 | XT1 32.768 kHz
//       ---|RST           XOUT|-
//          |                  |
//          |              P1.0|-->ACLK=XT1=32.768 kHz
//          |              P7.7|-->MCLK=1 MHz
//          |              P2.2|-->SMCLK=1 MHz
//          |                  |
```

```
//              |                P4.7|-->LED2
//
//************************************
#include <msp430.h>
int main(void)
{  WDTCTL=WDTPW+WDTHOLD;                  //关闭看门狗定时器
   P4DIR|=BIT7;                           //设置 P4.7 为输出
   P1DIR|=BIT0;                           //ACLK 输出到 P1.0，拔出跳线帽

   P1SEL|=BIT0;
   P2DIR|=BIT2;                           //SMCLK 输出到 P2.2
   P2SEL|=BIT2;
   P7DIR|=BIT7;                           //MCLK 输出到 P7.7
   P7SEL|=BIT7;
   P5SEL|=BIT4+BIT5;                      //选择 P5.4 和 P5.5 作为 XT1 输入端

   UCSCTL6 &=~(XT1OFF);                   //使能 XT1
   UCSCTL6|=XCAP_3;                       //打开内部负载电容
   UCSCTL3=SELREF_0;                      //选择 FLL 参考源为 XT1
   do                                     //通过循环直到 DCO、XT1、XT2 稳定
     {
       UCSCTL7&=~(XT2OFFG+XT1LFOFFG+DCOFFG);
                                          //清除 XT2、XT1、DCO 故障标志位
       SFRIFG1&=~OFIFG;                   //清除故障标志位
     }while(SFRIFG1&OFIFG);               //测试振荡器故障标志位
     UCSCTL6&=~(XT1DRIVE_3);              //XT1 已稳定，减小驱动能力
     UCSCTL4|=SELA_0;                     //ACLK = LFTX1 (默认)
     while(1)
       {P4OUT^=BIT7;                      //P4.7 输出信号翻转
       __delay_cycles(500000);            //延时
   }
}
```

例 4.4　使用 XT2，实现 LED2(P4.7)闪烁，闪烁频率约为 4 Hz。注意使能 XT2 的方法及失效检测逻辑的设计。

```
//****************************************
//启用外部高速晶振 XT2，ACLK 为默认
//ACLK=REFO=32 kHz，MCLK=SMCLK=XT2=4 MHz
//LED2(P4.7)闪烁，闪烁频率约为 4 Hz
//
//                  MSP430F552x
//               -----------
//           /|\|             |
```

```
//              | |                     |
//           ---|RST                    |
//              |                XT2IN |-
//              |                       | XT2 4 MHz
//              |               XT2OUT |-
//              |                       |
//              |                 P1.0|-->ACLK = REFO = 32 kHz
//              |                 P7.7|-->MCLK = XT2 = 4 MHz
//              |                 P2.2|-->SMCLK = XT2 = 4 MHz
//              |                       |
//              |                 P4.7|-->LED2
//
//
//*****************************************
#include <msp430.h>
int main(void)
{
  WDTCTL=WDTPW+WDTHOLD;            //关闭看门狗定时器
  P4DIR|=BIT7;                     //设置 P4.7 为输出
  P1DIR|=BIT0;                     //ACLK 输出到 P1.0，拔出跳线帽
  P1SEL|=BIT0;
  P2DIR|=BIT2;                     //SMCLK 输出到 P2.2
  P2SEL|=BIT2;
  P7DIR|=BIT7;                     //MCLK 输出到 P7.7
  P7SEL|=BIT7;
  P5SEL|=BIT2+BIT3;                //选择 P5.2 和 P5.3 作为 XT2 输入端

  UCSCTL6&=~XT2OFF;                //使能 XT2
  UCSCTL3|=SELREF_2;               //选择 FLL 参考源为 REFO
  UCSCTL4|=SELA_2;                 //ACLK=REFO，SMCLK=DCO，MCLK=DCO

  do                               //通过循环直到 DCO、XT1、XT2 稳定
  {
    UCSCTL7&=~(XT2OFFG+XT1LFOFFG+DCOFFG);
                                   //清除 XT2、XT1、DCO 故障标志位
    SFRIFG1&=~OFIFG;               //清除故障标志位
  }while(SFRIFG1&OFIFG);           //测试振荡器故障标志位

  UCSCTL6&=~XT2DRIVE0;             //XT2 工作范围 4～8 MHz
  UCSCTL4|=SELS_5+SELM_5;          //SMCLK=MCLK=XT2
  while(1)
  {
    P4OUT^=BIT7;                   //P4.7 输出信号翻转
```

```
      __delay_cycles(500000);                  //延时
    }
  }
```

例 4.5 启用外部晶振 XT1 和 XT2，LED2(P4.7)闪烁，闪烁频率约为 4 Hz。注意使能 XT1、XT2 的方法及失效检测逻辑的设计。

```
//****************************************************
//启用外部晶振 XT1 和 XT2
//ACLK=XT1=32.768 kHz, MCLK=SMCLK=XT2=4 MHz
//LED2(P4.7)闪烁，闪烁频率约为 4 Hz
//
//               MSP430F5529
//            -------------
//     /|\|             XIN |-
//      | |                 | XT1 32.768 kHz
//     ---|RST         XOUT |-
//        |                 |
//        |           XT2IN |-
//        |                 | XT2 4 MHz
//        |          XT2OUT |-
//        |                 |
//        |            P1.0 |--> ACLK = XT1 = 32.768 kHz
//        |            P2.2 |--> SMCLK = XT2 = 4 MHz
//        |            P7.7 |--> MCLK = XT2 = 4 MHz
//        |                 |
//        |            P4.7 |-->LED2
//
//****************************************************
#include <msp430.h>
int main(void)
{
  WDTCTL=WDTPW+WDTHOLD;                 //关闭看门狗定时器
  P4DIR|=BIT7;                          //设置 P4.7 为输出
  P1DIR|=BIT0;                          // ACLK 输出到 P1.0，拔出跳线帽
  P1SEL|=BIT0;
  P2DIR|=BIT2;                          //SMCLK 输出到 P2.2
  P2SEL|=BIT2;
  P7DIR|=BIT7;                          //MCLK 输出到 P7.7
  P7SEL|=BIT7;
  P5SEL|=BIT2+BIT3;                     //选择 P5.2 和 P5.3 作为 XT2 输入端
  P5SEL|=BIT4+BIT5;                     //选择 P5.4 和 P5.5 作为 XT1 输入端

  UCSCTL6&=~XT2OFF;                     //使能 XT2
  UCSCTL6&=~XT1OFF;                     //使能 XT1
```

```
    UCSCTL6|=XCAP_3;                              //打开内部负载电容

    do                                            //通过循环直到DCO、XT1、XT2稳定
    {
      UCSCTL7&=~(XT2OFFG + XT1LFOFFG + DCOFFG);
                                                  //清除XT2、XT1、DCO故障标志位
      SFRIFG1 &=~OFIFG;                           //清除故障标志位
    }while(SFRIFG1&OFIFG);                        //测试振荡器故障标志位

    UCSCTL6&=~XT2DRIVE0;                          //XT2工作范围4~8 MHz
    UCSCTL4|=SELA_0+SELS_5+SELM_5;                //MCLK =SMCLK=XT2, ACLK=XT1

    while(1)
    {
      P4OUT^=BIT7;                                //P4.7输出信号翻转
      __delay_cycles(500000);                     //延时
    }
}
```

4.3 MSP430F5529单片机定时器模块

定时功能模块是MSP430应用系统中经常用到的重要部分，可用来实现定时控制、延迟、频率测量、脉宽测量、信号产生、信号检测等。此外，定时功能模块还可作为串行接口的可编程波特率发生器，在多任务的系统中作为中断信号实现程序的切换。例如，在MSP430实时控制和处理系统中，需要每隔一定时间就对处理对象进行采样，再对获得的数据进行处理，这就要用到定时信号。

MSP430系列单片机有丰富的定时器资源：看门狗定时器、基本定时器(Basic Timer1)、定时器A和定时器B、实时时钟(RTC)等。这些模块除了都具有定时功能，各自还有一些特定用途。在应用中应根据需求选择多种定时器模块。

MSP430F5529单片机定时器模块功能如下：

(1) 看门狗定时器：基本定时，当程序发生错误时执行一个受控的系统重启动。

(2) 基本定时器：基本定时，支持软件和各种外围模块工作在低频率、低功耗条件下。

(3) 实时时钟：基本定时，具有日历功能。

(4) 定时器A：基本定时，支持同时进行的多种时序控制、多个捕获/比较功能和多种输出波形(PWM)，可以硬件方式支持串行通信。

(5) 定时器B：基本定时，功能基本同定时器A，但比定时器A灵活，功能更强大。

MSP430F5529单片机定时器引脚分配图如图4.8所示。与定时器相关的引脚共有23个，其中与定时器A0相关的引脚共有6个，与定时器A1相关的引脚共有4个，与定时器A2相关的引脚共有4个，与定时器B相关的引脚共有9个。

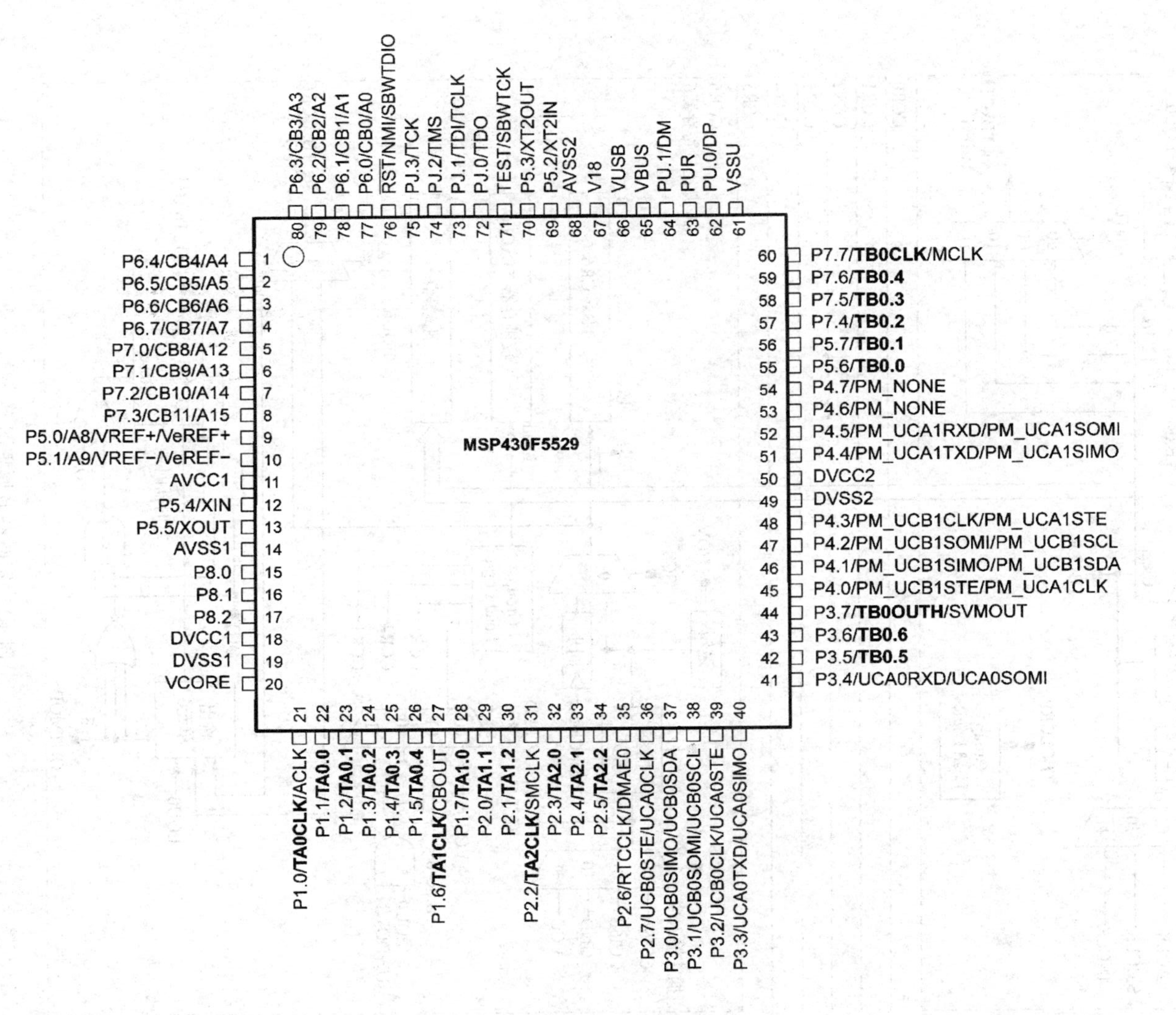

图4.8 MSP430F5529

下面以定时器 B 为例，说明定时器的工作原理。定时器原理图如图 4.9 所示。

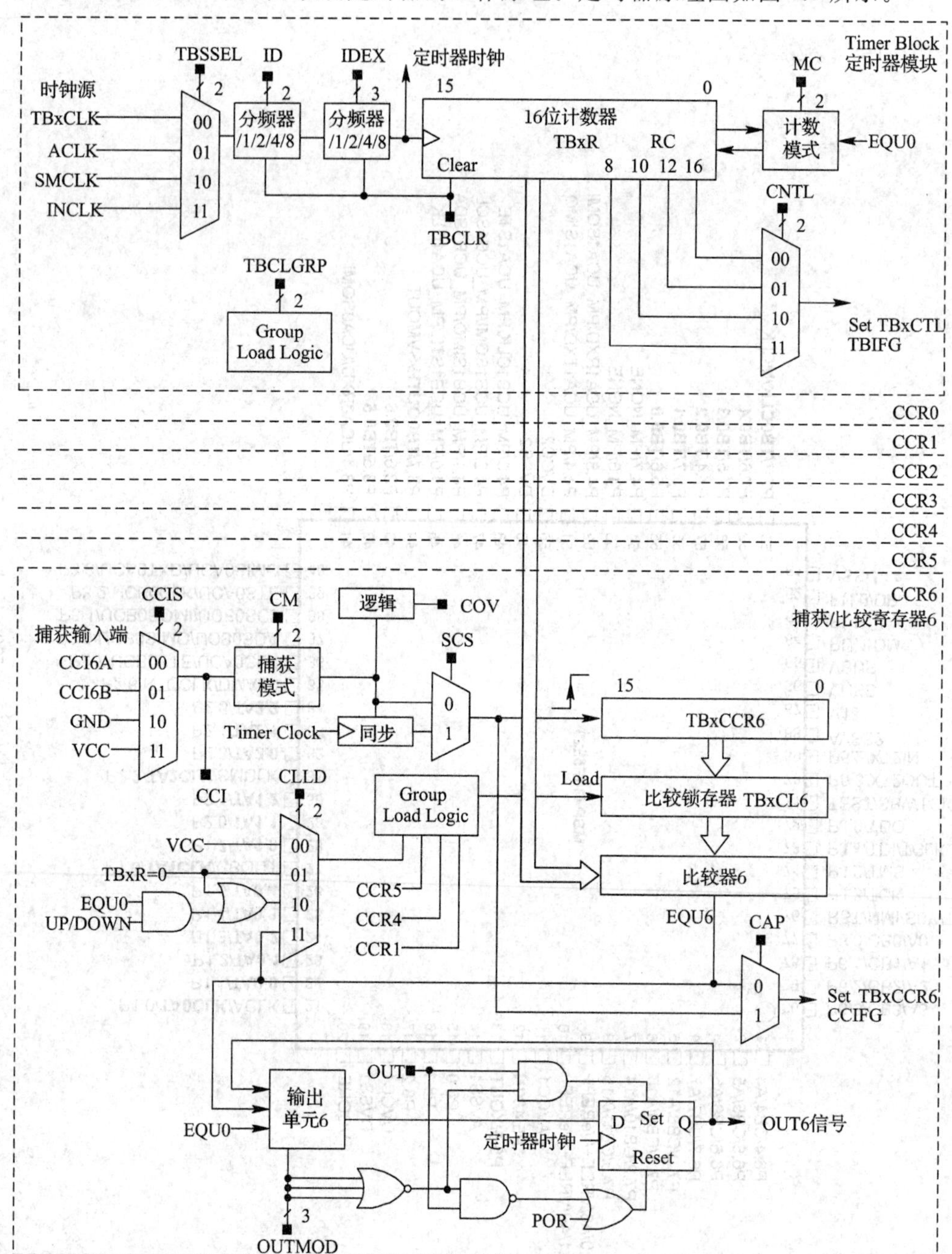

图 4.9　定时器 B 原理图

4.3.1　定时器 B 计数模式

1. 工作原理

定时计数部件实质为一个多功能加法器，可实现对输入时钟脉冲的计数。要使定时器正常工作，首先需要选择计数时钟，时钟源可以来自于 ACLK、SMCLK 或通过 TBXCLK、INCLK 获得。

通过 TBSSEL 位可以选择具体的时钟源。选定的时钟源信号，可以直接作为定时器 B 的时钟信号。可以通过对 ID 控制位的设置，对时钟源进行 2、4 或 8 分频。还可以通过对 TBIDEX 位的操作，对已分频信号再进行 2、3、4、5、6、7 或 8 分频。可见定时器 B(TB) 为计数时钟提供了灵活的解决方案。

TB 的计数器 TBR 是一个 16 位计数器，用于存放 TB 的当前计数值 TBxR。计数器寄存器 TBxR 随着时钟信号的上升沿到来，根据工作模式的不同，进行加计数或者减计数。TBxR 寄存器的值可以通过软件进行读写操作。此外，当 TBxR 寄存器出现溢出时，可以产生相应的中断信号。TBxR 寄存器可以由 TBCLR 位进行复位，包括清除时钟的分频比，以及计数的模式(加计数/减计数)。对 TBxR 寄存器进行复位前，最好先停止定时器。

计数器具有上升计数、连续计数、上升/下降计数等模式，通过 MC_X 选择使用哪一种计数方式。MC_X＝00 为停止计数模式；MC_X＝01 为上升计数模式；MC_X＝10 为连续计数模式；MC_X＝11 为上升/下降计数模式。若不使用定时器，则可令 MC_X＝00 以降低功耗。

设定 TBCLR 可同时将定时计数器 TBxR、分频系数 ID_X 和工作模式 MC_X 进行清零。当清零完成时，TBCLR 将自动复位，读该位时总是零。因此，清零后要对这三部分进行重新配置，否则计数器将停止计数。计数器计满后，将产生定时器溢出请求并使 TBIFG＝1，若此时 TBIE＝1，GIE＝1，则会向 CPU 发送中断请求。

2. 定时器中断

定时器 B 中，针对定时计数器的中断有两个，分别是定时器溢出中断和比较/捕获中断，中断标志位分别为 TBIFG 和 TBCCR0 CCIFG。比较/捕获中断比较特殊，独自拥有一个中断向量(TIMERB0_VECTOR)，是单源中断。定时器溢出中断和其他比较/捕获中断共享一个中断向量(TIMERB1_VECTOR)，是共源中断。

3. 定时器计数模式

由前面分析可知，计数器工作原理很简单，就是对输入脉冲进行计数。对 TB 来说，共有 4 种计数模式，分别是停止计数模式、上升计数模式、连续计数模式和上升/下降计数模式。灵活运用这些计数模式，配合不同输出模式，可以满足多种应用要求。下面讲解这 4 种计数模式。

(1) 停止计数模式。在停止计数模式下，计数器将暂停计数且 TBxR 保持计数停止前的内容。当定时器启动时，计数器从暂停时的取值开始按照事先设定好的计数方式进行计数。

(2) 上升计数模式。在使用定时器时，如果要求计数上限与 TBxR 寄存器最大值不同，那么可以选择上升计数模式来进行计数。在该模式下，定时器从 0 开始至比较寄存器 TBxCL0 的设定值，重复进行加计数。寄存器 TBxCL0 的设定值直接决定了计时的周期。如图 4.10 所示，当计数值达到寄存器 TBxCL0 的设定值时，定时器从 0 再次开始进行加计数。

① 定时计数周期。每个周期计数值为 TBCCR0＋1。寄存器 TBCCR0 用于设定定时周期，有时也称为计数器的周期寄存器。通过改变 TBCCR0 的取值，可重置计数周期。通常可以分为两种情况。如果当时定时器的值已经大于 TBCCR0 的设定值，那么定时器将立即重启，并从 0 开始进行上升计数。反之，定时器继续计数到 TBCCR0 的设定值，然后按照

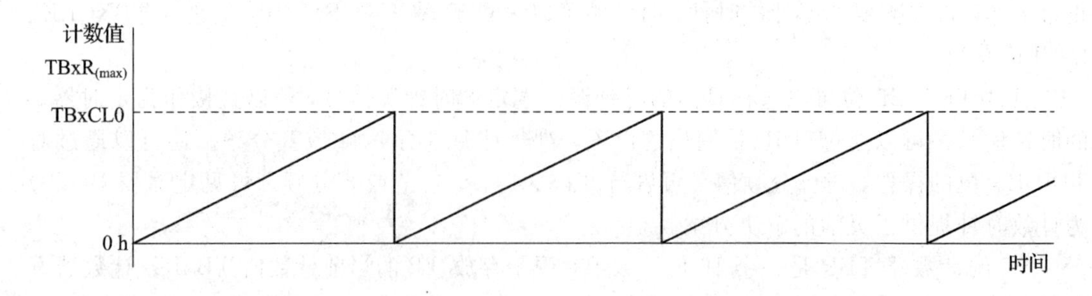

图 4.10　上升计数模式计数过程示意图

新的计数周期进行计数。

② 中断标志。在上升计数方式下，定时计数可引起两个中断标志位置位，分别是 TBIFG 和 TBCCR0 CCIFG。TBIFG 为定时器溢出中断标志位，即当定时计数器 TBXR 计数满溢出时，该标志位置位。TBCCR0 CCIFG 为比较/捕获中断标志位，即当 TBR＝TBCCR0 时，该标志位置位。两个中断标志触发时序不同，如图 4.11 所示。

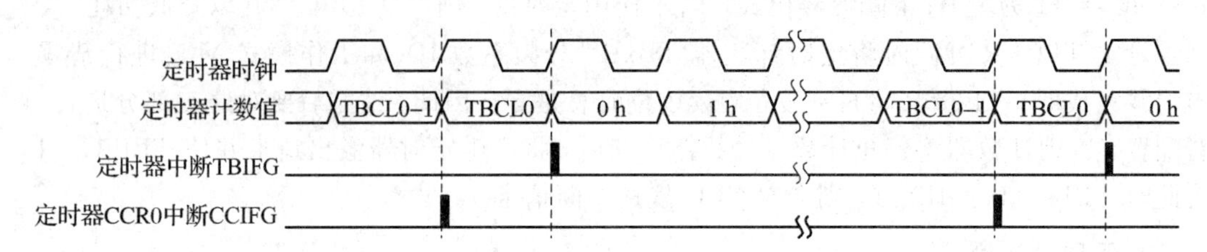

图 4.11　上升计数模式下中断标志信号触发时序图

(3) 连续计数模式。在连续计数模式下，定时器从 0 开始进行加计数，直到 TBxR 的设定值，然后回到 0 重新开始计数，循环往复。连续计数模式可以看做上升计数模式的一种特殊情况，如图 4.12 所示。

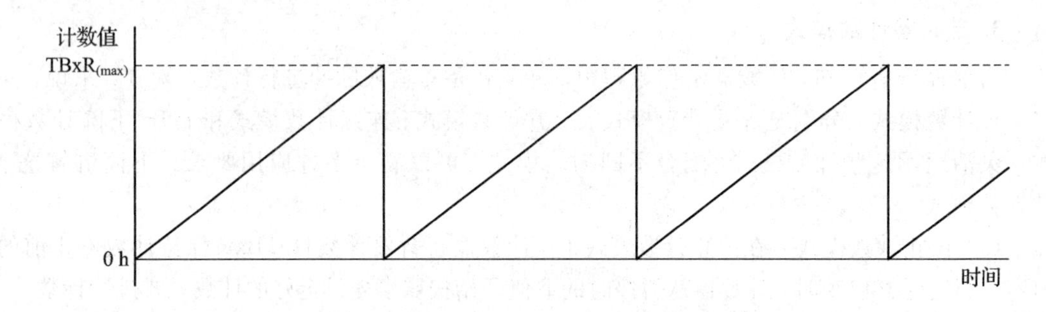

图 4.12　连续计数模式计数过程示意图

① 定时计数周期。连续计数模式下，定时计数周期为 65 536。连续计数模式下周期固定，不再需要周期寄存器，因此该方式下，TBCCR0 作为一般的捕获/比较寄存器使用。

② 中断标志。由于 TBCCR0 作为普通寄存器使用，在该计数模式下计数器只能触发定时溢出中断，当计数器从 0xFFFF 变化到 0x0000 时，引起 TBIFG 置位，如图 4.13 所示。

(4) 上升/下降计数模式。在上升/下降计数模式下，定时器从 0 开始进行加计数，直到 TBxCL0 的设定值，然后做减计数回到 0 再重新开始计数，循环往复。这种计数模式主要用于产生对称的方波。其计数模式如图 4.14 所示。

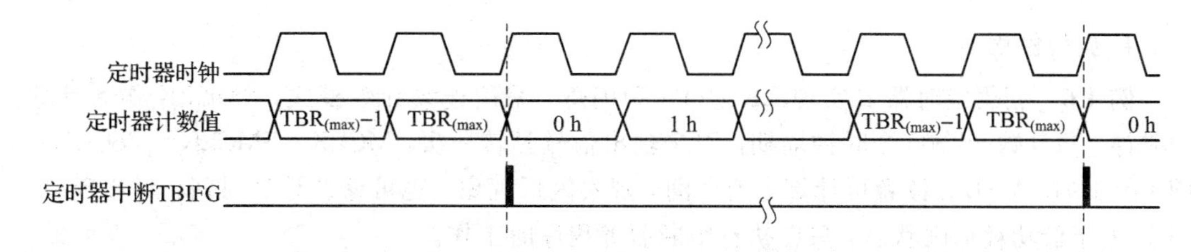

图 4.13　连续计数模式下中断标志信号触发时序图

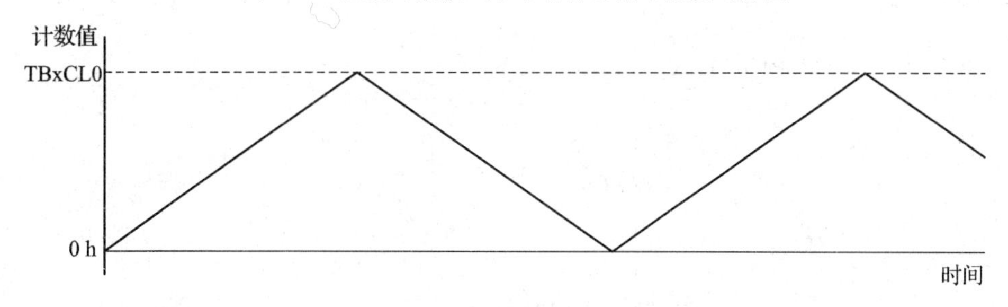

图 4.14　上升/下降计数模式计数过程示意图

① 计数周期。在上升/下降计数模式下，寄存器 TBCCR0 同样用于设定定时周期，但计时周期为 2×TBCCR0。通过改变 TBCCR0 的取值可以重置计数周期，通常分为两种情况。如果处于下降计数，定时器会继续减到 0 后开始。如果处于上升计数，新周期不小于原周期或比当前计数值大，则计数器会加计数到新周期；如果处于上升计数，新周期小于原周期，则定时器立即开始减计数，但是在定时器开始减计数之前会多计 1 个数。

需要说明的是，与上升计数模式和连续计数模式相比，上升/下降计数模式的明显特点是定时周期长，可实现更长的定时时间。比如上升计数模式和连续计数模式，最大计数周期为 65 536 个计数时钟周期，而上升/下降计数模式的计数周期可达 2×65 535＝131 070。

② 中断标志。与上升计数模式类似，定时计数可引起两个中断标志位置位，分别是 TBIFG 和 TBCCR0 CCIFG。TBIFG 为定时器溢出中断标志位，当定时计数器 TBXR 计数从 0x0001 变化到 0x0000 时，该标志位置位。TBCCR0 CCIFG 为比较/捕获中断标志位，当 TBXR 从 TBCCR0－1 变化到 TBCCR0 时，该标志位置位。两个中断标志触发时序不同，如图 4.15 所示。

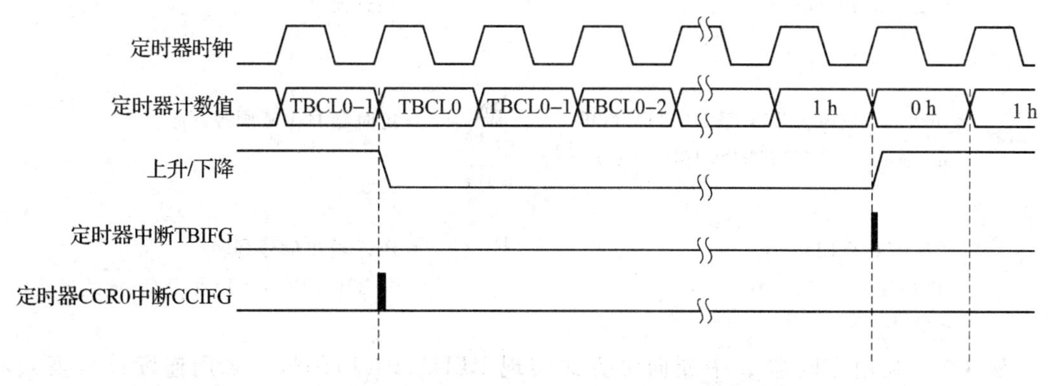

图 4.15　上升/下降计数模式下中断标志信号触发时序图

4. 典型例程

例 4.6 利用定时器 B 实现 LED2(P4.7)闪烁，采用连续计数模式，SMCLK 作为计数器时钟。每计数 50 000 个时钟周期，P4.7 输出信号翻转一次，MCLK＝SMCLK＝TBCLK＝DCO＝1.045 MHz。读者可计算定时时间，观察闪烁现象，也可修改计数时间，对比现象。CPU 处于低功耗休眠状态，只在执行中断服务程序时工作。

```
//*****************************************************
//
//                MSP430F552x
//             -------------
//      /|\|                 |
//       | |                 |
//      --|RST               |
//         |                 |
//         |            P4.7|-->LED
//
//*****************************************************
#include <msp430.h>

int main(void)
{
  WDTCTL =WDTPW+WDTHOLD;                      //关闭看门狗定时器
  P4DIR |=BIT7;                               //设置 P4.7 为输出
  TBCCTL0=CCIE;                               //使能 CCR0 中断
  TBCCR0=50000;                               //设置计数初值
  TBCTL=TBSSEL_2+MC_2+TBCLR;                  //定时器时钟 SMCLK
                                              //计数模式：连续计数
                                              //清除计数值
  __bis_SR_register(LPM0_bits + GIE);         //进入低功耗工作模式 0 并打开总中断
  __no_operation();                           //调试预留
}

#pragma vector=TIMERB0_VECTOR                 //定时器 B 中断服务程序
__interruptvoid TIMERB0_ISR (void)
{
  P4OUT^=BIT7;                                //P4.7 输出信号翻转
  TBCCR0+=50000;                              //向 TBCCR0 中写入偏移值(连续模式)
}
```

例 4.7 利用定时器 B 中断向量方式实现 LED2(P4.7)闪烁。采用连续计数模式，SMCLK 作为计数器时钟。每计数 65 535(FFFFh)个时钟周期，P4.7 输出信号翻转一次，LED2(P4.7)闪烁频率为 7.822 Hz ＝ (1.045 MHz/FFFFh)/2。CPU 处于低功耗休眠状态，只在执行中断服务程序时工作。

```
//*************************************
//              MSP430F5529
//          -----------
//      /|\|                |
//       | |                |
//      --|RST              |
//         |                |
//         |          P4.7|-->LED
//
//*************************************
#include <msp430.h>

int main(void)
{
  WDTCTL=WDTPW+WDTHOLD;                       //关闭看门狗定时器
  P4DIR|=BIT7;                                //设置 P4.7 为输出
  TBCTL=TBSSEL_2 +MC_2+TBCLR+TBIE;            //定时器时钟 SMCLK
                                              //计数模式：连续计数
                                              //清除计数值
                                              //使能定时器中断
  __bis_SR_register(LPM0_bits + GIE);         //进入低功耗工作模式 0 并打开总中断
  __no_operation();                           //调试预留
}
#pragma vector=TIMERB1_VECTOR
__interruptvoid TIMERB1_ISR(void)
{
  switch(__even_in_range(TBIV, 14) )
{
  case 0: break;                              //无中断
  case 2: break;                              // CCR1 未使用
  case 4: break;                              // CCR2 未使用
  case 6: break;                              // CCR3 未使用
  case 8: break;                              // CCR4 未使用
  case 10: break;                             // CCR5 未使用
  case 12: break;                             // CCR6 未使用
  case 14:                                    // 计数器溢出
  P4OUT^=BIT7;                                // P4.7 输出信号翻转
  break;
  default: break;
  }
}
```

例 4.8　利用定时器 B 中断向量方式实现 LED2(P4.7)闪烁。采用上升计数模式，

ACLK 作为计数器时钟，计数周期为 1000 个时钟周期，LED2(P4.7)闪烁频率为 32 768 Hz/(2×1000)=16.384 Hz。读者应关注时钟源选择。

```
//*****************************************
//              MSP430F5529
//           -------------
//     /|\|                |
//      | |                |
//      --|RST             |
//        |                |
//        |            P4.7|-->LED
//
//*****************************************
#include <msp430.h>
int main(void)
{
  WDTCTL=WDTPW+WDTHOLD;                  //关闭看门狗定时器
  P4DIR|=BIT7;                           //设置 P4.7 为输出
  TBCCTL=CCIE;                           //使能 TRCCR0 中断
  TBCCR0=1000-1;                         //设置计数上限 1000
  TBCTL=TBSSEL_1+MC_1+TBCLR;             //定时器时钟 ACLK
                                         //计数模式：上升计数
                                         //清除计数值
  __bis_SR_register(LPM3_bits+GIE);      //进入低功耗工作模式 3 并打开总中断
  __no_operation();                      //调试预留
}

#pragma vector=TIMERB0_VECTOR
__interruptvoid TIMERB1_ISR(void)
{
  P4OUT^=BIT7;                           // P4.7 输出信号翻转
}
```

4.3.2 定时器 B 捕获模式

MSP430F5529 单片机带有多个定时器模块，每个定时器模块又带有多个捕获/比较寄存器(CCR)。例如，定时器 A0 带有 5 个 CCR，定时器 A1、A2 各带有 3 个 CCR，而定时器 B0 则带有 7 个 CCR。捕获/比较寄存器主要有两个方面的作用：一是捕获功能，即对时间事件进行测量，例如对周期性方波信号进行频率测量；二是比较功能，主要用于定时或者产生脉宽调制(PWM)信号。这里首先介绍捕获/比较寄存器的捕获功能。

1. 捕获模式原理

将寄存器 TB0CCTLn 中的 CAP 位置 1，便开启了捕获/比较寄存器 n 的捕获功能。捕获功能主要用于对时间事件进行记录。最为典型的例子是当需要测量一个方波信号周期时，只需要记录某次上升沿(下降沿)到来时刻计数器的值，再记录下一次上升沿(下降沿)到来时刻计数器的值，两者相减并乘定时器时钟周期便可以得到被测方波的周期。当然，在实际操作中还需要考虑一些其他因素，如信号同步和定时器溢出等问题。下面具体介绍捕获功能的工作原理和使用方法。

每个捕获/比较寄存器都带有 2 个输入端，即 CCIxA 和 CCIxB，例如定时器 B0 的 CCR1 的输入端即为 CCI1A 和 CCI1B。通过寄存器 TB0CCTLn 中的 CCIS 位可以选择具体的输入端。通过对 CM 位的设置可以选择在何时开始捕获，共有三种方式，即上升沿捕获、下降沿捕获和上升/下降沿捕获。

当捕获发生时，定时器中计数器的值将会被复制到对应的捕获/比较寄存器中，同时将中断标志位 CCIFG 置 1。例如，选择定时器 B0 的捕获/比较寄存器 1(TB0CCR1)进行上升沿捕获，当输入信号上升沿到来时，定时器将会把计数器(TB0R)的值复制到 TB0CCR1 中。

在实际情况中，输入信号上升/下降沿到来通常都不可能与定时器时钟信号同步。为了更好地解决这个问题，建议将寄存器 TB0CCTLn 的 SCS 位置 1，设置完成后所有的捕获都会统一在输入信号上升/下降沿到来后定时器时钟第一个下降沿发生，如图 4.16 所示。此外，通过访问寄存器 TB0CCTLn 的 CCI 位可以读取输入信号当前的电平。需要注意：在捕获过程中，尽量不要改变捕获输入，以免发生不可预计的问题。另外，如果第二次捕获发生时，第一次捕获的值仍未被读取，则会触发溢出中断 COV，该中断必须通过软件复位。

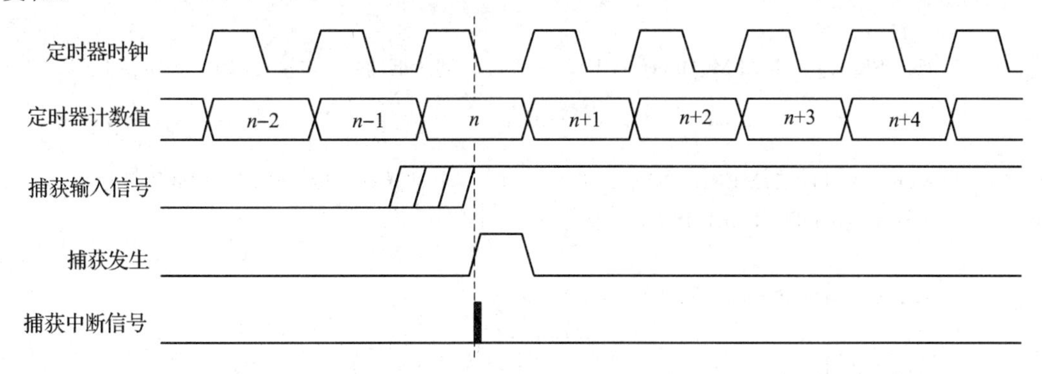

图 4.16　捕获时序图(SCS=1)

使用定时器的捕获功能需要通过软件进行初始化操作。以定时器 B0 捕获/比较寄存器 1 为例，具体操作步骤如下：

(1) TB0CCTL1=CAP+SCS+CCIS1+CM_3，即开启捕获功能，选择同步捕获，从 CCI1B 端输入信号，采用上升/下降同时捕获方式。后两位视具体情况由读者自行设置。

(2) TB0CCR1=TB0R。

2. 典型例程

例 4.9　定时器 B 选择 SMCLK 作为时钟，采用连续计数模式，CCI2A(P7.4)作为输入端，捕获输入信号的上升沿。本例为最简捕获程序，捕获值被存放在变量 *T* 中，读者可以将变量 *T* 加入 Watch 中，并合理设置断点，观察 *T* 的值。

```
//************************************
```

```
//              MSP430F5529
//         -----------------
//     /|\|                 |
//      | |                 |
//      --|RST              |
//        |                 |
//        |     P7.4/TB0.2|<---
//
//*****************************************
#include <msp430.h>

unsignedint T=0;
int main(void)
{
  WDTCTL=WDTPW+WDTHOLD;                    //关闭看门狗定时器

  P7SEL|=BIT4;                             //P7.4 作为定时器 B 的 CCI2A 输入端
  TBCTL=TBSSEL_2+MC_2+TBCLR;               //定时器时钟 SMCLK，连续计数
  TB0CCTL2=CAP+SCS+CCIS0+CM_1+CCIE;
  //选择捕获模式，采用同步捕获，选择 CCI2A 作为输入，上升沿捕获，打开中断
  TB0CCR2=TB0R;                            //TB0CCR2 赋初值(可省略)

  __bis_SR_register(LPM0_bits+GIE);        //进入低功耗工作模式，CPU 关闭，打开总中断
}

#pragma vector=TIMERB1_VECTOR              //定时器 B CCR1～CCR6 中断服务程序
__interrupt void TIMERB1_ISR (void)
{
  switch(__even_in_range(TB0IV, 14) )
  {
    case  0: break;                        //无中断
    case  2: break;                        //CCR1 中断
    case  4: T=TB0CCR2;                    //读取寄存器值
    break;                                 //CCR2 中断
    case  6: break;                        //CCR3 中断
    case  8: break;                        //CCR4 中断
    case 10: break;                        //CCR5 中断
    case 12: break;                        //CCR6 中断
    case 14: break;                        //定时器溢出
    default: break;
  }
}
```

例 4.10 本例采用 TA2.1 输出占空比 75%的方波，作为被测信号。TB0.2 作为捕获输

入端，捕获输入信号的上升沿。两次相邻捕获的差值被存放在数组 cycle[10]中。请读者合理设置断点并观察数组 cycle[10]中的值，思考其与 TA2CCR0 设置值间的关系。读者也可尝试采用上升/下降沿捕获方式，并观察 cycle[10]中的值与 TA2CCR0 和 TA2CCR1 设置值间的关系。

```
//*****************************************
//
//注意：必须要连接 P2.4 和 P7.4
//
//              MSP430F552x
//            -----------
//       /|\|            |
//        | |            |
//       --|RST   P2.4/TA2.1|--->|
//         |             |
//         |      P7.4/TB0.2|<---|
//
//*****************************************
#include <msp430.h>
unsigned int T=0;                       // 存放当前捕获值
unsigned int cycle[10]={0};             // 存放两次捕获差值
unsigned char i;                        // 数组编号
int main(void)
{
  WDTCTL=WDTPW + WDTHOLD;               //关闭看门狗定时器
  P7SEL|=BIT4;                          // P7.4 作为定时器 B 的 CCI2A 输入端
  P2SEL|=BIT4;                          // P2.4 作为定时器 A2 的输出端
  P2DIR|=BIT4;                          // P2.4 方向为输出

  /********** TA2.1 提供被测方波信号 *****************/
  TA2CCR0=512-1;                        // PWM 波周期
  TA2CCTL1=OUTMOD_7;                    // TA2CCR1 采用复位/置数输出
  TA2CCR1=384;                          // TA2CCR1 占空比 384/(384+128)
  TA2CTL=TASSEL_2+MC_1;                 //定时器时钟 SMCLK，加法计数

  /********** TB0.2 作为捕获输入 *****************/
  TBCTL=TBSSEL_2+MC_2+TBCLR;            //定时器时钟 SMCLK
  TB0CCTL2= CAP+SCS+CCIS0+CM_1 +CCIE;
  //选择捕获模式，采用同步捕获，选择 CCI2A 作为输入，上升沿捕获，打开中断
  TB0CCR2=TB0R;                         // TB0CCR2 赋初值(可省略)

  __bis_SR_register(LPM0_bits+GIE);   //进入低功耗工作模式，CPU 关闭，打开总中断
}
```

```
#pragma vector=TIMERB1_VECTOR            //定时器 B CCR1～CCR6 中断服务程序
__interrupt void TIMERB1_ISR(void)
{
  switch( __even_in_range(TB0IV, 14) )
  {
    case  0: break;                      //无中断
    case  2: break;                      //CCR1 中断
    case  4: cycle[i]=TB0CCR2-T;         //获得周期计数值
             T =TB0CCR2;                 //读取寄存器值
             i++;i%=10;                  //更新数组编号
             break;                      //CCR2 中断
    case  6: break;                      //CCR3 中断
    case  8: break;                      //CCR4 中断
    case 10: break;                      //CCR5 中断
    case 12: break;                      //CCR6 中断
    case 14: break;                      //定时器溢出
    default: break;
  }
}
```

4.3.3 简易频率计的设计

任务目标：设计一台简易频率计，可以测量输入方波信号的频率，并通过四位串行数码管进行显示。

任务分析：对于频率的测定通常可以采用测周法或测频法。结合前面介绍的定时器捕获功能，显然采用先测量方波信号周期再求出频率的方法最为简单。对于信号周期的测量，采用上升沿捕获或下降沿捕获都是可行的。通过定时器时钟频率除以相邻两次捕获值的差值，便可以获得被测方波信号的频率了。结合第 3 章中介绍的四位串行数码管实例，将获得的频率信号加以显示，便完成了该设计。具体程序代码如下：

```
//*****************************************************
//
//              MSP430F5529
//            -----------
//        /|\|           |
//         | |           |
//        --|RST         |
//          |            |
//          |   P7.4/TB0.2|<---
//
//*****************************************************
#include <msp430.h>
unsigned int cnt0, cnt1;          //存放相邻两次捕获值
unsigned int cycle=0;             //存放两次捕获差值
```

```
unsigned int freq=0;            //存放频率

unsigned char SEG[] = {0xc0, 0xf9, 0xa4, 0xb0, 0x99, 0x92, 0x82, 0xf8, 0x80, 0x90};
unsigned char DIG[] = {0x01, 0x02, 0x04, 0x08};

void LED_OUT(unsigned char data)
{
  unsigned char i;
  for(i=8;i>=1;i--)
  {
    if (data&0x80)  P1OUT |=  BIT4;
    else            P1OUT &= ~BIT4;
    data<<=1;
    P1OUT &= ~BIT2;                     //移位时钟
    P1OUT |=  BIT2;                     //移位时钟
  }

}

void LED4_Display (unsigned char LED[4])
{
  unsigned char i;
  for(i=0;i<4;i++)
  {
    LED_OUT(SEG[LED[i]]);               //输出段码
    LED_OUT(DIG[i]);                    //输出位码
    P1OUT &= ~BIT3;                     //锁存输出时钟
    P1OUT |=  BIT3;                     //锁存输出时钟
  }
    LED_OUT(0);LED_OUT(0);              //关闭数码管，等待下次扫描
    P1OUT &= ~BIT3;                     //锁存输出时钟
    P1OUT |=  BIT3;                     //锁存输出时钟
}

int main(void)
{
  unsignedchar Dispdata[4];             //显示缓存数组
  WDTCTL = WDTPW + WDTHOLD;             //关闭看门狗定时器

  P7SEL |= BIT4;                        //P7.4 作为定时器 B 的 CCI2A 输入端
  P1DIR |= BIT2+BIT3+BIT4;              //设置数码管相关端口方向

  TBCTL = TBSSEL_2 + MC_2 + TBCLR;      //定时器时钟 SMCLK
```

```
    TB0CCTL2 = CAP + SCS + CCIS0 + CM_1 + CCIE;
    //选择捕获模式，采用同步捕获，选择 CCI2A 作为输入，上升沿捕获，打开中断
    TB0CCR2 = TB0R;                          //TB0CCR2 赋初值(可省略)

    _EINT();                                 //打开总中断
    while(1)
    {
      freq=1045000/cycle;                    //求取频率(Hz)
      Dispdata[3]=freq/1000;                 //千位
      Dispdata[2]=freq/100%10;               //百位
      Dispdata[1]=freq/10%10;                //十位
      Dispdata[0]=freq%10;                   //个位
      LED4_Display (Dispdata);               //送数码管显示
    }
}

  #pragma vector=TIMERB1_VECTOR              //定时器 B CCR1～CCR6 中断服务程序
  __interruptvoid TIMERB1_ISR (void)
  {
    switch( __even_in_range(TB0IV, 14))
    {
      case  0: break;                        //无中断
      case  2: break;                        //CCR1 中断
      case  4:                               //CCR2 中断
                 cnt1=TB0CCR2;               //读取当前捕获值
                 cycle=cnt1-cnt0;            //求取两次捕获差值
                 cnt0=cnt1;                  //更新数据
                 break;
      case  6: break;                        // CCR3 中断
      case  8: break;                        // CCR4 中断
      case 10 : break;                       // CCR5 中断
      case 12 : break;                       // CCR6 中断
      case 14 : break;                       // 定时器溢出
      default : break;
    }
  }
```

4.3.4 定时器 B 比较模式

1. 比较模式原理

定时器 B 的每个捕获/比较模块都包括了一个输出单元，用于产生 PWM 信号。每个输出单元根据 EQU0 到 EQUn 信号的不同，能够采用 8 种输出模式输出不同的信号。

输出模式共有 8 种，除输出模式 0 以外，其他输出都在定时时钟上升沿发生变化，如表 4.2 所示。

表 4.2 定时器输出模式

OUTMOD	输出模式	功能描述
000	Output	输出信号 OUTn 由 OUT 位决定。当 OUT 位被更改后，OUTn 的输出信号马上发生变化
001	Set	当定时器计数到 TBxCLn 的设定值时，开始输出高电平，直到定时器被复位，或者选择其他输出模式为止
010	Toggle/Reset	当定时器计数到 TBxCLn 的设定值时，输出信号翻转；当定时器计数到 TBxCL0 时，开始输出低电平
011	Set/Reset	当定时器计数到 TBxCLn 的设定值时，开始输出高电平；当定时器计数到 TBxCL0 时，开始输出低电平
100	Toggle	当定时器计数到 TBxCLn 的设定值时，输出信号翻转，循环往复
101	Reset	当定时器计数到 TBxCLn 的设定值时，开始输出低电平，直到定时器被复位，或者选择其他输出模式为止
110	Toggle/Set	当定时器计数到 TBxCLn 的设定值时，输出信号翻转；当定时器计数到 TBxCL0 时，开始输出高电平
111	Reset/Set	当定时器计数到 TBxCLn 的设定值时，开始输出低电平；当定时器计数到 TBxCL0 时，开始输出高电平

在上升计数模式下，以输出单元 1 为例，图 4.17 给出了 7 种输出模式的时序图。

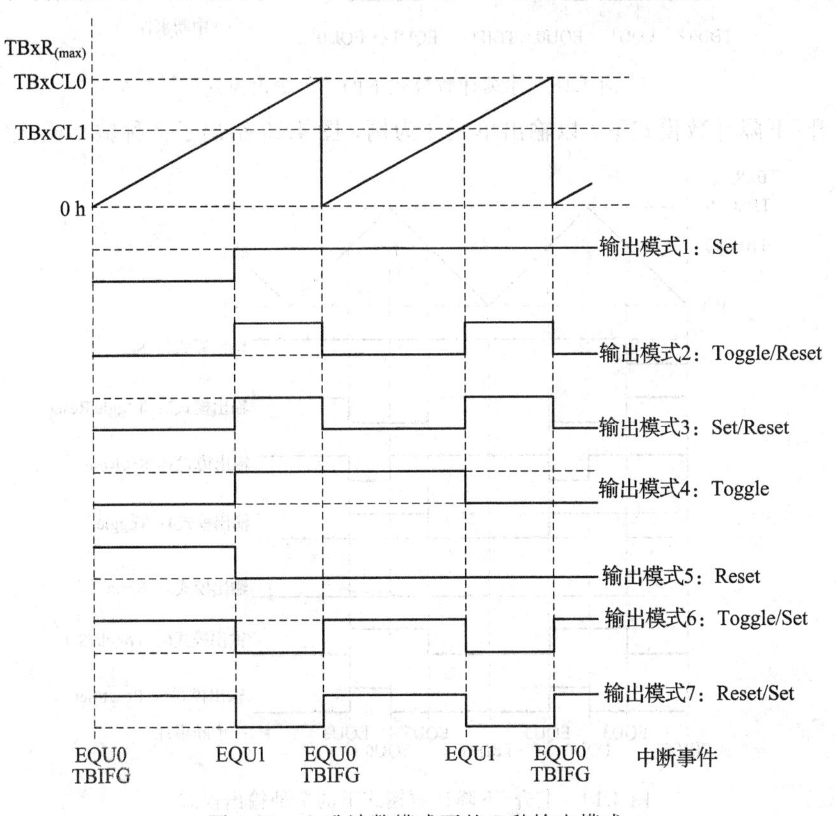

图 4.17 上升计数模式下的 7 种输出模式

在连续计数模式下，以输出单元 1 为例，图 4.18 给出了 7 种输出模式的时序图。可见输出信号与 TBxR 的设定值并无直接关系。

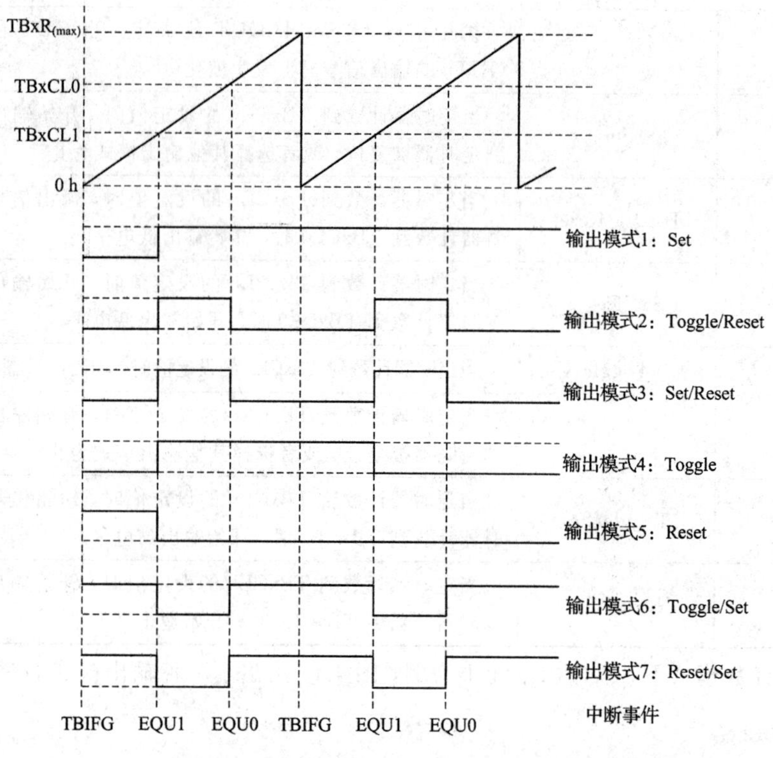

图 4.18 连续计数模式下的 7 种输出模式

在上升/下降计数模式下，以输出单元 3 为例，图 4.19 给出了 7 种输出模式的时序图。

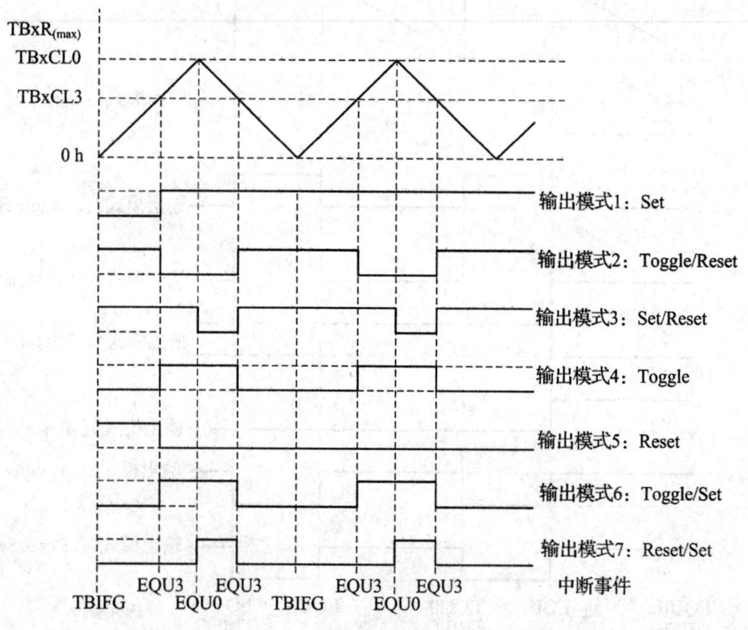

图 4.19 上升/下降计数模式下的 7 种输出模式

2. 典型例程

例 4.11　通过定时器 B 向外输出 PWM 波，占空比分别为 75%、50%、25%。实验过程中可以采用示波器对输出端进行测量，注意观察示波器的输出波形，读者可自行计算，思考更换输出模式，占空比如何变化。读者也可思考，输出占空比 50%，是否有其他方法。

```
//*****************************************
//
//利用定时器 B 输出 PWM 波信号
//采用上升计数模式，SMCLK 作为计数器时钟
//TBCCR0 确定 PWM 波周期，TBCCR2、TBCCR5 和 TBCCR6 确定占空比
//ACLK=32 kHz；SMCLK=MCLK=1 MHz
//
//                  MSP430F5529
//               -------------
//          /|\|              XIN|-
//           | |                 |  32 kHz
//          --|RST            XOUT|-
//            |                  |
//            |         P7.4/TB2|--> CCR2 - 75% PWM
//            |         P3.5/TB5|--> CCR5 - 50% PWM
//            |         P3.6/TB6|--> CCR6 - 25% PWM
//
//*****************************************

#include <msp430.h>

int main(void)
{
  WDTCTL = WDTPW + WDTHOLD;          //关闭看门狗定时器

  P3SEL |= BIT5+BIT6;                // P3.5 和 P3.6 作为定时器输出
  P3DIR |= BIT5+BIT6;                // P3.5 和 P3.6 方向为输出
  P7SEL |= BIT4;                     // P7.4 作为定时器输出
  P7DIR |= BIT4;                     // P7.4 方向为输出

  TBCCR0 = 512-1;                    // PWM 波周期

  TBCCTL2 = OUTMOD_7;                // CCR2 采用 Reset/Set 输出
  TBCCR2 = 384;                      // CCR2 占空比 384/512
  TBCCTL5 = OUTMOD_7;                // CCR5 采用 Reset/Set 输出
  TBCCR5 = 256;                      // CCR5 占空比 256/512
  TBCCTL6 = OUTMOD_7;                // CCR6 采用 Reset/Set 输出
  TBCCR6 = 128;                      // CCR6 占空比 128/512
```

```
    TBCTL = TBSSEL_2+MC_1;                //定时器时钟 SMCLK
                                          //计数模式：上升计数

    __bis_SR_register(LPM0_bits + GIE);   //进入低功耗工作模式，CPU 关闭，打开总中断
}
```

4.4 舵机控制系统的具体设计

4.4.1 任务目标

舵机控制系统应具备如下功能：

(1) 时钟配置。XT1 和 XT2 打开，SMCLK＝MCLK＝3×XT2＝12.00 MHz，ACLK＝XT1＝32.767 kHz。

(2) 定时器。P7.4(TB0.2)输出 PWM 波，要求：频率 50.00 Hz；占空比可调(2.5%～12.5%)；高电平周期范围为 0.5～2.5 ms。

(3) 每按一下 P2.1，高电平周期增加 0.1 ms；每按一下 P1.1，高电平周期减小 0.1 ms。

(4) 每按一下 P2.1，LED1 闪烁一下；每按一下 P1.1，LED2 闪烁一下。

4.4.2 任务分析

针对该任务目标，需要准备一个舵机控制器，了解舵机控制器的工作原理。该任务共有 4 个要求，分别是：配置时钟，配置定时器输出 PWM 波，用按键改变 PWM 波的占空比和用按键控制 LED 灯的亮灭。

(1) 配置时钟：打开 XT1 和 XT2，SMCLK＝MCLK＝3×XT2＝12.00 MHz，ACLK＝XT1＝32.767 kHz。

(2) 配置定时器：通过 P7.4 口(TB0.2)输出频率为 50 Hz 的 PWM 波，占空比可调，范围在 2.5%～12.5%之内。

(3) 通过按键控制 PWM 波的占空比：每按下一次按键，占空比改变 0.5%。

(4) 通过按键控制 LED 灯：每按下一次按键，灯会闪烁一次。

4.4.3 硬件设计

舵机是一种角度伺服控制系统，其结构如图 4.20 所示。控制电路板控制信号控制舵机转动，电机带动系列齿轮组，减速后传动至输出舵盘。舵机的输出轴和位置反馈电位计是相连的，舵盘转动的同时带动位置反馈电位计，可调电位器输出电压信号到控制电路板，进行反馈，然后控制电路板根据位置信息决定电机的转动方向和速度，从而达到目标。

舵机的控制信号是周期为 20 ms 的脉冲调制信号，其中脉冲宽度在 0.5～2.5 ms 之内，对应的舵盘角度如图 4.21 所示。

本设计任务的硬件设计中，按键 P1.1 和 P2.1 控制 MSP430F5529 单片机输出脉冲调制信号的脉冲宽度，从 P7.4 引脚输入舵机。硬件连接图如图 4.22 所示。

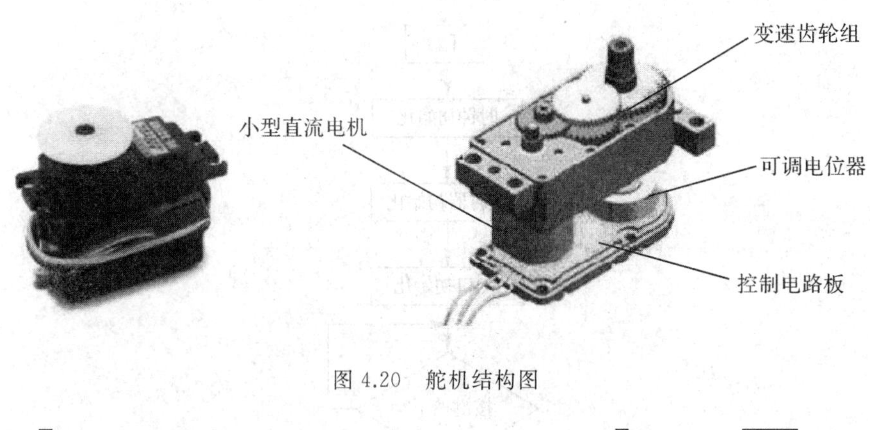

图 4.20 舵机结构图

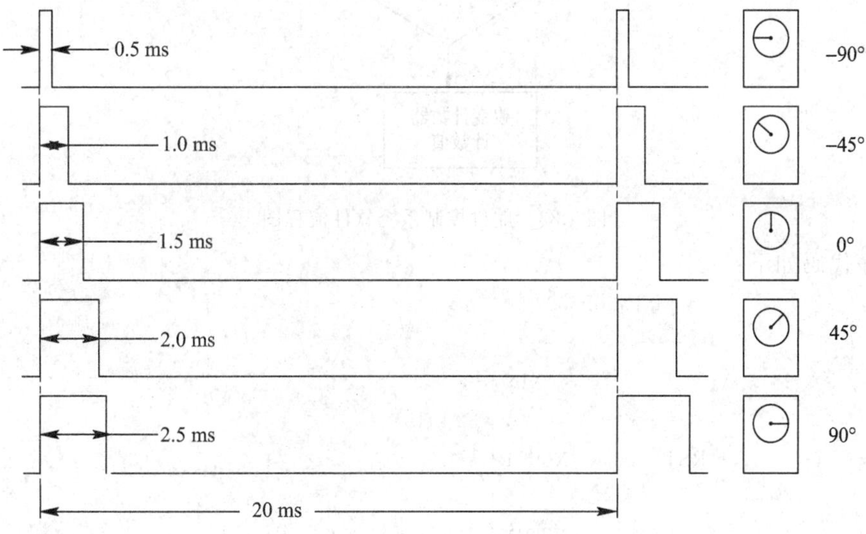

图 4.21 舵机脉冲宽度与舵盘角度对应关系

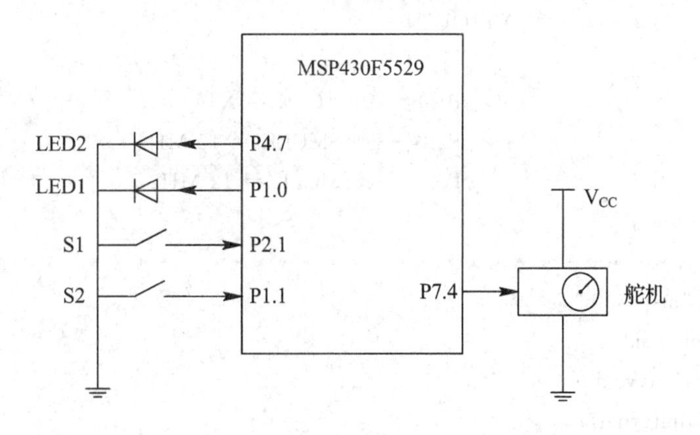

图 4.22 硬件连接图

4.4.4 软件设计

根据任务目标和任务分析，软件设计应遵循图 4.23 所示流程。

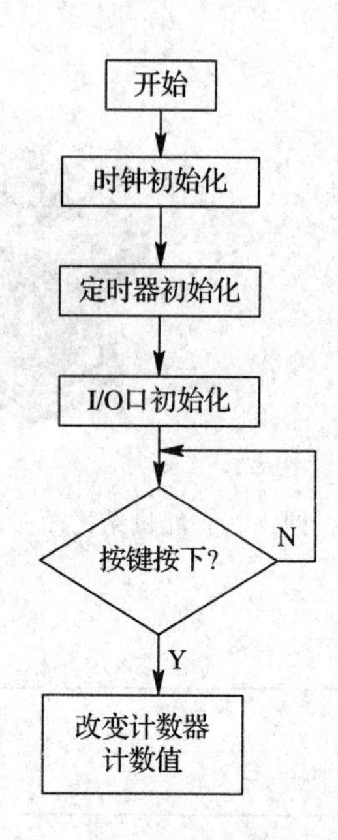

图 4.23　舵机控制系统软件流程图

程序代码如下：

```
//                  MSP430F5529
//                -----------
//         /|\|                  XIN|-
//          | |                     | 32 kHz
//         ---|RST             XOUT|-
//            |                     |
//            |                XT2IN|-
//            |                     | 4 MHz
//            |               XT2OUT|-
//            |                     |
//            |                 P1.0|--> ACLK = XT1
//            |                 P2.2|--> SMCLK = 12 MHz
//            |                 P7.7|--> MCLK = 12 MHz
//            |                     |
//*****************************************
#include "msp430.h"
void ClkInit(void);
void TimerInit(void);
void GPIOInit(void);
void main(void)
{
  WDTCTL = WDTPW + WDTHOLD;        //关闭看门狗定时器
  ClkInit();
  TimerInit();
```

```
  GPIOInit();
  __bis_SR_register(GIE);                 //打开总中断
  while(1);
                                          //无限循环
}
#pragma vector=PORT1_VECTOR
__interruptvoid Port_1(void)
{
  __delay_cycles(4000);
  if(0x02 & P1IN)                         //按键尚未达到稳定状态
  {
    P1IFG &= ~0x02;                       //退出
  }
  else                                    //按键被按下
  {
    P4OUT |= BIT7;                        //点亮 P4.7
    if (TBCCR2 >= 7500)                   //正脉宽不大于 2.5 ms
      TBCCR2 = 7500;
    else
      TBCCR2 = TBCCR2 + 300 ;
    P1IFG &= ~0x02;                       //退出
    __delay_cycles(12000);                //让灯亮 1 ms
    P4OUT &= ~BIT7;                       //熄灭 P4.7
  }
}

#pragma vector=PORT2_VECTOR
__interruptvoid Port_2(void)
{
  __delay_cycles(4000);
  if(0x02 & P2IN)                         //按键尚未达到稳定状态
  {
    P2IFG &= ~0x02;                       //退出
  }
  else                                    //按键被按下
  {
    P1OUT |= BIT0;                        //点亮 P1.0
    if (TBCCR2 <= 1500)                   //正脉宽不小于 0.5 ms
      TBCCR2 = 1500;
    else
      TBCCR2 = TBCCR2 - 300 ;             //正脉宽减小 100 μs
    P2IFG &= ~0x02;                       //退出
    __delay_cycles(12000);                //让灯亮 1 ms
```

```
        P1OUT &= ~BIT0;                          //熄灭 P1.0
    }
}

void ClkInit(void)
{
P1DIR |= BIT0;                                   //设置 ACLK 输出端口
P1SEL |= BIT0;
    P2DIR |= BIT2;                               //设置 SMCLK 输出端口
    P2SEL |= BIT2;
    P7DIR |= BIT7;                               //设置 MCLK 输出端口
    P7SEL |= BIT7;
    /*****************************************/
    P5SEL |= BIT2+BIT3;                          //设置 XT2 外部振荡器端口
    P5SEL |= BIT4+BIT5;                          //设置 XT1 外部振荡器端口

    UCSCTL6 &= ~(XT1OFF + XT2OFF);               //使能 XT1 和 XT2
    UCSCTL6 |= XCAP_3;                           //打开内部电容
    UCSCTL3 |= SELREF__XT2CLK;                   //选择 XT2CLK 作为 FLL 参考源

    __bis_SR_register(SCG0);                     //关闭 FLL 控制环
    UCSCTL0 = 0x0000;                            //设置 DCOx、MODx 为最低值
    UCSCTL1 = DCORSEL_5;                         //FLL 输出频率最大值为 16 MHz
    UCSCTL2 = 2;                                 //倍频系数为 2+1=3，FLL 输出频率为 12 MHz
    __bic_SR_register(SCG0);                     //打开 FLL 控制环
    /*****等待 XT1、XT2 和 FLL 进入稳定状态******/

    do
    {  UCSCTL7 &= ~(XT2OFFG + XT1LFOFFG + DCOFFG);
                                                 //清除 XT2、XT1、DCO 故障标志位
       SFRIFG1 &= ~OFIFG;                        //清除故障标志位
    }while (SFRIFG1&OFIFG);                      //测试振荡器故障标志位

    UCSCTL6 &= ~XT2DRIVE0;                       //设置 XT2 驱动能力
}

void TimerInit(void)
{  P7DIR |= BIT4;                                //设置 TB0.2(P7.4)方向
   P7SEL |= BIT4;                                //选择 TB0.2(P7.4)功能

    TBCCR0 = 60000;                              //PWM 波周期
    TBCCTL2 = OUTMOD_7;                          //选择复位/置数模式
    TBCCR2 = 1500;                               //设置 PWM 波高电平周期
```

```
    TBCTL = TBSSEL_2 + MC_1 + TBCLR + ID__4;
    //选择 SMCLK 作为时钟源，上升计数模式，输入时钟 4 分频，并对定时器清零
}

void GPIOInit(void)
{   /***************按键端口配置******************/
    P1REN |= 0x02;                    //P1.1 上拉
    P1OUT |= 0x02;                    //P1.1 上拉
    P1IE |= 0x02;                     //设置中断
    P1IES |= 0x02;                    //下降沿触发中断(按下)
    P1IFG &= ~0x02;

    P2REN |= 0x02;                    //P2.1 上拉
    P2OUT |= 0x02;                    //P2.1 上拉
    P2IE |= 0x02;                     //设置中断
    P2IES |= 0x02;                    //下降沿触发中断(按下)
    P2IFG &= ~0x02;
    /***************LED 灯端口配置******************/
    P4DIR |= BIT7;                    //LED2
    P1DIR |= BIT0;                    //LED1
}
```

知识梳理与小结

本章的知识结构如图 4.24 所示。本章的学习重点在于了解时钟系统的结构和工作原理，学会对寄存器的配置；了解定时器模块的结构和工作原理，掌握定时器的计数模式以及比较模式等，了解定时器捕获功能。学习难点在于如何根据需要配置单片机的工作频率；理解定时器模块繁复的计数模式、输出模式等。后面章节中将会介绍的内容均和时钟信号相关，能灵活配置时钟频率会让以后的学习变得游刃有余。而定时器作为基本功能模块，几乎在所有的电子产品设计过程中都有所应用。

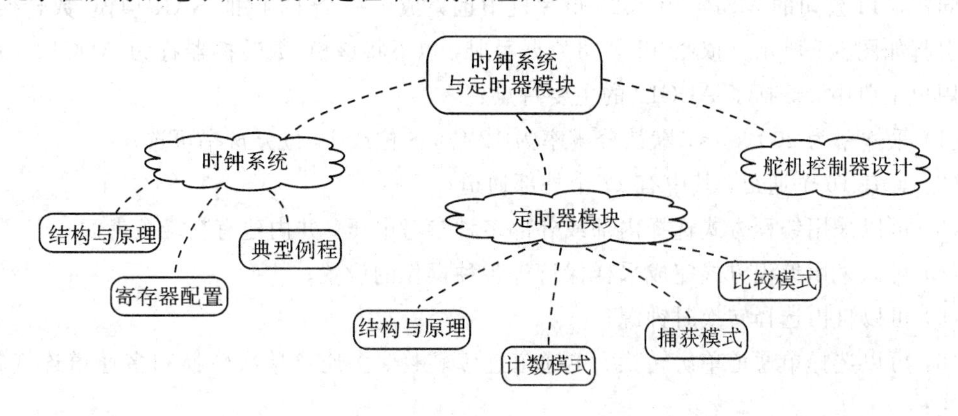

图 4.24　第 4 章知识结构图

第5章 紫外线检测系统的设计

模/数转换器在电子产品开发中应用广泛，例如对电压、温度、湿度、pH值等的测量中，都会用到模/数转换器。MSP430F5529单片机内部配备了一个12位的模/数转换器模块，用户无须外接模/数转换器芯片就可以完成对模拟信号的采样和转换工作，大大简化了设计。Flash存储器具有非易失的特性，即掉电之后仍然可以保存数据。其读写操作简便，速度较快。MSP430F5529单片机内部也包括Flash模块，用于存放程序数据等，其中一部分可以存放用户数据。本章首先介绍了模数转换器并以简易数字电压表为例帮助读者理解ADC的使用方法；然后介绍了Flash模块的使用方法；最后以紫外线检测系统这一任务帮助读者综合应用所学知识。

5.1 ADC的使用

通常信号可以分为模拟信号和数字信号两大类，模拟信号具有时间和幅值均为连续的特点，而数字信号则通常在时间和幅值方面都是离散的。在自然世界中，绝大多数的信号均是模拟信号，比如声音、心跳、温度等。但目前电子设计中采用的处理器多为数字电路，仅能对数字信号进行处理。因此，必须要把模拟信号转换为数字信号，才能由数字处理器进行处理。目前，越来越多的数字处理器中集成了模/数转换器，方便用户直接将模拟信号转换为数字信号。

同样，TI公司的MSP430F5529单片机中也集成了一个12位的SAR型模/数转换器，相应引脚如图5.1所示。依照TI公司数据手册，以下将该模/数转换器称为ADC12。在芯片的用户手册中，概括了ADC12的主要特点：

(1) 采样率为200 ks/s，默认分辨率为12位，8位或10位分辨率可选；

(2) 具有16个通道，其中有12个外部通道；

(3) 可以采用编程方式选择内部或外部多种参考电压，并内建有精准参考源；

(4) 可以采用编程方式完成采样保持等各种操作的设置；

(5) 可以自由选择转换时钟源；

(6) 可以选择单通道单次转换、单通道连续转换、多通道单次转换和多通道连续转换等模式；

(7) 能独立关断ADC核心和参考电压以降低功耗；

（8）具有 18 个中断源，并带有 16 个转换结果存储器；

（9）集成了一个温度传感器。

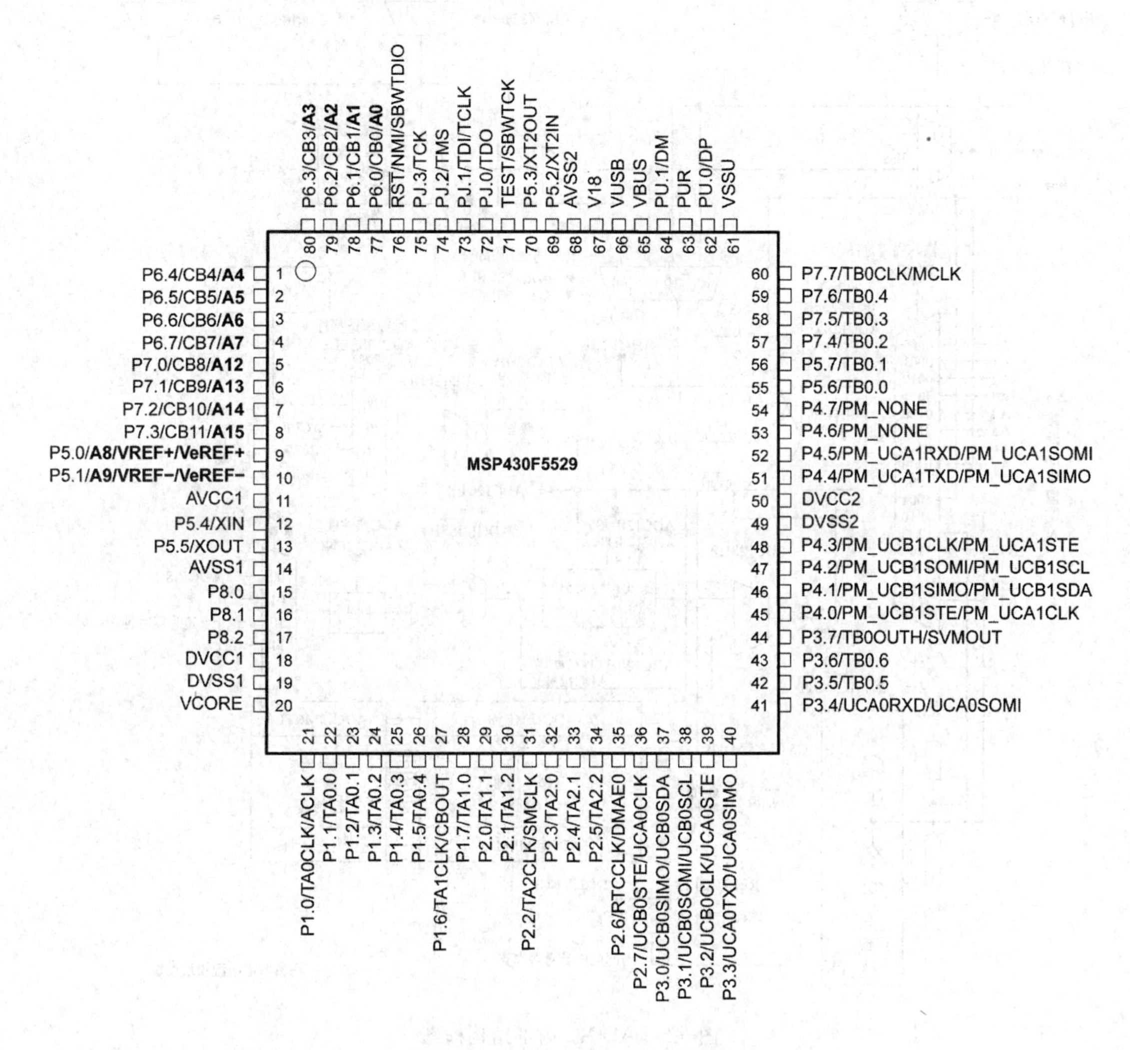

图 5.1　ADC12 模块相关引脚图

5.1.1　ADC12 内部结构

ADC12 的内部结构框图如图 5.2 所示，从图中可以看到 ADC12 的基本结构，大致了解其工作原理。

从图中可以看出，ADC12 的结构是非常复杂的，但也可以得到一些基本信息：

（1）ADC12 的转换核心仅有一个，因此 16 路模拟量输入事实上是分时进行转换的；

（2）16 路模拟量输入通道中，只有 12 路是用于外部模拟量输入，其余分别用于对内建温度传感器、供电电压和外部参考电压进行测量；

（3）参考电压的选择中，正参考电压共有 4 种选择，而负参考电压仅有 2 种选择；

（4）内部参考源主要作为正参考电压的备选项，共有 1.5 V、2.0 V 和 2.5 V 三个选项；

（5）转换时钟有 4 种选择，并能进行多种分频操作；

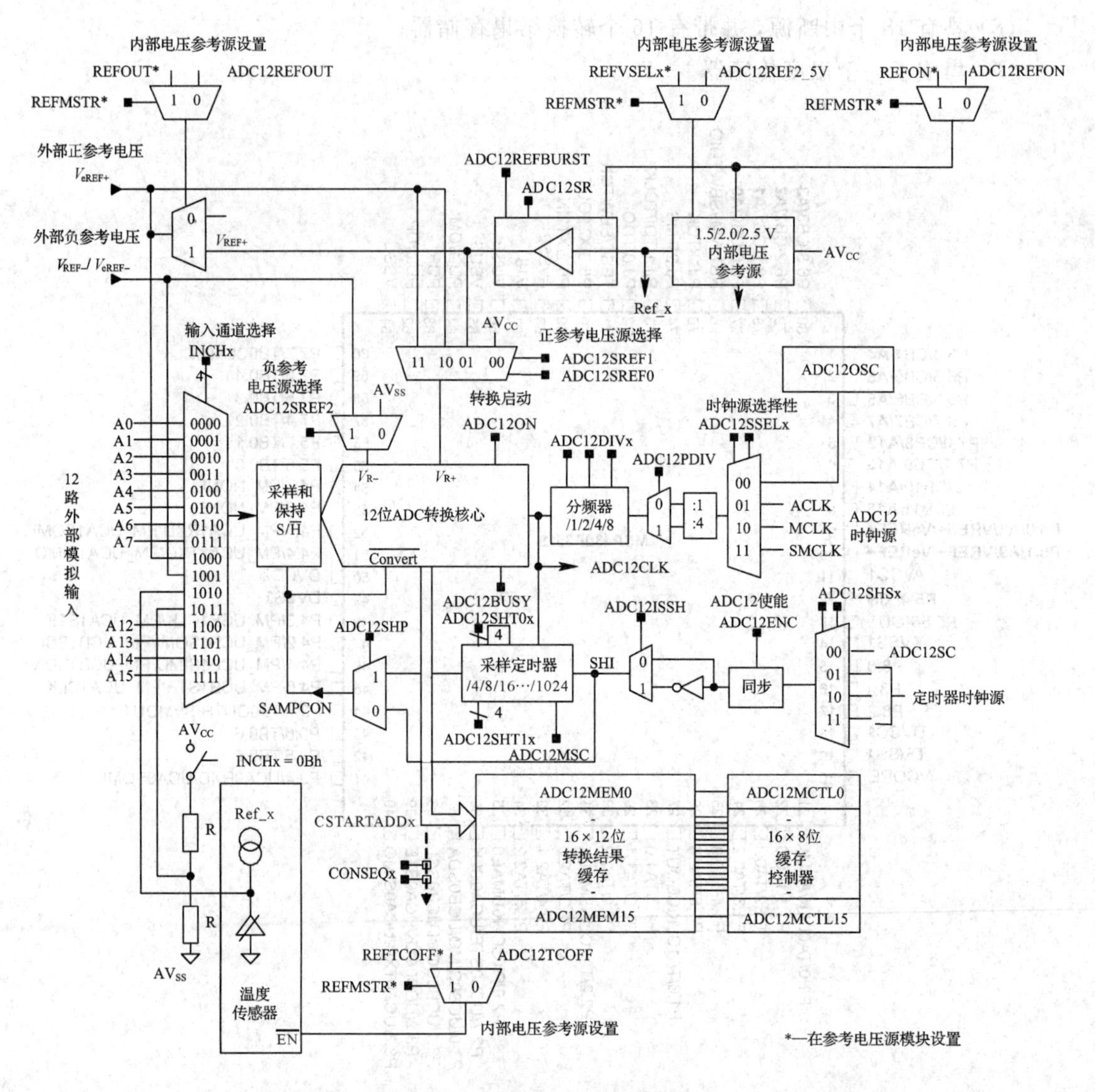

图 5.2 ADC12 内部结构框图

(6) 转换结果被存放在 16 个 12 位存储器中，每个存储器又有独立的寄存器对其进行控制。

5.1.2 ADC12 工作原理

1. 模拟量与数字量换算关系

ADC12 的功能是将模拟电压转换为 12 位的数字量，并将转换结果存放在相应的存储器中，以便单片机进行读取和处理。ADC12 允许输入模拟量的电压范围以及转换结果，主要由参考电压(即 V_{R+} 和 V_{R-})决定。转换后的数字量用 N_{ADC} 表示，其取值范围为 $0 \sim 2^{12}$ (即 0x000～0xFFF)。转换结果 N_{ADC} 与输入模拟电压 V_{in} 以及参考电压(V_{R+} 和 V_{R-})间的关系满足以下公式：

$$N_{ADC} = 4095 \times \frac{V_{in} - V_{R-}}{V_{R+} - V_{R-}} \tag{5-1}$$

从式(5－1)可以看出，一旦选定参考电压后便能采用该公式实现数字量 N_{ADC} 与模拟电压 V_{in} 之间的相互转换。

参考电压的选择对于 ADC12 的使用是至关重要的，从 ADC12 的结构框图可以看出：

(1) 负参考电压 V_{R-} 共有 2 种选择，即 AV_{SS} 和 V_{eREF-}。前者为模拟电源接地端，后者为来自于外部的负参考电压。通常实验中采用模拟地 AV_{SS} 作为负参考电压。

(2) 正参考电压 V_{R+} 共有 4 种选择，第 1 种选择为 AV_{CC}(即模拟供电电压)；第 2 种选择中，参考电压来自于内部参考源，电压选择共有 3 种，即 1.5 V、2.0 V 和 2.5 V；第 3、4 种选择是一样的，即外部正参考电压 V_{eREF+}。通常实验中选择 AV_{CC} 模拟供电电压作为正参考电压。

参考电压的选择均通过对相应寄存器进行配置实现，在寄存器配置章节将会详述。如果按照最简单的选择方案，选择 AV_{CC} 和 AV_{SS} 作为参考电压，则转换公式将会简化为

$$N_{ADC} = 4095 \times \frac{V_{in}}{AV_{CC}} \tag{5-2}$$

在后续的实验中将采用该公式实现对电压的换算和处理。

2. ADC12 的 4 种转换模式

ADC12 共有 4 种转换模式，分别为：单通道单次转换模式、单通道连续转换模式、多通道单次转换模式和多通道连续转换模式。

(1) 单通道单次转换模式：仅对单一通道输入的模拟信号进行一次转换，并将结果存放在指定的存储器中。如需再次进行转换，则需要人为通过指令触发转换。

(2) 单通道连续转换模式：对单一通道输入的模拟信号进行连续转换，无须人为干预。但需要注意的是，完成一次转换后，必须读取存储器中的转换结果，否则下一次转换的结果将无法写入存储器中。

(3) 多通道单次转换模式：可以对多个通道输入的模拟信号进行一次转换，并将结果存放到指定的存储器中。同样，需要人为触发下一次转换。

(4) 多通道连续转换模式：可以对多个通道输入的模拟信号进行连续转换，因此该模式也被称为连续扫描方式。

通常在实验中，可以选择单通道单次转换模式。因为该模式配置简单，且能够人为干预，方便观察和分析实验结果。

3. ADC12 转换结果存储器

ADC12 共有 16 个转换结果存储器(ADC12MEM0～ADC12MEM15)，每个存储器均有一个对应的存储器控制寄存器(ADC12MCTL0～ADC12MCTL15)。在使用过程中需要注意以下几个方面：

(1) 每个存储器事实上都是 16 位的，而并非 12 位。在存储数据时，可以选择右对齐模式和左对齐模式。右对齐模式下，转换结果为无符号数右对齐存放；而左对齐模式下，转换结果为补码方式左对齐存放。

(2) 16 个存储器与 16 个模拟通道间并非一一对应关系，可以通过寄存器的设置将某个通道的转换结果存放到指定的存储器中。例如，A0 通道的转换结果可以存放在 ADC12MEM0 中；也可以指定存放在 ADC12MEM15 中。

(3) 每个存储器控制寄存器中，都可以独立选择参考电压。例如，同时对 A0 和 A1 通道进行转换时，A0 通道可以选择 AV_{CC} 和 AV_{SS} 作为参考电压，与此同时，A1 则可以选择外部参考电压 V_{eREF+} 和 AV_{SS} 作为参考电压。这为多通道转换带来极大的灵活性。

4. ADC12 采样和转换时序

ADC12 采样和转换方式较为灵活，同时涉及较多寄存器的设置，因此在使用过程中必须了解 ADC12 采样和转换的时序关系。对于 ADC12 而言，一次完整的模拟信号到数字信号的转换包括了两个部分，即采样和转换。简单而言，采样的开始由信号 SHI 的上升沿触发，与此同时，信号 SAMPCON 由低电平变为高电平，采样开始；当信号 SAMPCON 由高电平变为低电平时，采样结束，转换开始。采样的时间长度可以根据手册自行选定，通常为 ADC12 时钟(ADC12CLK)的 4 倍数；而转换的时间长度则根据选择的分辨率确定，针对 8 位、10 位和 12 位 3 种不同分辨率，转换周期分别为 9 个、11 个和 13 个 ADC12CLK 周期。

ADC12 有 2 种采样时序方式，可以通过寄存器中 ADC12SHP 进行选择：

(1) 扩展采样模式(Extended Sample Mode)，当 ADC12SHP＝0 时选择该模式，其采样和转换时序图如图 5.3 所示。该模式的特点是采用 SHI 信号直接控制 SAMPCON 信号，即控制采样的周期长度，但当 SHI 下降沿到来时，并不一定会马上开始转换，而必须要等到 ADC12CLK 上升沿到来时才开始转换，即与 ADC12CLK 同步。

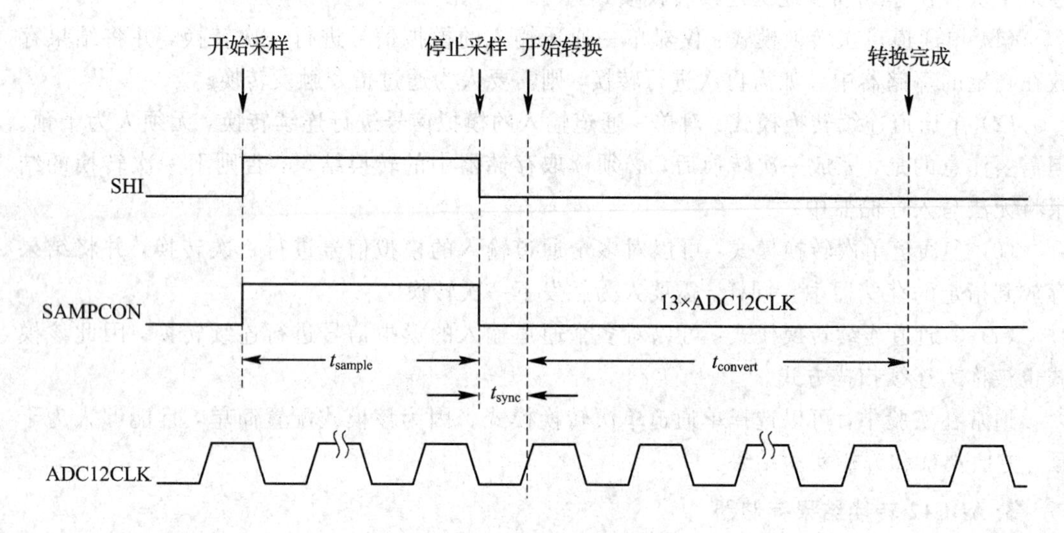

图 5.3　扩展采样模式时序图

(2) 脉冲采样模式(Pulse Sample Mode)，当 ADC12SHP＝1 时选择该模式，其采样和转换时序图如图 5.4 所示。该模式的特点是 SHI 信号仅负责触发采样，而采样周期的控制则由采样定时器负责。至于采样周期的长度则可通过寄存器中 ADC12SHTx 位来进行选择，通常是 ADC12CLK 的 4 倍数。比较上一种模式的时序图，可以看出两种模式有个细微的差别：该模式下 SHI 信号触发采样后，并非马上开始采样，需要等到与 ADC12CLK 同步时才开始。

显然，采用脉冲采样模式更为简单和便捷，因此在后面的实验中也将采用该方式。

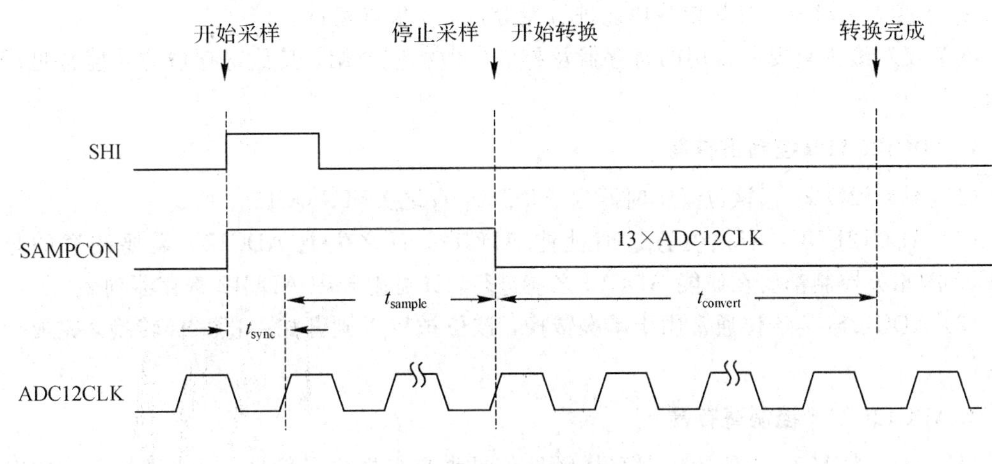

图 5.4　脉冲采样模式时序图

5. ADC12 的中断

ADC12 模块共有 18 个中断源，它们分别是：① ADC12IFG0～ADC12IFG15；② ADC12OV 和 ADC12TOV。其中 ADC12IFG0～ADC12IFG15 对应了存储器 ADC12MEM0～ADC12MEM15，当存储器中被存入转换结果时，对应的 ADC12IFGx 中断标志位将会被置 1；ADC12OV 被称为存储器溢出中断标志位，当新的转换结果写入存储器，发现前一个转换结果还未被读取时，该位被置 1；ADC12TOV 被称为转换时间溢出中断标志位，当上一次转换还未结束，而新的一次转换又被触发时，该位被置 1。

所有的 18 个中断源按照优先级组成了 1 个 ADC12 的中断向量。优先级最高的中断源将会在 ADC12 中断向量寄存器中产生一个特定的数值，通过对该数值的判断便可以在中断服务程序中执行相应的代码。

需要注意的是，只要访问 ADC12 中断向量寄存器，便会自动将 ADC12OV 和 ADC12TOV 中断标志位复位。但对于 ADC12IFG0～ADC12IFG15 中断标志位而言，即便响应中断并访问 ADC12 中断向量寄存器，仍然无法使得这些中断标志位复位。只有读取了对应存储器中的转换结果之后或者直接通过软件对该标志位进行置 0 操作之后，才能使这些寄存器复位。

5.1.3　ADC12 寄存器

ADC12 共有 38 个寄存器，寄存器列表详见附录。虽然寄存器数量众多，但真正需要掌握和经常用到的却并不多。

ADC12 寄存器按照其功能可以分为以下 4 大类：

(1) ADC12 控制寄存器：包括了 ADC12CTL0～ADC12CTL2，这 3 个寄存器主要是对 ADC12 核心和工作模式进行配置，是需要重点留意的。

(2) ADC12 中断寄存器：包括了 ADC12IFG、ADC12IE 和 ADC12IV，这 3 个寄存器均与 ADC12 的中断相关。

(3) ADC12 存储器：包括了 ADC12MEM0～ADC12MEM15，这 16 个存储器用于存放转换结果。在应用中，通常只需对其进行读取即可，无须过多留意。

(4) ADC12 存储器控制寄存器：ADC12MCTL0～ADC12MCTL15，这 16 个寄存器与

16 个存储器一一对应，对其相关功能进行设置，需要重点留意。

本节仅对最为重要和常用的寄存器及相应位做相应介绍，其他寄存器的功能详见用户手册。

1. ADC12CTL0 控制寄存器

(1) ADC12ON：当该位置 1 时开启 ADC12，反之关闭 ADC12。

(2) ADC12ENC：当该位置 1 时使能 ADC12，反之失能 ADC12。需要注意的是对 ADC12 的相关控制都要在使能 ADC12 之前进行，详见附录中 ADC12 寄存器列表。

(3) ADC12SC：该位通常用于单次转换，该位被置 1 则开始一次采样转换，完成后自动复位。

2. ADC12CTL1 控制寄存器

(1) ADC12SHP：该位置 1 时采样触发信号来自采样输入信号，反之则由采样定时器触发。

(2) ADC12SSELx：用于 ADC12 时钟源选择，共由 2 位构成，00～11 依次对应 ADC12OSC、ACLK、MCLK 和 SMCLK。

(3) ADC12CONSEQx：用于 ADC12 转换模式选择，共由 2 位构成，00～11 依次对应单通道单次转换模式、多通道单次转换模式、单通道连续转换模式和多通道连续转换模式。

3. ADC12CTL2 控制寄存器

ADC12RES：用于 ADC12 分辨率选择，共由 2 位构成，00～10 依次对应 8 位、10 位和 12 位分辨率，默认为 12 位。

4. ADC12MCTLx 存储器控制寄存器

ADC12MCTLx 存储器控制寄存器共有 16 个，结构完全一样，其中：

(1) ADC12SREFx：用于参考电压选择，共 3 位，分别对应了 8 种不同的参考电压组合。默认采用 AV_{CC}和 AV_{SS}作为参考电压。

(2) ADC12INCHx：用于输入通道选择，共 4 位，分别对应了 16 个模拟通道。也就是说，任意一个存储器都能与任意一个模拟通道形成对应关系，存放选定通道转换的结果。

5. ADC12IV 中断向量寄存器

ADC12IV 中断向量寄存器用于存放中断向量的值，共 16 位。0x00 代表没有中断请求；0x02 代表存储器溢出中断；0x04 代表转换时间溢出中断；0x06～0x24 分别代表存储器 ADC12MEM0～ADC12MEM15 有相应的转换结果存入。中断向量优先级从 0x02 到 0x24 依次递减。

5.1.4 典型例程

例 5.1 本例中 ADC12 采用单通道单次转换方式，选择 AV_{CC}(供电电压)作为参考电压。电压输入端为 A0(P6.0)，当电压大于 $0.5AV_{CC}$时，LED2(P4.7)点亮。CPU 处于低功耗模式下。请留意在该模式下对 ADC12 的初始化配置方法，另外，采用单次转换方式需要通过软件反复触发才能实现对输入电压的连续采样和转换。

```
//*******************************************************************
```

```
//
//              MSP430F552x
//            -----------
//         /|\|                    |
//          | |                    |
//          --|RST                 |
//            |                    |
//   Vin -->|P6.0/CB0/A0    P4.7 |--> LED
//            |                    |
//
//* * * * * * * * * * * * * * * * * * * * * * * * * * * * * * * * * * * * * * * *

#include <msp430.h>

int main(void)
{
  WDTCTL = WDTPW + WDTHOLD;                  //关闭看门狗定时器
  ADC12CTL0 = ADC12SHT02 + ADC12ON;          //设置采样时间，并打开 ADC12
  ADC12CTL1 = ADC12SHP;                      //采用采样定时器
  ADC12IE = 0x01;                            //使能对应通道中断
  ADC12CTL0 |= ADC12ENC;                     //使能 ADC12
  P6SEL |= BIT0;                             //设置 P6.0 作为 ADC 输入端
  P4DIR |= BIT7;                             //设置 P4.7 为输出

  while (1)
  {
    ADC12CTL0 |= ADC12SC;                    //软件触发开始采样/转换

    __bis_SR_register(LPM0_bits + GIE);      //进入低功耗工作模式并打开总中断
    __no_operation();                        //调试预留
  }
}

#pragma vector = ADC12_VECTOR
__interrupt void ADC12_ISR(void)
{
  switch(__even_in_range(ADC12IV, 34))
  {
  case  0: break;                            //无中断
  case  2: break;                            //ADC 溢出中断
  case  4: break;                            //ADC 定时器溢出中断
  case  6:                                   //ADC12IFG0 中断
    if (ADC12MEM0 >= 0x7ff)                  //输入电压大于 0.5AVcc?
```

```
        P4OUT |= BIT7;                          //P4.7 = 1
      else
        P4OUT &= ~BIT7;                         // P4.7 = 0

      __bic_SR_register_on_exit(LPM0_bits);     //退出激活 CPU
    case  8: break;                             //ADC12IFG1 中断
    case 10: break;                             //ADC12IFG2 中断
    case 12: break;                             //ADC12IFG3 中断
    case 14: break;                             //ADC12IFG4 中断
    case 16: break;                             //ADC12IFG5 中断
    case 18: break;                             //ADC12IFG6 中断
    case 20: break;                             //ADC12IFG7 中断
    case 22: break;                             //ADC12IFG8 中断
    case 24: break;                             //ADC12IFG9 中断
    case 26: break;                             //ADC12IFG10 中断
    case 28: break;                             //ADC12IFG11 中断
    case 30: break;                             //ADC12IFG12 中断
    case 32: break;                             //ADC12IFG13 中断
    case 34: break;                             //ADC12IFG14 中断
    default : break;
    }
}
```

例 5.2 本例中 ADC12 采用单通道连续转换方式，选择 AV_{CC}(供电电压)作为参考电压。电压输入端为 A0(P6.0)，转换结果将会被存放在数组 results[]中，始终保留最近的 8 次转换结果。CPU 处于低功耗模式下。请留意在该模式下对 ADC12 的初始化配置方法，另外，请读者思考在该模式下 CPU 是否还能完成其他任务。

```
//****************************************************
//
//                 MSP430F552x
//               -------------
//          /|\|              |
//           | |              |
//          --|RST            |
//             |              |
//   Vin-->|P6.0/CB0/A0       |
//             |              |
//
//****************************************************

#include <msp430.h>

#define   Num_of_Results   8                    //数组长度
```

```
volatile unsigned int results[Num_of_Results];          //用于存放转换结果的数组

int main(void)
{
  WDTCTL = WDTPW+WDTHOLD;                               //关闭看门狗定时器
  P6SEL |= BIT0;                                        //设置 P6.0 作为 ADC 输入端
  ADC12CTL0 = ADC12ON+ADC12SHT0_8+ADC12MSC;
                                                        //打开 ADC12，设置采样时间
                                                        //设置为连续采样方式
  ADC12CTL1 = ADC12SHP+ADC12CONSEQ_2;                   //采用采样定时器，采用单通道连续转换
                                                          模式
  ADC12IE = BIT0;                                       //使能对应通道中断
  ADC12CTL0 |= ADC12ENC;                                //使能 ADC12
  ADC12CTL0 |= ADC12SC;                                 //开始采样/转换

  __bis_SR_register(LPM4_bits + GIE);                   //进入低功耗工作模式并打开总中断
  __no_operation();                                     //调试预留

}

#pragma vector=ADC12_VECTOR
__interrupt void ADC12ISR (void)
{
  static unsigned char index = 0;

  switch(__even_in_range(ADC12IV, 34))
  {
  case  0: break;                                       // 中断
  case  2: break;                                       //ADC 溢出中断
  case  4: break;                                       //ADC 定时器溢出中断
  case  6:                                              //ADC12IFG0 中断
    results[index] = ADC12MEM0;                         //读取寄存器中转换结果
    index++;                                            //数组编号递增，可在此设置断点

    if (index == Num_of_Results)
    {
        index = 0;
    }
  case  8: break;                                       //ADC12IFG1 中断
  case 10: break;                                       //ADC12IFG2 中断
  case 12: break;                                       //ADC12IFG3 中断
  case 14: break;                                       //ADC12IFG4 中断
  case 16: break;                                       //ADC12IFG5 中断
```

```
    case 18: break;                         //ADC12IFG6 中断
    case 20: break;                         //ADC12IFG7 中断
    case 22: break;                         //ADC12IFG8 中断
    case 24: break;                         //ADC12IFG9 中断
    case 26: break;                         //ADC12IFG10 中断
    case 28: break;                         //ADC12IFG11 中断
    case 30: break;                         //ADC12IFG12 中断
    case 32: break;                         //ADC12IFG13 中断
    case 34: break;                         //ADC12IFG14 中断
    default: break;
    }
}
```

例 5.3 本例中 ADC12 采用多通道单次转换方式，选择 AV_{CC}(供电电压)作为参考电压。电压输入端为 A0(P6.0)、A1(P6.1)、A2(P6.2)、A3(P6.3)。转换结果将会被存放在四位数组 results[]中。请留意在该模式下对 ADC12 的初始化配置方法，另外，请读者思考 4 路输入电压是否是同时转换的。

```
//************************************************************
//
//                  MSP430F552x
//               -------------
//           /|\|             |
//            | |             |
//           --|RST           |
//             |              |
//   Vin0 -->|P6.0/CB0/A0     |
//   Vin1 -->|P6.1/CB1/A1     |
//   Vin2 -->|P6.2/CB2/A2     |
//   Vin3 -->|P6.3/CB3/A3     |
//             |              |
//
//************************************************************

#include <msp430.h>

volatile unsigned int results[4];           //用于存放转换结果的数组

int main(void)
{
  WDTCTL = WDTPW+WDTHOLD;                   //关闭看门狗定时器
  P6SEL = BIT0+BIT1+BIT2+BIT3;              //设置 P6.0、P6.1、P6.2、P6.3 作为 ADC 输入端
  ADC12CTL0 = ADC12ON+ADC12MSC+ADC12SHT0_2;
                                            //打开 ADC12，设置采样时间
```

```
    ADC12CTL1 = ADC12SHP+ADC12CONSEQ_1;        //采用采样定时器，单次转换
    ADC12MCTL0 = ADC12INCH_0;          // VREF+ =AVCC，通道为 A0
    ADC12MCTL1 = ADC12INCH_1;          // VREF+ =AVCC，通道为 A1
    ADC12MCTL2 = ADC12INCH_2;          // VREF+ =AVCC，通道为 A2
    ADC12MCTL3 = ADC12INCH_3+ADC12EOS;
                                       // VREF+ =AVCC，通道为 A3，通道结束点
    ADC12IE = BIT3;                    //使能对应通道
    ADC12CTL0 |= ADC12ENC;             //使能 ADC12

    while(1)
    {
      ADC12CTL0 |= ADC12SC;            //软件触发开始采样/转换
      _EINT();                         //打开总中断
      __no_operation();                //调试预留
    }
}

#pragma vector=ADC12_VECTOR
__interrupt void ADC12ISR (void)
{
    switch(__even_in_range(ADC12IV, 34))
    {
    case  0: break;                    //无中断
    case  2: break;                    //ADC 溢出中断
    case  4: break;                    //ADC 定时器溢出中断
    case  6: break;                    //ADC12IFG0 中断
    case  8: break;                    //ADC12IFG1 中断
    case 10: break;                    //ADC12IFG2 中断
    case 12:                           //ADC12IFG3 中断
      results[0] = ADC12MEM0;          //读取结果，清除标志位
      results[1] = ADC12MEM1;          //读取结果，清除标志位
      results[2] = ADC12MEM2;          //读取结果，清除标志位
      results[3] = ADC12MEM3;          //读取结果，清除标志位
      break;
    case 14: break;                    //ADC12IFG4 中断
    case 16: break;                    //ADC12IFG5 中断
    case 18: break;                    //ADC12IFG6 中断
    case 20: break;                    //ADC12IFG7 中断
    case 22: break;                    //ADC12IFG8 中断
    case 24: break;                    //ADC12IFG9 中断
    case 26: break;                    //ADC12IFG10 中断
    case 28: break;                    //ADC12IFG11 中断
    case 30: break;                    //ADC12IFG12 中断
```

```
    case 32: break;                              //ADC12IFG13 中断
    case 34: break;                              //ADC12IFG14 中断
    default: break;
    }
}
```

例 5.4 本例中 ADC12 采用单通道单次转换方式，选择内部电压参考源 2.5 V 作为参考电压。电压输入端为 A0(P6.0)，当电压大于 0.5×2.5 V 时，LED2(P4.7)点亮。与之前采用中断方式不同，本例采用轮询方式对电压值进行判断。请留意在该模式下对 ADC12 的初始化配置方法以及对内部参考源的配置方法。请读者思考采用内部参考源与采用 AV_{CC} 作为参考电压的区别和各自的优缺点。

```
//* * * * * * * * * * * * * * * * * * * * * * * * * * * * * * * * * * * * * *
//
//                  MSP430F552x
//                -----------
//         /|\|                 |
//          | |                 |
//         --|RST               |
//           |                  |
//   Vin -->|P6.0/CB0/A0    P4.7|--> LED
//           |                  |
//
//* * * * * * * * * * * * * * * * * * * * * * * * * * * * * * * * * * * * * *

#include <msp430.h>

int main(void)
{
  volatile unsigned int i;
  WDTCTL = WDTPW+WDTHOLD;                     //关闭看门狗定时器
  P6SEL |= BIT0;                              //设置 P6.0 作为 ADC 输入端
  REFCTL0 &= ~REFMSTR;                        //重置 REFMSTR
  P4DIR |= BIT7;                              //设置 P4.7 为输出
  ADC12CTL0 = ADC12ON+ADC12SHT02+ADC12REFON+ADC12REF2_5V;
                                              //打开 ADC12，设置采样时间
                                              //打开参考源发生器设置为 2.5 V
  ADC12CTL1 = ADC12SHP;                       //采用采样定时器
  ADC12MCTL0 = ADC12SREF_1;                   //VR+ =VREF+ 且 VR- =AVSS

  for ( i=0; i<0x30; i++);                    //等待内部参考源稳定
  ADC12CTL0 |= ADC12ENC;                      //使能 ADC12

  while (1)
```

```
    {
      ADC12CTL0 |= ADC12SC;                      //软件触发开始采样/转换
      while (! (ADC12IFG & BIT0));
      if (ADC12MEM0 >= 0x7ff)                    //输入电压大于 0.5×2.5 V?
        P4OUT |= BIT7;                           //P4.7 = 1
      else
        P4OUT &= ~BIT7;                          //P4.7 = 0
    }
}
```

例 5.5　本例中使用 ADC12 内置温度传感器测量大气温度，ADC12 采用单通道单次转换方式，选择内部参考源 1.5 V 作为参考电压。通过温度换算公式最终获得当前温度值。请留意在该模式下对 ADC12 的初始化配置，对内部参考源的配置以及如何对温度传感器进行校正。请读者分析测量结果是否准确，如何进一步校准。另外，请读者思考是否可以结合四位串行数码管的使用，构成简单的数字温度计。

```
//****************************************
//                 MSP430F552x
//              -------------
//         /|\|              XIN|-
//          | |                 |
//         --|RST           XOUT|-
//            |                 |
//            |A10              |
//
//****************************************

#include <msp430.h>
// TLV 中记录了 1.5 V 参考电压下 30 度和 85 度对应校正值，详见数据手册
#define CALADC12_15V_30C  *((unsigned int *)0x1A1A)     //30 摄氏度时校正值
#define CALADC12_15V_85C  *((unsigned int *)0x1A1C)     //85 摄氏度时校正值

unsigned int temp;                                        //电压值数字量
volatile float temperatureDegC;                           //摄氏度变量

int main(void)
{
  WDTCTL = WDTPW + WDTHOLD;                               //关闭看门狗定时器
  REFCTL0 &= ~REFMSTR;                                    //重置 REFMSTR
  ADC12CTL0 = ADC12SHT0_8 + ADC12REFON + ADC12ON;
                                                          //打开 ADC12，设置采样时间
                                                          //打开参考源发生器设置为 1.5 V
  ADC12CTL1 = ADC12SHP;                                   //采用采样定时器
  ADC12MCTL0 = ADC12SREF_1 + ADC12INCH_10;                //选择温度传感器通道
```

```
    ADC12IE = BIT0;                                         //使能对应通道中断
    __delay_cycles(100);                                    //等待内部参考源稳定
    ADC12CTL0 |= ADC12ENC;

    while(1)
    {
      ADC12CTL0 |= ADC12SC;                                 //软件触发开始采样/转换

      __bis_SR_register(LPM4_bits + GIE);                   //进入低功耗工作模式并打开总中断
      __no_operation();                                     //调试预留
  //通过温度传感器公式计算温度值
      temperatureDegC = (float)(((long)temp - CALADC12_15V_30C) * (85 - 30)) /
              (CALADC12_15V_85C - CALADC12_15V_30C) + 30.0f;

      - - no - - operation();                        //可在此设断点 watch temperatureDegC
    }
  }

  #pragma vector=ADC12_VECTOR
  __interrupt void ADC12ISR (void)
  {
    switch(__even_in_range(ADC12IV, 34))
    {
    case  0: break;                                         //无中断
    case  2: break;                                         //ADC 溢出中断
    case  4: break;                                         //ADC 定时器溢出中断
    case  6:                                                //ADC12IFG0 中断
      temp = ADC12MEM0;                                     //读取结果，清除标志位
      __bic_SR_register_on_exit(LPM4_bits);                 //退出激活 CPU
      break;
    case  8: break;                                         //ADC12IFG1 中断
    case 10: break;                                         //ADC12IFG2 中断
    case 12: break;                                         //ADC12IFG3 中断
    case 14: break;                                         //ADC12IFG4 中断
    case 16: break;                                         //ADC12IFG5 中断
    case 18: break;                                         //ADC12IFG6 中断
    case 20: break;                                         //ADC12IFG7 中断
    case 22: break;                                         //ADC12IFG8 中断
    case 24: break;                                         //ADC12IFG9 中断
    case 26: break;                                         //ADC12IFG10 中断
    case 28: break;                                         //ADC12IFG11 中断
    case 30: break;                                         //ADC12IFG12 中断
```

```
    case 32：break；                              //ADC12IFG13 中断
    case 34：break；                              //ADC12IFG14 中断
    default：break；
    }
}
```

5.2　简易数字电压表的设计

5.2.1　任务目标

采用 MSP430F5529 单片机内部 ADC12 功能模块设计一台简易数字电压表。该电压表能够实现对直流电压的测量，并能通过数码管显示测量结果。要求电压测量范围为 0～3.3 V，测量精度为 10 mV，测量结果应与万用表测量结果保持一致。

5.2.2　任务分析

MSP430F5529 单片机供电电压典型值为 3.3 V，而内部 ADC12 功能模块可以采用供电电压作为参考源，因此完全可以实现对 0～3.3 V 直流电压的测量。单片机内部 ADC12 功能模块的分辨率为 12 位，以 3.3 V 作为正参考源时，最小电压分辨率约为 0.8 mV (3.3 V/4096)，满足任务目标中对于测量精度的要求。因为测量精度接近最小电压分辨率，因此为了保证测量结果的稳定，可以适当采用数字滤波的方式，对测量结果进行相应处理。

5.2.3　硬件连接

本任务中将会用到的硬件模块包括：单片机模块、旋转电位器模块和数码管模块。其中，旋转电位器模块为电压表提供 0～3.3 V 的可变直流电压输入；四位数码管模块则是作为电压表的显示部件来使用。硬件具体连接关系如图 5.5 所示。

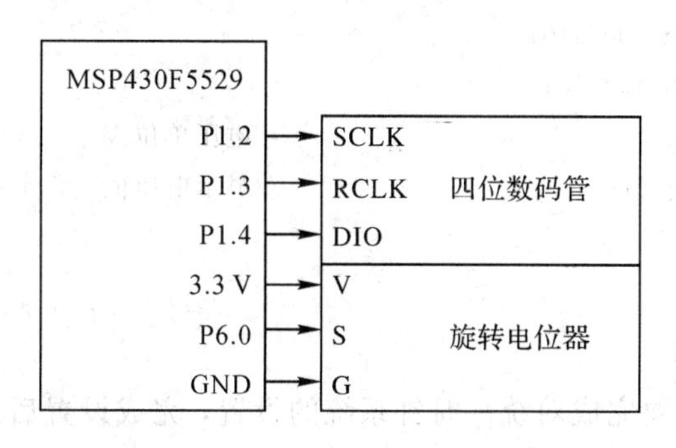

图 5.5　简易数字电压表硬件连线图

5.2.4　软件设计

根据任务目标和任务分析，软件设计应遵循以下流程，如图 5.6 所示。

1. 主函数

主函数部分主要完成以下工作：

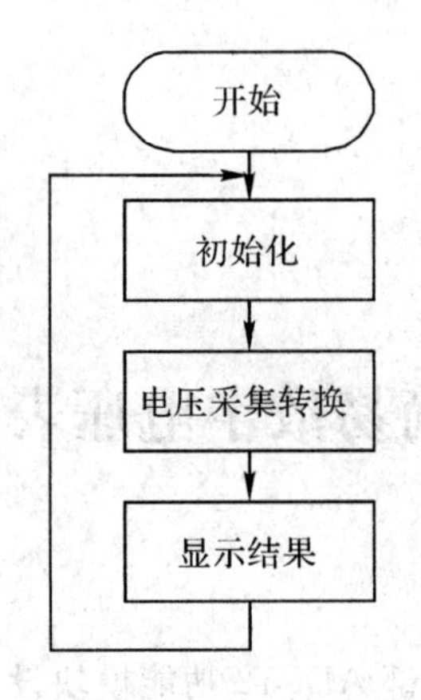

图 5.6 简易数字电压表软件流程图

(1) 完成对时钟系统的初始化和对 ADC12 功能模块的初始化；

(2) 将连接数码管模块的引脚设置为输出方向；

(3) 启动电压转换，并将转换结果进行处理后显示。

```
void main( void )
{
  WDTCTL = WDTPW + WDTHOLD;          //关闭看门狗定时器
  ClkInit();                          //初始化时钟
  ADCinit();                          //初始化 ADC
  P1DIR |= BIT2+BIT3+BIT4;            //设置数码管相关端口方向

  while(1)
  {
    ADC12CTL0 |= ADC12SC;             //开始转换
    LED[3]=volt/1000;
    LED[2]=volt/100%10;
    LED[1]=volt/10%10;
    LED[0]=10;                        //电压单位 V
    LED4_Display ();                  //显示电压值
  }
}
```

2. 时钟初始化函数

时钟初始化函数主要完成对统一时钟系统的设置，完成设置后采用外部振荡器作为时钟源，并将 MCLK 和 SMCLK 配置为 12 MHz，ACLK 配置为 32.768 kHz。

```
void ClkInit(void)
{
  P5SEL |= BIT2+BIT3;                       //设置 XT2 外部振荡器端口
  P5SEL |= BIT4+BIT5;                       //设置 XT1 外部振荡器端口

  UCSCTL6 &= ~(XT1OFF | XT2OFF);            //使能 XT1 和 XT2
```

```
    UCSCTL6 |= XCAP_3;                          //打开内部电容
    UCSCTL3 |= SELREF__XT2CLK;                  //选择 XT2CLK 作为 FLL 参考源

    __bis_SR_register(SCG0);                    //关闭 FLL 控制环
    UCSCTL0 = 0x0000;                           //设置 DCOx、MODx 为最低值
    UCSCTL1 = DCORSEL_5;                        //FLL 输出频率最大值为 16 MHz
    UCSCTL2 = 2;                  //倍频系数为 2+1=3，FLL 输出频率为 12 MHz
    __bic_SR_register(SCG0);                    //打开 FLL 控制环

    /*****等待 XT1、XT2 和 FLL 进入稳定状态*****/
    do
    {
      UCSCTL7 &= ~(XT2OFFG + XT1LFOFFG + DCOFFG);
                                                //清除 XT2、XT1、DCO 故障标志位
      SFRIFG1 &= ~OFIFG;                        //清除故障标志位
    }while (SFRIFG1&OFIFG);                     //测试振荡器故障标志位

    UCSCTL6 &= ~XT2DRIVE0;                      //设置 XT2 驱动能力
}
```

3. ADC 初始化模块

ADC 初始化函数主要完成对 ADC 模块的初始化工作，将其设置为单通道单次转换模式，选择 P6.0 作为模拟量输入通道，并使能相关中断。

```
void ADCinit()
{
    ADC12CTL0 = ADC12ON+ADC12SHT0_8+ADC12MSC;
                                                //打开 ADC12，设置采样周期
                                                //设置为多次采样转换
    ADC12CTL1 = ADC12SHP+ADC12CONSEQ_0;         //采用采样定时器触发单通道单次转换
    ADC12IE = 0x01;                             //使能 ADC 中断
    ADC12CTL0 |= ADC12ENC;                      //使能转换
    P6SEL |= BIT0;                              //设置 ADC 输入端
    _EINT();
}
```

4. ADC 中断服务程序

ADC 中断服务程序主要完成以下功能：

(1) 从 Memory Buffer 中读取转换结果，并将该结果换算为电压值；

(2) 将电压值进行 Num 次的滑动平均，确保输出电压值的精度，确保显示结果的稳定。

```
#pragma vector = ADC12_VECTOR
__interrupt void ADC12_ISR(void)
{
```

```
    switch(__even_in_range(ADC12IV, 8))
    {
    case  0: break;                                        //无中断
    case  2: break;                                        //ADC溢出中断
    case  4: break;                                        //ADC定时器溢出中断
    case  6:                                               //ADC12IFG0中断
          temp = ADC12MEM0;                                //读取转换结果
          temp1 = (float)temp * AVcc/4095 * 1000;          //转换为模拟量
          volt = (unsignedint)temp1;
          for(i=Num-1;i>0;i--) buf[i]=buf[i-1];
          buf[0]=volt; sum = 0;
          for(i=0;i<Num;i++) sum += buf[i];
          volt = sum/Num;
    case  8: break;                                        //ADC12IFG1中断
    default: break;
    }
  }
```

5. 数码管显示函数

数码管显示函数由两个子函数共同构成，其中：

(1) LED4_Display (void)函数负责将74HC595中串行输入的数据以并行方式输出；

(2) LED_OUT(unsigned char data)函数主要负责将数据串行输入到74HC595中。

```
  void LED4_Display (void)
  {
    unsigned char i;
    for(i=0;i<4;i++)
    {
      if(i==3)
        LED_OUT(SEG[LED[i]]+0x80);
      else
        LED_OUT(SEG[LED[i]]);
      LED_OUT(DIG[i]);
      /*****锁存时钟RCLK*****/
      P1OUT &= ~BIT3;
      P1OUT |= BIT3;
    }
    /*****保持亮度均衡*****/
    __delay_cycles(300);
    LED_OUT(0);
    /*****锁存时钟RCLK*****/
    P1OUT &= ~BIT3;
    P1OUT |= BIT3;
  }
```

```
void LED_OUT(unsigned char data)
{
  unsigned char i;
  for(i=8;i>=1;i--)
  {
    if (data&0x80)
      P1OUT |= BIT4;
    else
      P1OUT &= ~BIT4;
    data<<=1;
    /*****移位时钟 SCLK*****/
    P1OUT &= ~BIT2;
    P1OUT |= BIT2;
  }
}
```

5.2.5　综合调试

在完成硬件连接和软件下载后，便可以开始综合调试工作了。在该过程中可能出现以下情况：

(1) 数码管显示亮度不均匀，最后一位亮度过高，其主要原因是该位数据通电时间长于其他位，因此在数码管显示函数中在最后一位操作完成后，进行了一次空操作保证各位通电时间一致。

(2) 电压显示值刷新较慢，可以通过减少滑动平均的次数解决该问题；

(3) 电压显示值最后一位抖动，可以通过增加滑动平均的次数解决该问题。

最终显示结果如图 5.7 所示。

图 5.7　简易数字电压表调试图

5.3 Flash存储器的使用

Flash存储器通常被称为闪存，属于EEPROM范畴，允许在操作中被多次擦除和重写数据，且掉电数据不丢失。Flash存储器是由东芝公司在1984年发明的，因为其擦除的过程犹如相机的闪光灯，因此以Flash对其命名。由于Flash存储器自身的特点，非常适合用于单片机存放代码、相关数据等。在MSP430F5529中集成了128 KB的Flash存储器和10 KB的SRAM。

需要注意的是，MSP430单片机采用的是冯·诺依曼结构，指令存储器和数据存储器共用一个存储空间，即处理器的RAM和ROM统一编址，也就是说地址总线和数据总线仅有一组。其存储器组织形式如表5.1所示。

表5.1　MSP430F5529存储器组织形式

存储器名称	地址	大小
Interrupt Vector(Flash)	0x00FFFF～0x00FF80	128 B
Code Memory(Flash)	0x0243FF～0x004400	127 KB
RAM	0x0043FF～0x002400	8 KB
USB RAM	0x0023FF～0x001C00	2 KB
Information Memory(Flash)	0x0019FF～0x001800	512 B
Bootstrap Loader Memory(Flash)	0x0017FF～0x001000	2 KB
Peripherals	0x000FFF～0x000000	4 KB

MSP430F5529单片机Flash存储器具有如下特点：

(1) 自动产生内部编程电压；

(2) 3种编程方式，即字节(8位)、字(16位)和长字(32位)；

(3) 低功耗操作；

(4) 段(Segment)擦除、块(Bank)擦除和整体(Mass)擦除；

(5) 对块可进行独立操作。

5.3.1　Flash存储器架构

根据MSP430F5529用户手册的描述，Flash存储器被划分为主存储器和信息存储器。在对Flash存储器进行读写操作时，可以以字节、字或者长字的方式写入，但是对存储器进行擦除时最小单位却是段(Segment)。主存储器和信息存储器的差别就在于段的划分上，主存储器以512个字节作为一段，而信息存储器则以128个字节作为一段。

以图5.8中Flash存储器为例可以大体了解MSP430单片机Flash的架构，整个存储器分为3个部分，即信息存储器区、导引程序区和主存储器区。其中，信息存储器区由4个段(Segment A ～ Segment D)构成，每个段由128个字节构成；导引程序区由4个段(Segment A ～ Segment D)构成，但每个段由512个字节构成；主存储器区由4个块(Bank A～Bank D)构成，每个块又由128个段构成，每个段由512个字节构成。

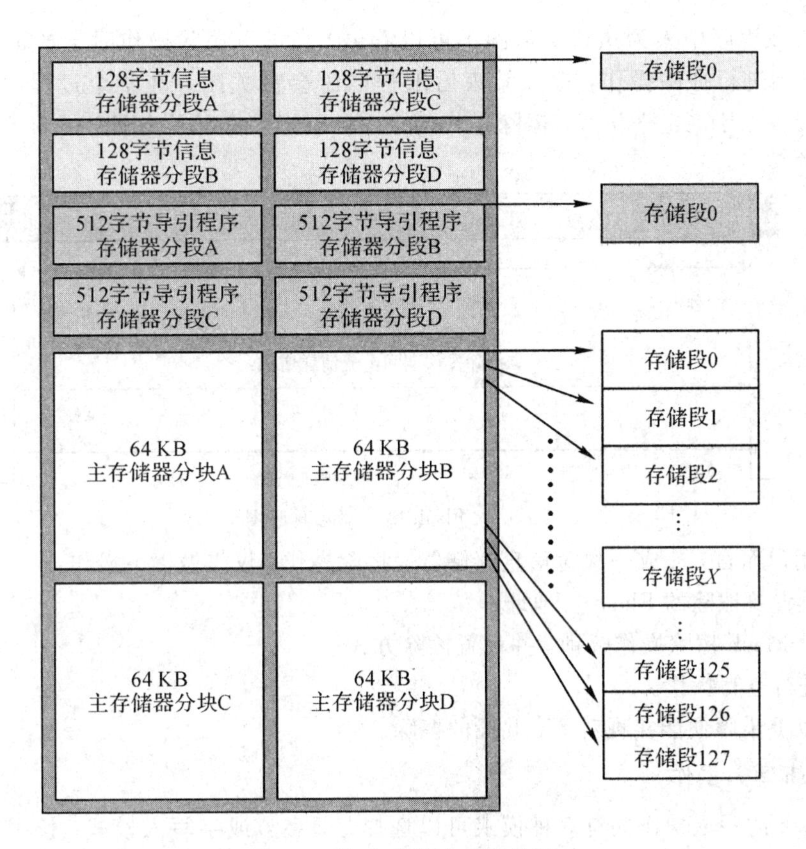

图 5.8　Flash 模块内部架构图

5.3.2　Flash 存储器相关操作

对于使用 Flash 存储器而言，最主要的是掌握擦除、写入和读取这 3 种操作。根据上节介绍的内容，Flash 存储器被分为信息存储器区、导引程序区和主存储器区 3 个部分。其中引导程序区和主存储器区用于存放引导程序以及需要执行的代码和数据，通常用户不能随意修改该区域内容，而用户需要保存的数据可以存放在信息存储器区。本节将针对信息存储器区的相关操作进行介绍。

由于 Flash 存储器默认状态即为读取状态，只要指定需要读取的 Flash 地址就可以直接读取相关数据了。读取操作无须进行擦除和写入操作，也不需要对相关寄存器做任何配置。因此，本节对读取操作不作详细叙述，具体操作详见本节相关实验任务。

1. Flash 擦除操作

Flash 存储器的特点是在被擦除后每一位的值均为 1。同时，每一位的值也都可以从 1 改写为 0，但如果要将值从 0 改写为 1 则必须要重新进行一次擦除操作。所以，对 Flash 存储器进行写入操作前就必须要进行擦除操作。

擦除操作最小的单位是一段。对于 MSP430F5529 的信息存储器区而言，进行一次擦除操作将会至少擦掉 128 字节的数据。如果要擦除更多数据的话，则可以选择块擦除(Bank Erase)和整块擦除(Mass Erase)。

擦除操作的时序如图 5.9 所示，在进行擦除操作时首先要进行一次空写操作，该操作必须由用户在程序中人为执行。从图中可以看出，当进行擦除操作时会产生一个编程电压，随后开始进行擦除操作，擦除结束后编程电压会被关闭。在整个过程中，寄存器中BUSY位时钟处于高电平状态，擦除操作结束后，BUSY位以及MERAS和ERASE位都会被自动清零。

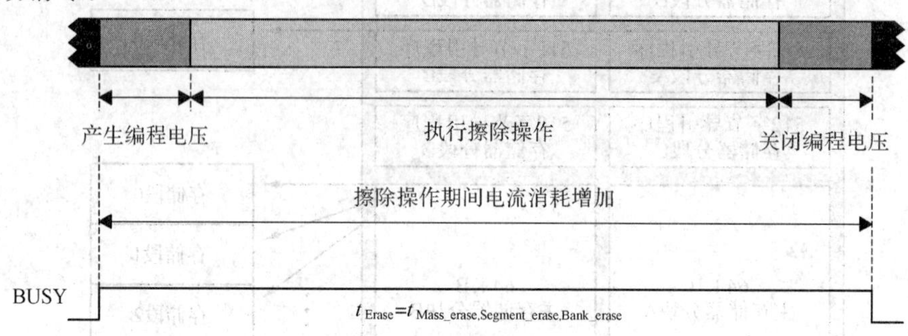

图 5.9　Flash 模块擦除时序图

对于用户而言，完成一次对信息存储器段擦除操作，仅需做以下操作：

(1) 设置要擦除的 Flash 首地址；

(2) 对 Flash 擦除操作解锁，并设置擦除方式；

(3) 进行空写操作。

完成以上步骤便能实现对 Flash 段的擦除。

2. Flash 写入操作

对 Flash 的写入操作共有 3 种模式可以选择，即字节或字写入模式、长字写入模式和长字块写入模式。本节重点介绍最为常用的字节或字写入模式和长字写入模式。模式的选择可以通过寄存器中 BLKWRT 和 WRT 两位共同来选择。由于长字写入模式采用并行写入的方式，因此其写入速度是字节或字写入模式的两倍。在写入过程中，可以通过指令改变写入 Flash 存储器的目标地址，将数据写入预期的 Flash 地址中。

写入操作的时序如图 5.10 所示，与擦除操作类似，当写入操作开始时，BUSY 位将被拉高，此时将会产生内部编程电压，然后进行写入操作，完成操作后关闭编程电压。写入操作时通常不超过 128 个字节，否则会造成写入错误。在写入操作过程中，要求 CPU 不能访问 Flash，否则也会造成错误，激活相应中断标志位。

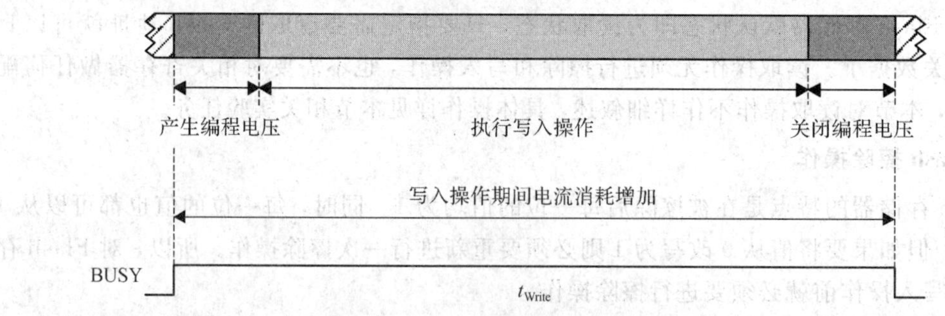

图 5.10　Flash 模块写入时序图

对于用户而言，完成一次字节或字写入操作，仅需做以下操作：

(1) 设置要写入的 Flash 首地址；

(2) 对该段 Flash 进行擦除操作；

(3) 设置写入操作模式。

(4) 将数据写入对应Flash地址。

完成以上步骤便能实现对Flash的字节或字写入操作。需要注意的是，Flash存储器最小单位为1个字节，因此如果采用字节连续写入方式，则地址应每次加1；采用字写入方式，地址应每次加2；采用长字写入方式，地址应每次加4。无论是写入1个字节、1个字还是4个字节构成的长字，都要完成以上的时序。所以，以字节方式写入显然是速度最慢的，但考虑到信息存储器一共128个字节，各种写入方式速度差异也不明显了。

由于Flash擦写寿命通常在10万以内，因此不建议过于频繁地擦写Flash。为了延长使用寿命，可以将数据保存在RAM中，当需要保存的数据记满后再一次性写入Flash中。

Flash存储器有2个中断源，分别为KEYV和ACCVIFG，前者当写入密码错误时被置1；而后者则是在非法访问Flash时被置1，例如BUSY=1时访问Flash。

5.3.3 Flash存储器控制寄存器

Flash存储器共有3个控制寄存器，即FCTL1、FCTL3和FCTL4。本节仅对常用的寄存器位做相应介绍，其他寄存器的功能详见用户手册。

1) FCTL1寄存器

寄存器高8位为FCTL密码，当要对寄存器进行设置时写入0xA5即可解锁。

(1) BLKWRT和WRT位：这两位配合使用，选择写入的方式。01～11分别对应字节和字写入、长字写入和长字块写入方式。

(2) MERAS和ERASE位：这两位配合使用，选择擦除的方式。01～11分别对应段擦除、块擦除和整块擦除。

2) FCTL3寄存器

寄存器高8位为FCTL密码，当要对寄存器进行设置时写入0xA5即可解锁。

(1) LOCKA位：信息存储器A段锁，当需要对A段进行操作时需要解锁，注意只有写入1才能改变该位状态。

(2) LOCK位：解锁Flash存储器允许擦写操作，该位为0代表解锁，该位为1代表锁定。

5.3.4 典型例程

例5.6 本例中实现了对Flash的写操作，首先将一个字节数据写满整个SegC(首地址0x1880)；然后将SegC中数据写入SegD(首地址0x1800)。读者可以在空操作处设置断点，观察Memory中INFO的值。请留意对Flash进行写操作前必须将整个Segment擦除。

```
//*************************************************
//
//                 MSP430F552x
//               -----------------
//           /|\|              XIN|-
//            | |                 |
//            --|RST          XOUT|-
//              |                 |
```

```
//
//
//*************************************************

#include <msp430.h>

char value;                                    //准备写入 Flash 的变量

//Flash 操作子函数
void write_SegC(char value);                   //向 SegC 中写入数据
void copy_C2D(void);                           //将 SegC 中的数据拷贝到 SegD 中

int main(void)
{
  WDTCTL = WDTPW+WDTHOLD;                      //关闭看门狗定时器
  value = 0;                                   //变量初始化

  while(1)
  {
    write_SegC(value++);                       //向 SegC 写入数据后变量递增
    copy_C2D();                                //将 SegC 中的数据拷贝到 SegD 中
    __no_operation();                          //可在此设置断点观察 Flash 变化
  }
}

//------------------------------------------------
//将一个字节数据写满整个 SegC
//------------------------------------------------
void write_SegC(char value)
{
  unsigned int i;
  char * Flash_ptr;                            //定义 Flash 指针
  Flash_ptr = (char *) 0x1880;                 //初始化 Flash 指针，将 SegC 首地址写入
  FCTL3 = FWKEY;                               //解锁 Flash
  FCTL1 = FWKEY+ERASE;                         //允许擦除操作
  * Flash_ptr = 0;                             //空写操作擦除 SegC 中数据
  FCTL1 = FWKEY+WRT;                           //允许写入操作

  for (i = 0; i < 128; i++)
    {
      * Flash_ptr++ = value;                   //把变量中的数据写入 SegC 中
    }
  FCTL1 = FWKEY;                               //写操作位清零
```

```
    FCTL3 = FWKEY+LOCK;                    //闭锁 Flash
}

//--------------------------------------------------------
//将 SegC 中的数据拷贝到 SegD 中
//--------------------------------------------------------
void copy_C2D(void)
{
    unsigned int i;
    char * Flash_ptrC;
    char * Flash_ptrD;

    Flash_ptrC = (char *) 0x1880;           //将 SegC 首地址写入对应指针
    Flash_ptrD = (char *) 0x1800;           //将 SegD 首地址写入对应指针

    __disable_interrupt();                  //在擦除操作时应关闭总中断
    FCTL3 = FWKEY;                          //解锁 Flash
    FCTL1 = FWKEY+ERASE;                    //允许擦除操作
    * Flash_ptrD = 0;                       //空写操作擦除 SegC 中数据
    FCTL1 = FWKEY+WRT;                      //允许写入操作

    for (i = 0; i < 128; i++)
    {
        * Flash_ptrD++ = * Flash_ptrC++;    //按字节将 SegC 中数据写入 SegD 中
    }

    FCTL1 = FWKEY;                          //写操作位清零
    FCTL3 = FWKEY+LOCK;                     //闭锁 Flash
}
```

例 5.7　本例中采用长字方式向 Flash 中 SegD(首地址 0x1800)一次写入 4 个字节数据，读者可以在无限循环处设置断点，观察 Memory 中 INFO 的值。请读者留意长字方式写 Flash 与单字节写 Flash 之间的差异。

```
//*****************************************************
//
//                 MSP430F552x
//              -----------
//         /|\|              XIN|-
//          | |                 |
//          --|RST          XOUT|-
//            |                 |
//
//
//*****************************************************
```

```
#include <msp430.h>

int main(void)
{
  unsigned long * Flash_ptrD;                  //定义 SegD 指针变量
  unsigned long value;
  WDTCTL = WDTPW+WDTHOLD;                      //关闭看门狗定时器

  Flash_ptrD = (unsigned long *) 0x1800;       //将 SegD 首地址赋给指针变量
  value = 0x12345678;                          //初始化变量
  FCTL3 = FWKEY;                               //解锁 Flash
  FCTL1 = FWKEY+ERASE;                         //允许擦除操作
  *Flash_ptrD = 0;                             //空写操作擦除 SegC 中数据
  FCTL1 = FWKEY+BLKWRT;                        //允许写入操作，采用长字方式写入
  *Flash_ptrD = value;                         //写入 Flash
  FCTL1 = FWKEY;                               //写操作位清零
  FCTL3 = FWKEY+LOCK;                          //闭锁 Flash
  while(1);                                    //无限循环，保持程序运行
}
```

例 5.8 本例中实现了对 Flash 的读操作，读取一个 Segment(128 个字节)中的数据并存入数组中。与写操作相比，Flash 的读操作更为简单。

```
//******************************************
//
//                MSP430F552x
//             -----------
//       /|\|              XIN|-
//        | |                 |
//       --|RST           XOUT|-
//         |                  |
//
//
//******************************************

#include <msp430.h>

#define   Num_of_Results 128                   //数组长度
#define   add_of_Flash 0x1800                  //需要读取的 Flash 首地址

char value[Num_of_Results]={0};                //定义存放数据数组

int main(void)
{
```

```
    char * Flash_ptr;                          //定义 Flash 指针
    unsigned int i;                            //定义循环变量
    WDTCTL = WDTPW+WDTHOLD;                    //关闭看门狗定时器
    Flash_ptr = (char *) add_of_Flash;         //初始化 Flash 指针，将 SegC 首地址写入

    for (i = 0; i < Num_of_Results; i++)
    {
      value[i] = *Flash_ptr++;                 //把变量中的数据写入 SegC 中
    }
    while(1);                                  //无限循环，可在此设置断点
}
```

5.4　以字节方式对 Flash 进行存取操作

5.4.1　任务目标

将特定数据按字节方式写入 MSP430F5529 单片机内部的 Flash 模块；并按字节方式从单片机内部 Flash 模块中将写入的数据读取出来。

5.4.2　任务分析

MSP430F5529 单片机内部的 Information Flash 共有 512 个字节，分为 4 个段(info A～info D)，其中 info A 中存有相关信息通常不进行读写操作，其余 3 个段均能存放用户需要保存的数据。本任务需要完成对 Flash 模块的读写操作，可以采用两段程序来分别实现写操作和读操作。首先完成写操作，将特定数据写入 Flash 模块，在掉电重启后，再下载读操作程序，将数据从 Flash 中读取出来。本任务无须外部硬件设备，在任务实施过程中通过 IAR 提供的调试功能便能实现对实验结果的观测。

5.4.3　软件设计

根据任务目标和任务分析，软件设计应遵循以下流程，如图 5.11 所示。

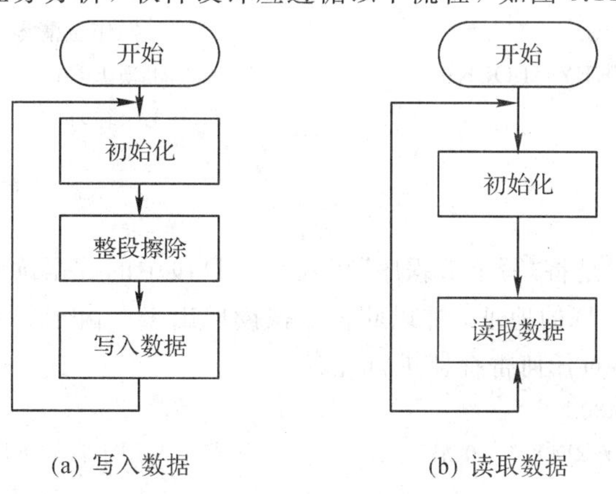

(a) 写入数据　　(b) 读取数据

图 5.11　Flash 存取操作流程图

1. 写字节程序

写字节程序的作用是将特定数据(可自行选定)写入 Information Flash 中的 info D 段中，其中：

(1) 首先可以选定需要存取的数据数组 DataWR[]，数组内容和长度可以自行选定，但长度不应超过 128 个字节；

(2) 在进行写操作之前，必须首先完成对 info D 段的擦除操作；

(3) 在完成擦除操作后，可以按照字节方式将特定数据写入 Flash 模块中。

在执行该程序后，数据将被写入 Flash 中，只要不执行擦除操作，即便掉电后数据依然将会被保存在 Flash 中。

```
#include <msp430.h>
void main(void)
{
  unsigned char DataWR[8]={0, 1, 2, 3, 4, 5, 6, 7};
  unsigned char * Flash_ptrD;                    //定义 Flash 指针
  unsigned char i;
  WDTCTL = WDTPW+WDTHOLD;                        //关闭看门狗定时器

  Flash_ptrD = (unsigned char *) 0x1800;        //Flash 指针赋初值

  FCTL3 = FWKEY;                                 //解锁 Flash
  FCTL1 = FWKEY+ERASE;                           //允许擦除操作
  *Flash_ptrD = 0;                               //擦除 Flash
  FCTL1 = FWKEY+WRT;                             //使能字节写操作

  for(i=0;i<8;i++)
  {
    *Flash_ptrD++ = DataWR[i];                   //写入 Flash
  }

  FCTL1 = FWKEY;                                 //写操作位清零
  FCTL3 = FWKEY+LOCK;                            //闭锁 Flash
  while(1);                                      //无限循环
}
```

2. 读字节程序

读字节程序的作用是将“写字节程序”写入 info D 段中的数据读取出来，并保存在数组中。其中需要指定 info D 的地址，并以此将数据读取出来。由于 Flash 模块默认处在读取状态，因此该程序无须对任何寄存器进行配置。

```
#include <msp430.h>
unsigned char DataRD[8]={0};                     //用于存放读回的值
void main(void)
{
```

```
    unsigned char * Flash_ptrD;                         //定义 Flash 指针
    unsigned char i;

    WDTCTL = WDTPW+WDTHOLD;                             //关闭看门狗定时器
    Flash_ptrD = (unsignedchar * ) 0x1800;              // Flash 指针赋初值
    for(i=0;i<8;i++)
    {
      DataRD[i]= * Flash_ptrD++;
    }
    while(1);                                           //无限循环
  }
```

5.4.4　综合调试

本任务由于不涉及任何外部硬件设备，因此只需要通过 IAR 开发环境自带的调试工具便能完成实验结果的观察和分析工作。

(1) 在完成对“写字节程序”编译和下载后，观察 Disassembly 窗口，选择 INFO，如图 5.12(a)所示。可以发现此时 info D 段的数据均为“F”。在程序最后一句处添加断点，以便于观察实验结果。在执行完程序后，再次观察 Disassembly 窗口，选择 INFO，如图 5.12(b)所示。可以发现此时 info D 段中前 8 个字节的数据已发生了变化。

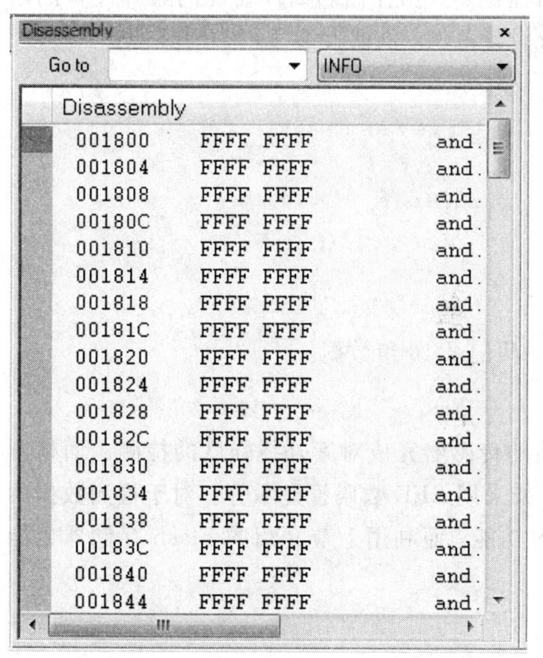

(a) 调试前

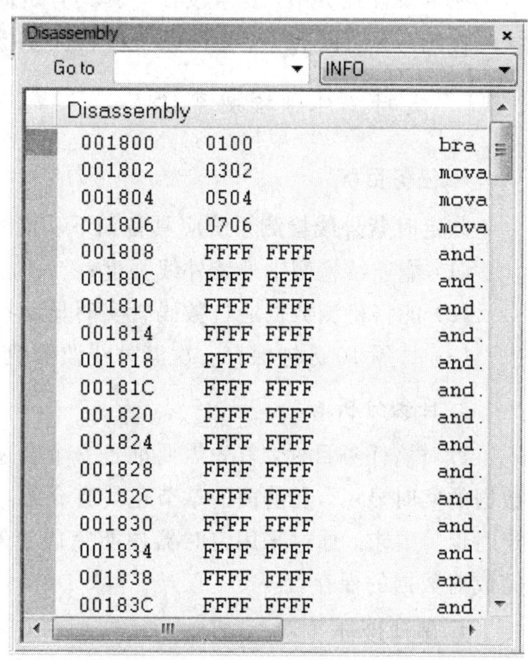

(b) 调试后

图 5.12　Flash 模块写入操作调试图

(2) 在执行完“写字节程序”后，掉电再次下载“读字节程序”。同样可以在最后一句处设置断点，并将 DataRD[ ]数组加入 Watch 中。当程序执行到断点并暂停时，可以打开

Watch 窗口，观察该数组的值，如图 5.13 所示。可见程序已将刚才写入 Flash 中的数据读取出来了。

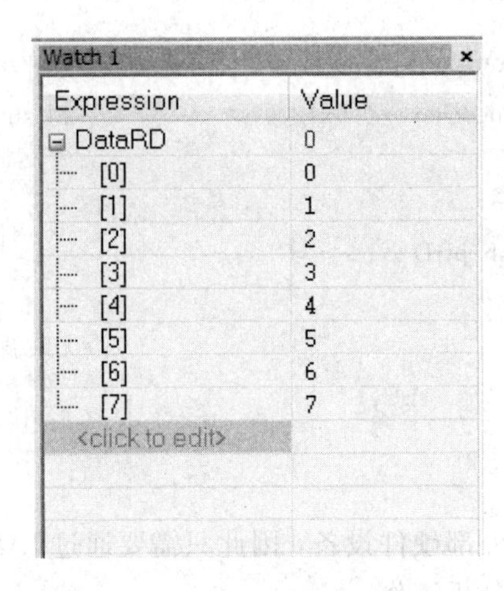

图 5.13　Flash 模块读取操作调试图

5.5　紫外线检测系统的具体设计

在本设计任务中，要求设计一套具有定时监测、数据存储和回读功能的紫外线检测系统。首先，下面提供一个定时紫外线检测系统设计范例，供读者参考。

5.5.1　定时紫外线检测系统

1. 任务目标

该定时紫外线检测系统应具备如下功能：

(1) 能连续检测室外紫外线强度；

(2) 能将检测数据通过数码管实时显示；

(3) 每隔 10 分钟保存一次紫外线监测值，共记录 10 组数据。

2. 任务分析

针对该任务目标，首先需要准备一个合适的传感器完成对紫外线强度的检测。而检测数据的实时显示，在前面的章节也均有介绍，如采用 LED 数码管显示等。对于检测数据的定时保持要求，通过采用定时器便能完成定时功能，而利用上节介绍的 Flash 存储器也能完成对数据的保存。

3. 硬件设计

紫外线传感器采用 LAPIS 半导体公司的 ML8511 紫外线传感器。该传感器采用对紫外线敏感的光电二极管作为探测器，可以测量 UV－A 和 UV－B 等紫外线。同时该传感器内建了运算放大器，输出采用模拟电压输出。其结构框图如图 5.14 所示。

传感器输出的模拟电压值与检测到的紫外线强度之间满足近似线性关系，其具体对应关系如图 5.15 所示。

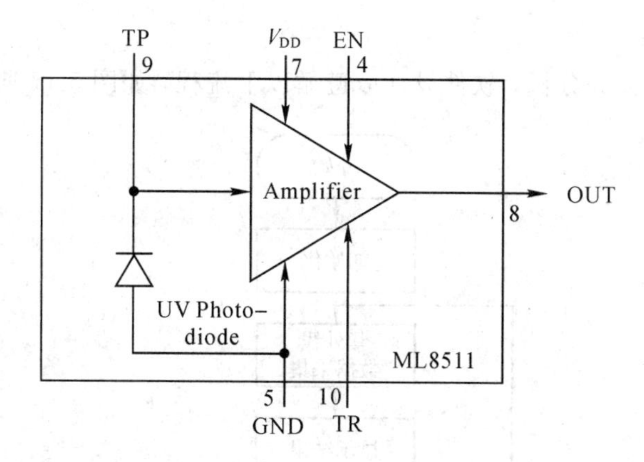

图 5.14　ML8511 原理框图

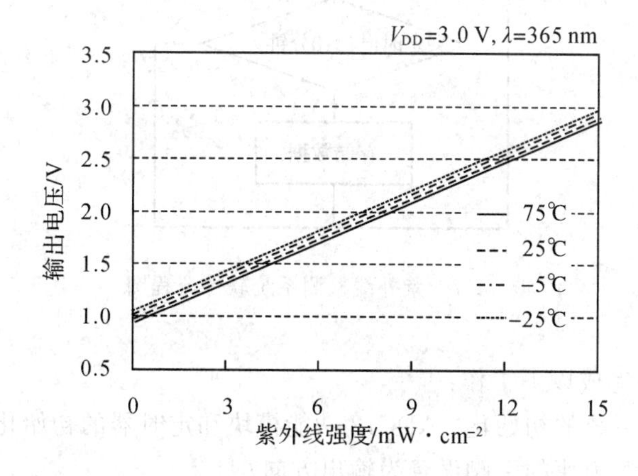

图 5.15　ML8511 紫外线强度与输出电压关系

由此可见，该传感器在使用过程中，仅需检测输出模拟电压便能换算得到当前的紫外线强度。关于 ML8511 传感器的更多信息详见该传感器数据手册。

本设计范例中，显示设备依然使用前面章节中介绍的 LED 数码管。本设计范例的硬件连线关系如图 5.16 所示。

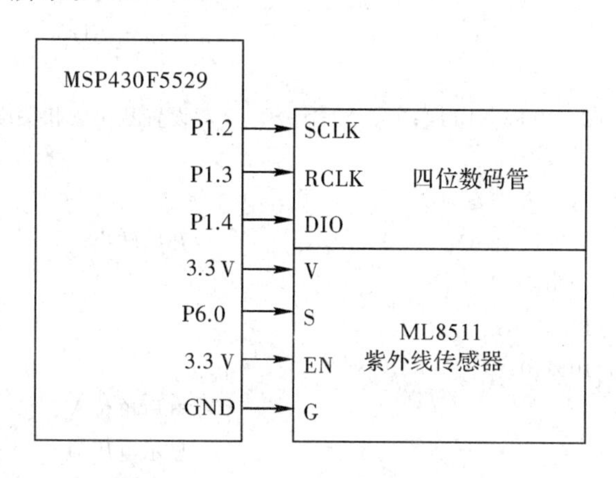

图 5.16　紫外线检测系统硬件连线图

4. 软件设计

根据任务目标和任务分析，软件设计应遵循以下流程，如图 5.17 所示。

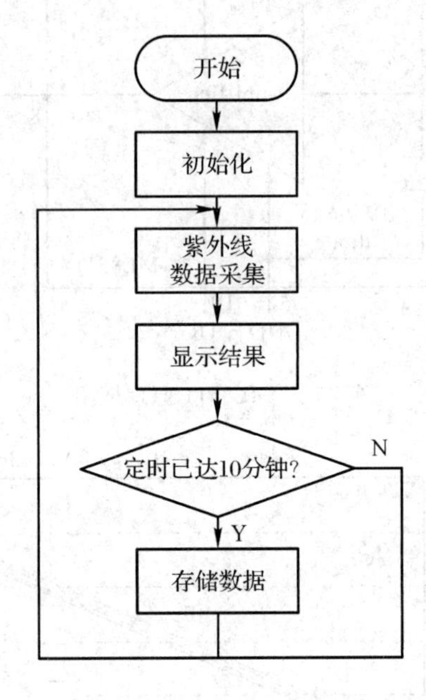

图 5.17　紫外线检测系统软件流程图

1）主函数

主函数部分主要完成以下工作：

(1) 完成对时钟系统的初始化、ADC12 功能模块和定时器的初始化；

(2) 将连接数码管模块的引脚设置为输出方向；

(3) 启动电压转换，并将转换结果进行处理后显示。

```
int main( void )
{
    WDTCTL = WDTPW + WDTHOLD;                  //关闭看门狗
    ClkInit();                                 //初始化时钟
    ADCinit();                                 //初始化 ADC
    TimerInit();
    P1DIR |= BIT2+BIT3+BIT4;                   //设置数码管相关端口方向
    while(1)
    {
    ADC12CTL0 |= ADC12SC;                      //开始转换
    LED[3]=volt/1000;
    LED[2]=volt/100%10;
    LED[1]=volt/10%10;
    LED[0]=10;                                 //电压单位 V
    LED4_Display ();                           //显示电压值
    }
}
```

2）定时器初始化及中断服务程序

定时器初始化函数主要完成以下工作：

(1) 打开定时器中断。

(2) 选择 ACLK 作为时钟源，选择采用连续计数模式并对计数寄存器清零。

(3) 对时钟源进行 4 分频。

定时器中断服务程序主要完成以下工作：

(1) 进入中断计数器加 1，由于每次进入中断相隔时间为 10 秒钟(65 536/32 768×5=10 s)，因此每进入 60 次为 10 分钟，此时将检测数据写入缓存数组中。

(2) 缓存数组共有 10 个元素，即共记录 10 组数据，记满则将数据存入 Flash 中。

```
void TimerInit(void)
{
  TBCCTL0 = CCIE;                          //使能 TBCCR0 中断
  TBCTL = TBSSEL_1 + MC_2 + TBCLR; //选择 ACLK 作为时钟源，采用连续计数模式
  TBEX0 |= TBIDEX_4;                       //定时器输入时钟 4 分频
  _EINT();
}
// 定时器 B0 中断服务程序
#pragma vector=TIMERB0_VECTOR
__interrupt void TIMERB0_ISR (void)
{
  j++;
  if(j==60)
  {
  j=0;
  flashvalue[k++]=volt;
  if(k==10)
  {
  k=0;
    FlashWR();
  }
  }
}
```

3）时钟初始化函数

时钟初始化函数主要完成对统一时钟系统的设置，完成设置后采用外部振荡器作为时钟源；并将 MCLK 和 SMCLK 配置为 12 MHz；ACLK 配置为 32.768 kHz。

```
void ClkInit(void)
{
  P5SEL |= BIT2+BIT3;                     //设置 XT2 外部振荡器端口
  P5SEL |= BIT4+BIT5;                     //设置 XT1 外部振荡器端口

  UCSCTL6 &= ~(XT1OFF + XT2OFF);//使能 XT1 和 XT2
  UCSCTL6 |= XCAP_3;                      //打开内部电容
```

```
    UCSCTL3 |= SELREF__XT2CLK;          //选择 XT2CLK 作为 FLL 参考源

    __bis_SR_register(SCG0);            //关闭 FLL 控制环
    UCSCTL0 = 0x0000;                   //设置 DCOx、MODx 为最低值
    UCSCTL1 = DCORSEL_5;                //FLL 输出频率最大值为 16 MHz
    UCSCTL2 = 2;                        //倍频系数为 2+1=3，FLL 输出频率为 12 MHz
    __bic_SR_register(SCG0);            //打开 FLL 控制环

    /*****等待 XT1、XT2 和 FLL 进入稳定状态*****/
    do
    {
      UCSCTL7 &= ~(XT2OFFG + XT1LFOFFG + DCOFFG);
                                        //清除 XT2、XT1、DCO 故障标志位
      SFRIFG1 &= ~OFIFG;                //清除故障标志位
    }while (SFRIFG1&OFIFG);             //测试振荡器故障标志位

    UCSCTL6 &= ~XT2DRIVE0;              //设置 XT2 驱动能力
  }
```

4）ADC 初始化模块

ADC 初始化函数主要完成对 ADC 模块的初始化工作，将其设置为单通道单次转换模式，选择 P6.0 作为模拟量输入通道，并使能相关中断。

```
  void ADCinit()
  {
    ADC12CTL0 = ADC12ON+ADC12SHT0_8+ADC12MSC;
                                                  //打开 ADC12，设置采样周期
                                                  //设置为多次采样转换
    ADC12CTL1 = ADC12SHP+ADC12CONSEQ_0;
                                                  //采用采样定时器触发单通道单次转换
    ADC12IE = 0x01;                               //使能 ADC 中断
    ADC12CTL0 |= ADC12ENC;                        //使能转换
    P6SEL |= BIT0;                                //设置 ADC 输入端
    _EINT();
  }
```

5）ADC 中断服务程序

ADC 中断服务程序主要完成以下功能：

(1) 从 Memory Buffer 中读取转换结果，并将该结果换算为电压值；

(2) 将电压值进行 Num 次的滑动平均，确保输出电压值的精度，确保显示结果的稳定。

```
  #pragma vector = ADC12_VECTOR
  __interrupt void ADC12_ISR(void)
  {
    switch(__even_in_range(ADC12IV, 8))
```

```
{
case  0: break;                                   //无中断
case  2: break;                                   //ADC 溢出中断
case  4: break;                                   //ADC 定时器溢出中断
case  6:                                          //ADC12IFG0 中断
      temp = ADC12MEM0;
      temp1 = (float)temp * AVcc/4095 * 1000;     //转换为模拟量
      volt = (unsigned int)temp1;
      for(i=Num-1;i>0;i--) buf[i]=buf[i-1];
      buf[0]=volt; sum = 0;
      for(i=0;i<Num;i++) sum += buf[i];
      volt = sum/Num;
case  8: break;                                   //ADC12IFG1 中断
default: break;
}
}
```

6）数码管显示函数

数码管显示函数部分由两个子函数共同构成，其中：

(1) LED4_Display(void)函数负责将 74HC595 中串行输入的数据以并行方式输出；

(2) LED_OUT(unsigned char data)函数主要负责将数据串行输入 74HC595 中。

```
void LED4_Display(void)
{
  unsigned char I;
  for(i=0;i<4;i++)
  {
    if(i==3)
      LED_OUT(SEG[LED[i]]+0x80);
    else
      LED_OUT(SEG[LED[i]]);
      LED_OUT(DIG[i]);
  /*****锁存时钟 RCLK*****/
    P1OUT &= ~BIT3;
    P1OUT |= BIT3;
  }
  /*****保持亮度均衡*****/
  __delay_cycles(300);
  LED_OUT(0);
  /*****锁存时钟 RCLK*****/

  P1OUT &= ~BIT3;
  P1OUT |= BIT3;
}
```

```
void LED_OUT(unsigned char data)
{
  unsigned char I;
  for(i=8;i>=1;i--)
  {
    if (data&0x80)
      P1OUT |= BIT4;
    else
      P1OUT &= ~BIT4;
    data<<=1;
/*****移位时钟 SCLK*****/
    P1OUT &= ~BIT2;
    P1OUT |= BIT2;
  }
}
```

7) Flash 存储器写入函数

Flash 存储器写入函数的作用是将特定数据(可自行选定)写入 Information Flash 中的 info D 段中，与前面章节介绍的 Flash 写入函数不同的是，该函数采用了字(2 个字节)写入的方式。

```
void FlashWR(void)
{
  unsigned int * Flash_ptrD;                  // 定义 Flash 指针
  unsigned char I;
  Flash_ptrD = (unsigned int *) 0x1800;      //Flash 指针赋初值

  FCTL3 = FWKEY;                              //解锁 Flash
  FCTL1 = FWKEY+ERASE;                        //允许擦除操作
  *Flash_ptrD = 0;                            //擦除 Flash
  FCTL1 = FWKEY+WRT;                          //使能字节写操作

  for(i=0;i<10;i++)
  {
    *Flash_ptrD++ = flashvalue[i];            //写入 Flash
  }

  FCTL1 = FWKEY;                              //写操作位清零
  FCTL3 = FWKEY+LOCK;                         //闭锁 Flash
}
```

5. 综合调试

将本任务的硬件部分连接完成，正确编译并下载程序后便可以开始调试工作了。将传感器置于阳光之下，观察 LED 数码管示数的变化情况。通过改变传感器与阳光的夹角，数码管的示数也会随之变化。当记满 10 组数据后，程序将会把数据写入 Flash 中。在 IAR

处于调试状态下，在 Flash 存储器写入函数最后一行命令处设置断点。当程序执行至断点处将会暂停执行，此时可以观察 Flash 中的值，查看是否已将测量数据存入 Flash 中。调试结果如图 5.18 所示。

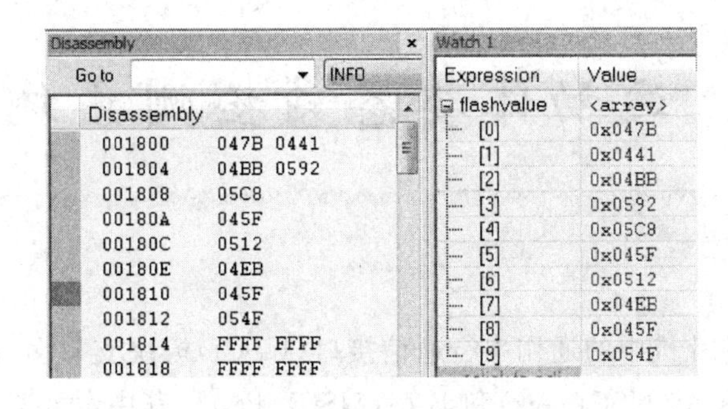

图 5.18　调试结果

5.5.2　带有回看功能的紫外线检测系统

请参考设计范例，完成本设计任务，达成以下要求：

(1) 该系统能够完成对紫外线的检测功能；

(2) 该系统能够实时显示紫外线的强度；

(3) 该系统能够自动记录白天(6：00～18：00)的紫外线强度，每隔 30 分钟记录一次，并将检测数据存入 Flash 中；

(4) 该系统能够通过按键实现当天紫外线强度的数据回看；

(5) 当紫外线强度超过设定值时，该系统能够自动报警。

知识梳理与小结

本章的知识结构如图 5.19 所示。本章的学习重点在于了解 ADC12 模块的结构及原理，掌握 ADC12 模块寄存器配置和使用方法，了解 Flash 模块的结构及原理，掌握 Flash 模块寄存器配置和使用方法；完成紫外线检测系统的设计任务。本章的学习难点在于 ADC12 复杂的结构以及寄存器配置方法等。

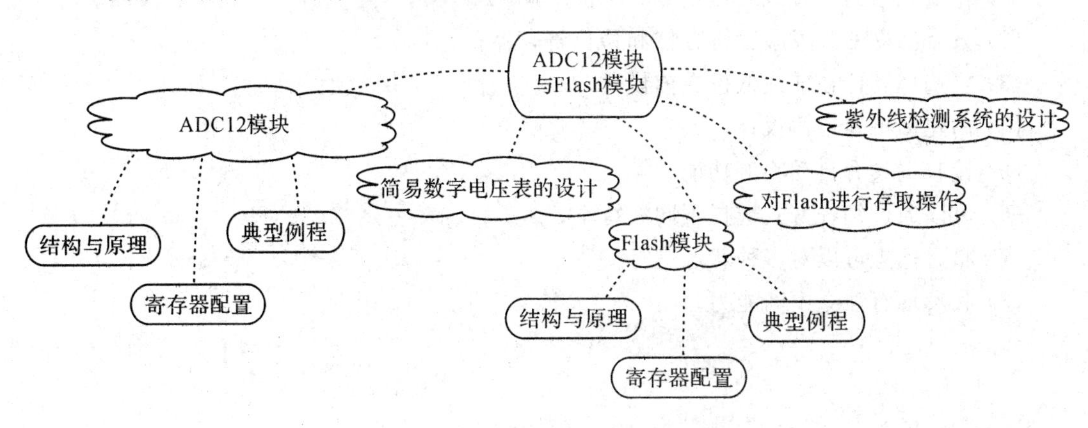

图 5.19　第 5 章知识结构图

第 6 章　运动体姿态角检测系统的设计

MSP430F5529 单片机中的通用串行通信接口(USCI)模块支持多种串行通信模式。通常，USCI 模块分为 A 型(USCI_Ax)和 B 型(USCI_Bx)。其中，A 型模块支持 UART 模式、红外通信模式、LIN 模式和 SPI 模式；B 型模块支持 I^2C 模式和 SPI 模式。在这些串行通信模式中，UART、SPI 和 I^2C 模式在电子产品设计中应用最为广泛。由于通用串行通信接口模块是独立于 CPU 的功能模块，因此采用该模块实现通信将会大大提高效率，减轻 CPU 负担。在使用过程中，完成对模块的初始化配置后，就可以通过读取输入缓存或写入输出缓存的方式实现串行通信。本章将详细介绍 UART、SPI 和 I^2C 三种通信模式，并以双机通信为例帮助读者掌握串行通信的使用方法。另外，提供了三个任务供读者了解和掌握这三种串行通信模式在电子产品开发中的应用。

6.1　硬件 UART 模块的使用

和大部分的单片机一样，TI 公司的 MSP430F5529 单片机同样也带有硬件 UART 通信模块。MSP430F5529 单片机的通用串行通信接口模块中的 USCI_Ax 模块便支持通用异步收发通信(UART)，即通常所谓的串口通信方式，相关引脚如图 6.1 所示。在 UART 模式下，单片机通过 2 个外部引脚 UCAxRXD 和 UCAxTXD 与外部设备连接，进行异步串行通信。MSP430F5529 单片机 UART 模块的特点有：

(1) 传输数据为 7 位或 8 位，可带奇偶校验；

(2) 具有独立的收发缓存寄存器和移位寄存器；

(3) 可选择高位在前或低位在前模式；

(4) 内建多机通信协议；

(5) 接收端具有自动唤醒功能；

(6) 可以通过编程方式选择不同波特率；

(7) 状态标志可以对多种状态进行侦测；

(8) 收发均有独立中断能力。

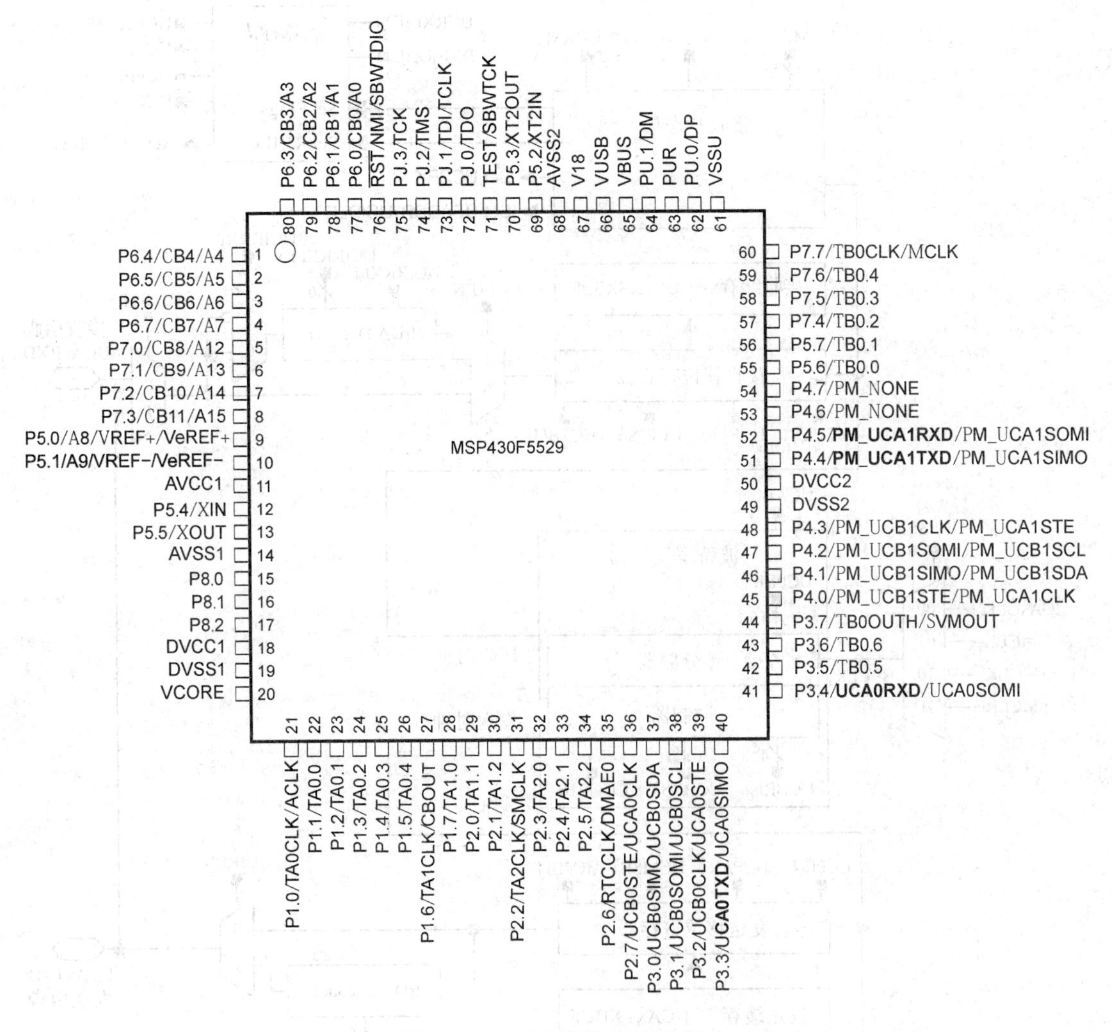

图 6.1　UART 模块相关引脚图

6.1.1　UART 内部结构

UART 的内部结构框图如图 6.2 所示，从图中可以看到 UART 的基本结构，大致了解其工作原理。

从图中可以看出，UART 模块结构非常清晰，大致由三大部分构成：

(1) 波特率发生器：是整个 UART 时序的核心，可选的时钟共有 4 个，时钟信号还可以进一步被分频和调制，以产生满足要求的波特率。

(2) 接收端：共由 3 个部分构成，接收状态机控制接收端的工作流程，数据从接收输入端口输入，进入接收移位寄存器后再并行输入接收缓存寄存器，以备读取。

(3) 发送端：共由 3 个部分构成，发送状态机控制发送端的工作流程，数据从发送缓存寄存器并行输入发送移位寄存器，最后从发送端输出引脚输出。

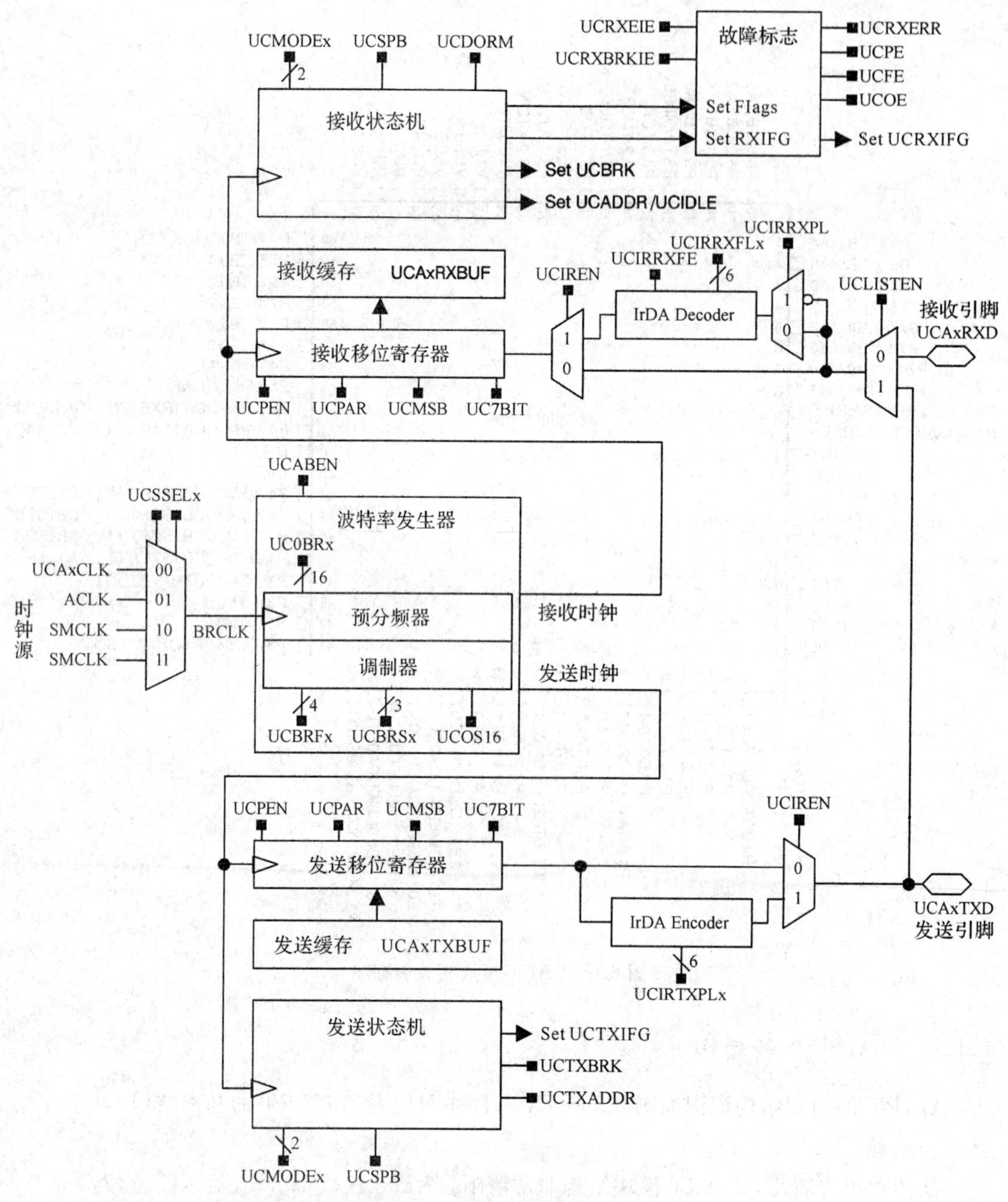

图 6.2　UART 模块结构图

6.1.2　UART 模块工作原理

1. UART 模块基本知识

UART 通信模式的最大特点是异步通信，仅通过发送和接收 2 个端口实现不同设备间的通信。不同于 SPI 和 I^2C 通信模式，UART 通信没有时钟端口。因此，要保持设备间的正常通信就要求发送设备和接收设备按照完全一致的波特率进行通信。

由于 UART 模块具有非常完善的功能，因此对于简单的 UART 通信，只需完成初始化后便能进行。初始化过程主要包括以下四步：

(1) UCSWRST 位置 1；

(2) 选择时钟源；

(3) 配置波特率；

(4) UCSWRST 位复位。

对于 UART 控制寄存器的配置一定要在 UCSWRST 位置 1 的前提下进行，否则可能配置失效。当完成对 UART 模块的配置时，只需适时地访问发送或接收缓存寄存器便能进行相应的发送和接收操作了。

UART 模块的帧格式如图 6.3 所示。UART 模块数据位允许采用 7 位或 8 位形式，可以带有地址位、校验位或者第 2 个停止位。数据位可选择高位在前或低位在前模式。默认情况下，数据位为 8 位，不带有地址位、校验位和第 2 个停止位，数据采用低位在前方式。

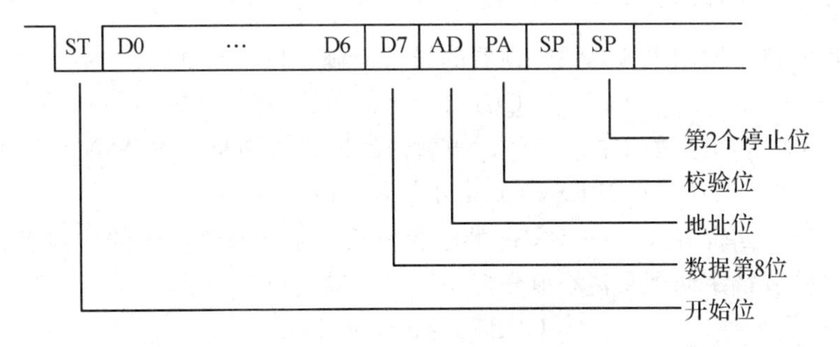

图 6.3　UART 模块帧格式

UART 模块在 UCSWRST 位被复位后开始运行，并进入空闲状态等待收发操作。但 UART 模块接收和发送操作的触发条件稍有不同。接收操作在探测到数据帧中开始位的下降沿时触发，此时波特率发生器开始工作并开始接收数据。对于下降沿信号的判断往往会受到毛刺信号的干扰，UART 模块自带了干扰抑制功能模块，能有效过滤干扰信号。当有新的数据写入发送缓存寄存器时，发送操作被触发。缓存寄存器中的数据将被送入移位寄存器，并被一位一位地发送出去。当数据都被发送完成后，发送中断标志位(UCAxTXBUF)将会被置 1，提示可以将新的数据写入发送缓存寄存器。

以上提到的工作流程事实上都由 UART 模块自行完成，并不需要用户去干预。但该过程也提示了读者，在编写程序时对于读取数据只需不断访问接收缓存寄存器(UCAxRXBUF)即可；而对于发送数据而言则需要等待发送中断标志位被置 1 后才能写入新数据。

2. 波特率的产生

波特率(Baud-Rate)即调制速率，指有效数据信号调制载波的速率，即单位时间内载波调制状态变化的次数。波特率的单位“波特”是以法国通信工程师的姓氏来命名的，例如典型的波特率 9600 Bd 即代表载波信号每秒变换 9600 次。对于异步串行通信而言波特率是至关重要的参数。

UART 模块能够根据不同的时钟源信号，调制出标准的波特率信号。该模块提供了 2 种调制模式，即低频波特率调制和过采样波特率调制。虽然该过程由模块自行完成，但仍需要用户自行根据输入时钟源的频率设置调制参数，因此有必要了解相关信息。

所谓低频波特率调制，主要用于输入时钟源频率较低时，例如输入时钟为 32 768 Hz，而需要产生的波特率为 9600 Bd，波特率几乎等于时钟频率的 1/3。在该模式下采用 1 个预分频器和 1 个调制器直接完成波特率的调制，允许的最大波特率为时钟源频率的 1/3。

所谓过采样波特率调制，主要用于输入时钟源频率较高时。通常调制分为两个阶段，第一阶段采用 1 个预分频器和 1 个调制器产生约大于波特率 16 的时钟信号；第二阶段再采用 1 个分频器和 1 个调制器产生最终的波特率。该模式允许的最大波特率为时钟源频率的 1/16。

下面介绍 UART 模块如何产生典型的波特率。具体而言，就是根据不同频率的输入时钟源(f_{BRCLK})，以及需要的典型波特率，求得分频系数(N)。三者之间的关系满足如下公式：

$$N = f_{BRCLK}/\text{Baud-Rate}$$

显然，通常情况下分频系数 N 不是一个整数，因此必须要有 1 个分频器和 1 个调制器才能产生尽可能接近的波特率。当分频系数 N 大于 16 时，可以采用上文介绍的过采样波特率调制模式来产生波特率。

对于低频波特率调制来说，预分频器的设置应满足以下公式：

$$\text{UCBRx} = \text{int}(N)$$

式中的 int 代表取分频系数的整数部分。调制器的设置应满足以下公式：

$$\text{UCBRSx} = \text{round}\{[N - \text{int}(N)] \times 8\}$$

式中的 round 代表四舍五入。UCBRSx 的配置直接决定了最终产生的波特率的精度。

对于过采样波特率调制来说，预分频的设置应满足以下公式：

$$\text{UCBRx} = \text{int}(N/16)$$

第一阶段调制器的配置应满足以下公式：

$$\text{UCBRFx} = \text{round}\{[(N/16) - \text{int}(N/16)] \times 16\}$$

如果需要更进一步提高精度，则可以对 UCBRSx 进行进一步的配置。

关于典型波特率的设置以及相应的误差等关系详见用户手册。从上文来看，要通过公式配置高精度的波特率并非易事。但幸运的是 TI 公司提供了一个工具可以快速地获得寄存器配置值。只需要提供输入时钟频率和典型波特率便可以获得最终的寄存器配置方案。详见以下网址：http://processors.wiki.ti.com/index.php/USCI_UART_Baud_Rate_Gen_Mode_Selection。

3. UART 模块的工作模式

UART 模块共有 4 种工作模式，通过寄存器中 UCMODEx 位进行设置：

(1) UCMODEx=00 时，UART 模块工作在正常异步串行通信模式下。该模式为系统默认模式。

(2) UCMODEx=01 时，UART 模块工作在空闲线多处理器模式下。该模式主要用于单片机与 2 个以上的设备进行串行通信时使用。其特点是在发送一系列数据帧前会有 10 位以上长度的空闲周期，紧接着出现的第一帧数据内放置的是接收设备的地址信息。接收设备验证地址信息正确后，便开始接收数据。

(3) UCMODEx=10 时，UART 模块工作在地址位多处理器模式下。同样，该模式也用于多处理器间的串行通信。在该模式下，对于地址帧的识别主要是通过帧格式中的地址位来实现。当接收到的数据帧里的地址位为 1 时，则代表该帧是地址帧。如果地址校验正确，则从下一帧开始接收数据。

(4) UCMODEx＝11 时，UART 模块工作在波特率自动检测模式下。该模式主要用于与带有自动波特率检测功能的设备进行通信时使用。在该模式下，在发送数据帧前模块会首先发送 1 个空白帧，然后接着发送 1 个同步帧，此后便是发送数据帧了。通过对同步帧的测量，便能检测出波特率。在过采样模式下可检测最低波特率为 488；在低频模式下可检测最低波特率为 30。

4. UART 模块的中断

(1) UCTXIFG 中断标志位：当该位被置 1 时代表发送缓存寄存器已准备接收新数据。当有新的数据写入缓冲寄存器时，该位被自动复位。但只有当寄存器中 UCTXIE 位被置 1，同时总中断 GIE 被置 1 时，该位才会触发相应的中断请求。

(2) UCRXIFG 中断标志位：当有数据接收到并被送入接收缓存寄存器时，该位被置 1。当缓存寄存器中的数据被读取时，该位被自动复位。同样，要触发相应的中断请求，必须要将寄存器中 UCRXIE 位置 1，同时总中断 GIE 被置 1。

发送中断和接收中断共同构成 UART 中断向量，对该向量的访问将会自动复位最高级的中断。

6.1.3　UART 模块寄存器

通用串行通信接口(USCI_A)模块共有 16 个寄存器，寄存器列表详见附录。虽然寄存器数量众多，但真正需要掌握和经常用到寄存器却并不多。这里主要介绍必须了解和重点掌握的寄存器及相应位，其他寄存器的功能详见用户手册。

1. UCAxCTL0 和 UCAxCTL1 控制寄存器

UCAxCTL0 和 UCAxCTL1 控制寄存器主要控制 UART 模块的帧格式以及工作模式等，通常只对个别位进行设置，其余各位均保留默认值。

(1) UCMODEx：由 2 位构成，可以对 UART 模块的工作模式进行选择。通常不做修改，保留其默认值。

(2) UCSSELx：用于选择 UART 模块的时钟源。共由 2 位构成，00～11 依次对应 UCAxCLK、ACLK、SMCLK 和 SMCLK。该位要进行配置，通常选择 ACLK 或 SMCLK 作为时钟源。

(3) UCSWRST：用于软件复位使能。通常在对 UART 模块进行初始化时需要配置该位，前文有详细叙述。

2. UCAxBR0 和 UCAxBR1 波特率控制寄存器

UCAxBR0 和 UCAxBR1 波特率控制寄存器长度为 8 位，UCAxBR0 是预分频器的分频系数的低 8 位，UCAxBR1 是预分频器的分频系数的高 8 位。最终的分频系数满足

$$N = \text{UCAxBR0} + \text{UCAxBR1} \times 256$$

3. UCAxMCTL 调制器控制寄存器

(1) UCBRFx：由 4 位构成，用于过采样波特率调制模式下设置第一阶段调制方式。

(2) UCBRSx：由 3 位构成，用于低频波特率调制模式下的调制方式选择，或者用于过采样波特率调制模式下第二阶段调制方式的选择。

(3) UCOS16：用于低频波特率调制模式和过采样波特率调制模式的选择。

4. UCAxRXBUF 接收缓存寄存器

UCAxRXBUF 接收缓存寄存器为 8 位，用于存放接收到的数据。在串行通信过程中，对该寄存器进行读取操作便能获得接收到的数据。

5. UCAxTXBUF 发送缓存寄存器

UCAxTXBUF 发送缓存寄存器为 8 位，用于存放需要发送的数据。在串行通信过程中，当该寄存器为空时，便能写入需要发送的数据。

6. UCAxIE 中断使能寄存器

UCAxIE 中断使能寄存器仅由 2 位构成，用于使能串行通信中的发送和接收中断。如果采用中断方式进行数据的发送和接收则必须对中断进行使能，如果采用查询方式进行发送和接收则无须使能中断。

(1) UCTXIE：用于控制发送中断的使能。

(2) UCRXIE：用于控制接收中断的使能。

7. UCAxIFG 中断标志寄存器

UCAxIEG 中断标志寄存器仅由 2 位构成，用于存放发送和接收中断标志位。需要注意的是中断标志位的变化并不需要使能中断。

(1) UCTXIFG：发送中断标志位。当发送缓存寄存器 UCAxTXBUF 为空时，该位被置 1；否则为 0。默认值为 1。

(2) UCRXIFG：接收中断标志位。当接收缓存寄存器 UCAxRXBUF 接收到一个字节完整的数据时，该位被置 1；否则为 0。默认值为 0。

8. UCAxIV 中断向量寄存器

UCAxIV 中断向量寄存器用于存放串行通信产生的中断向量。中断向量的产生必须首先使能中断使能寄存器 UCAxIE 中的相应位，并打开总中断 GIE。

(1) 当中断向量寄存器的值为 00 时，代表没有中断；

(2) 当中断向量寄存器的值为 02 时，代表接收到一个字节完整的数据；

(3) 当中断向量寄存器的值为 04 时，代表已发送一个字节完整的数据，发送缓存寄存器为空。

6.2 双机 UART 通信

6.2.1 任务目标

通过 UART 通信模式，实现两片 MSP430F5529 单片机间的串行通信。

6.2.2 任务分析

两片 MSP430F5529 单片机分别充当发送端和接收端，通过单片机内部的 USCI 模块实现 UART 通信。发送的数据为一个 8 位数组，波特率采用 9600。

6.2.3　硬件连接

两片 MSP430F5529 单片机均采用 USCI_A0 模块实现 UART 通信，因此均选择 P3.3 和 P3.4 引脚作为数据发送和接收端口。需要注意的是，在硬件连接过程中为了保证数据传输的准确，需要将两片单片机共地。具体硬件连线图如图 6.4 所示。

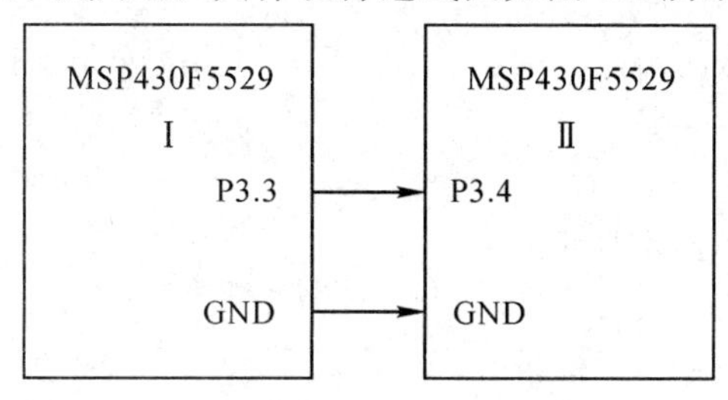

图 6.4　UART 双机通信连线图

6.2.4　软件设计

根据任务目标和任务分析，发送端和接收端软件设计应遵循以下流程，如图 6.5 所示。

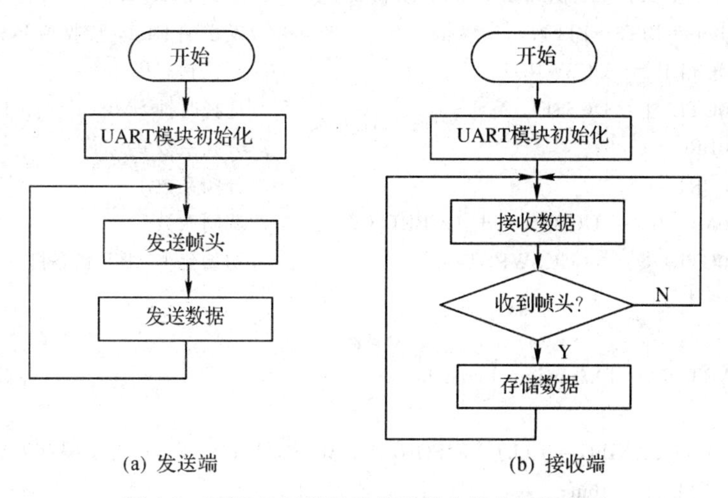

图 6.5　UART 双机通信发送端和接收端流程图

1. 发送端程序

发送端程序主要完成以下工作：

(1) 初始化 UART 模块，选择 SMCLK 作为时钟源，设置波特率为 9600；

(2) 发送帧头，便于接收端识别；

(3) 发送 8 位数组。

```
#include <msp430.h>
void UARTInit(void);
void UART_Byte_TX(unsigned char buf);

void main(void)
{
```

```
  unsigned char Date[8]={0x00, 0x01, 0x02, 0x03, 0x04, 0x05, 0x06, 0x07};
  unsigned char i=0;
  WDTCTL = WDTPW + WDTHOLD;                //关闭看门狗定时器
  UARTInit();
  while(1)
  {
    UART_Byte_TX(0xff);                    //发送帧头
    for(i=0;i<8;i++)
    {
        UART_Byte_TX(Date[i]);
    }
  }
}

void UARTInit(void)
{
/* http://processors.wiki.ti.com/index.php/USCI_UART_Baud_Rate_Gen_Mode_Selection */
  P3SEL |= BIT3+BIT4;                      //发送端 P4.4，接收端 P4.5
  UCA0CTL1 |= UCSWRST;                     //复位状态机
  UCA0CTL1 |= UCSSEL_2;                    //选择时钟 SMCLK=1.045 MHz
  UCA0BR0 = 108;                           //分频系数 0
  UCA0BR1 = 0;                             //分频系数 1
  UCA0MCTL |= UCBRS_7 + UCBRF_0;           //调制系数
  UCA0CTL1 &= ~UCSWRST;                    //初始化 UART 状态机
}

void UART_Byte_TX(unsigned char buf)
{
  while(! (UCTXIFG==(UCTXIFG & UCA0IFG)));  //等待发送缓存为空
  UCA0TXBUF = buf;
}
```

2. 接收端程序

接收端程序主要完成以下工作：

(1) 初始化 UART 模块，选择 SMCLK 作为时钟源，设置波特率为 9600；

(2) 接收数据；

(3) 判断接收到的数据是否为帧头；

(4) 如果接收到的数据为帧头，则将此后接收到的 8 个字节数据存入数组中。

```
#include <msp430.h>
void UARTInit(void);
unsigned char UART_Byte_RX(void);
unsigned char Date[8]={0};
void main(void)
```

```
{
  unsigned char i=0;
  WDTCTL = WDTPW + WDTHOLD;                    //关闭看门狗定时器
  UARTInit();
  while(1)
  {
    if(UART_Byte_RX()==0xff)                   //判断帧头
    {
      for(i=0;i<8;i++)
        Date[i]=UART_Byte_RX();
    }
  }
}

void UARTInit(void)
{
/* http://processors.wiki.ti.com/index.php/USCI_UART_Baud_Rate_Gen_Mode_Selection */
  P3SEL |= BIT3+BIT4;                    //发送端 P4.4，接收端 P4.5
  UCA0CTL1 |= UCSWRST;                   //复位状态机
  UCA0CTL1 |= UCSSEL_2;                  //选择时钟 SMCLK=1.045 MHz
  UCA0BR0 = 108;                         //分频系数 0
  UCA0BR1 = 0;                           //分频系数 1
  UCA0MCTL |= UCBRS_7 + UCBRF_0;         //调制系数
  UCA0CTL1 &= ~UCSWRST;                  //初始化 UART 状态机
}

unsigned char UART_Byte_RX(void)
{
  unsigned char buf=0;
  while(! (UCRXIFG==(UCRXIFG & UCA0IFG)))//等待接收到数据
  buf = UCA0RXBUF;
  return(buf);
}
```

6.2.5 综合调试

在完成硬件连接和软件下载后，便可以开始综合调试工作了。通过 IAR 开发环境自带的调试工具便能完成实验结果的观察和分析工作。在接收端 IAR 开发环境中将数组 Date[]加入 Watch 中，运行几秒后观察数组 Date[]，如运行正常则界面应如图 6.6 所示。

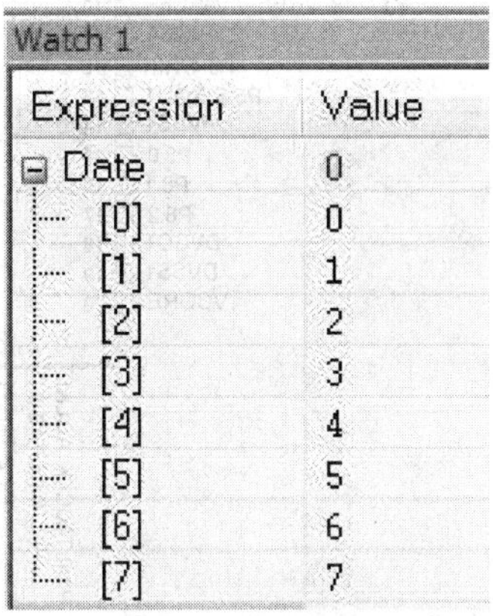

Watch 1

Expression	Value
Date	0
[0]	0
[1]	1
[2]	2
[3]	3
[4]	4
[5]	5
[6]	6
[7]	7

图 6.6　UART 双机通信调试图

6.3 硬件 SPI 模块的使用

通用串行通信接口支持的另一种串行通信模式为同步外设接口(SPI)模式。SPI 与下文将介绍的 I^2C 模式都是目前最为常用的芯片与芯片间进行串行通信的方式。与上文介绍的 UART 通信模式不同，SPI 通信方式采用同步全双工通信模式，采用 3 线或 4 线方式与外部设备进行连接，具有更强的通信能力。MSP430F5529 单片机的 USCI_Ax 和 USCI_Bx 模块均支持该模式，相应引脚如图 6.7 所示。SPI 模块的特点为：

(1) 数据格式可为 7 位或 8 位，高位或低位在前模式可选；

(2) 可选择采用 3 线或 4 线制；

(3) 可选择主机或从机模式；

(4) 具有独立的发送和接收移位寄存器以及缓存寄存器；

(5) 可采用连续发送和接收方式进行通信；

(6) 时钟的极性和相位可选；

(7) 主机模式下时钟频率可选；

(8) 具有独立的收发中断能力；

(9) 从机模式下可选择低功耗工作模式(LPM4)。

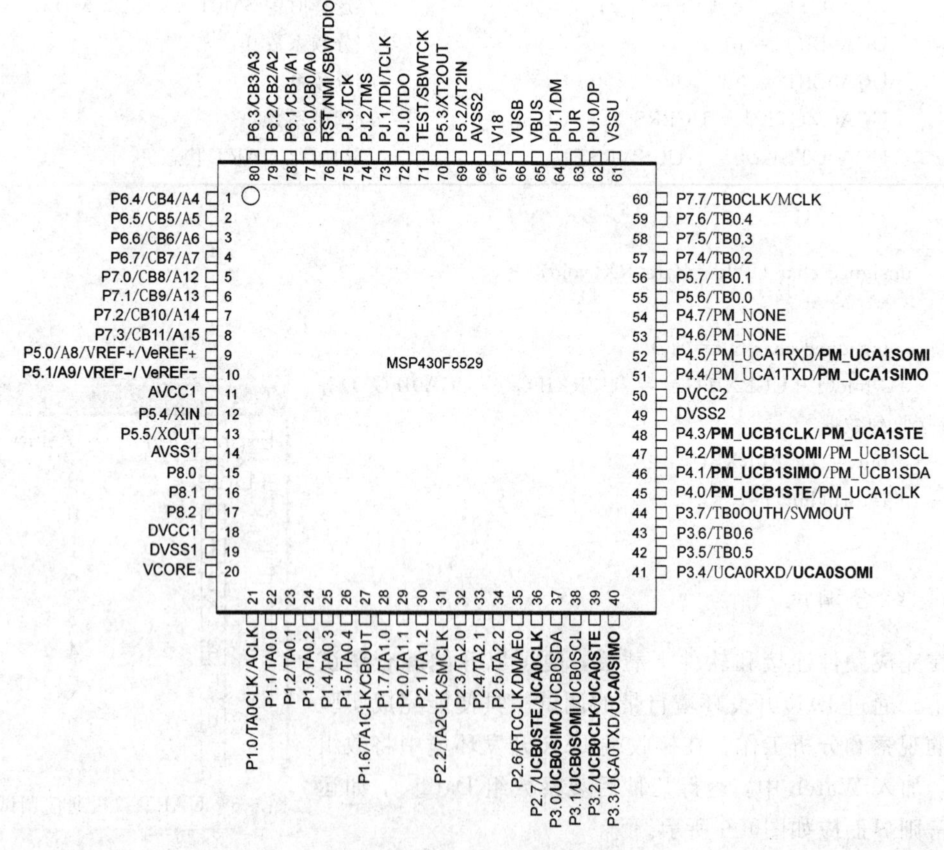

图 6.7 SPI 模块相关引脚图

6.3.1　SPI 内部结构

SPI 的内部结构框图如图 6.8 所示，从图中可以看到 SPI 的基本结构，大致了解其工作原理。

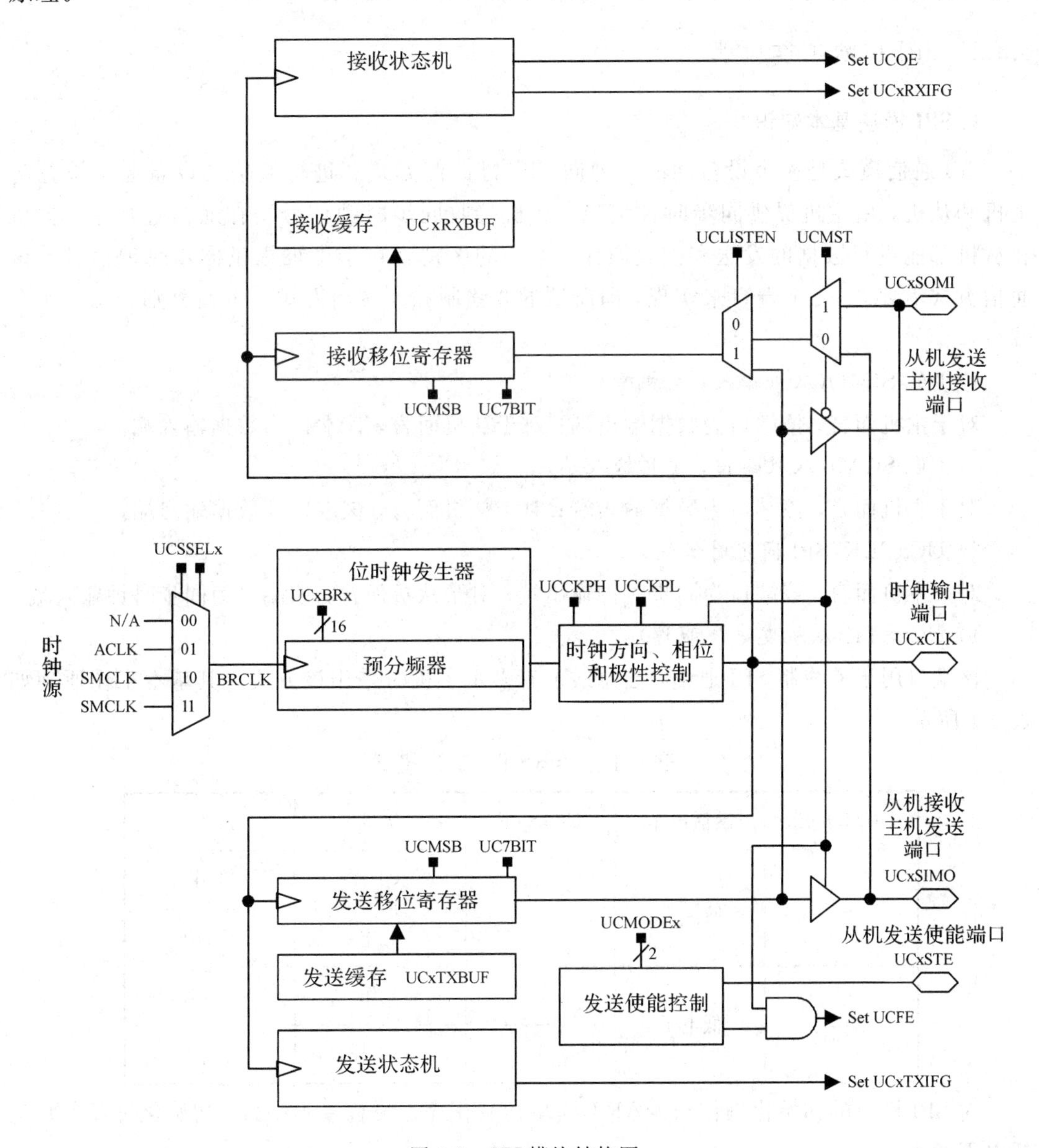

图 6.8　SPI 模块结构图

从图中可以看出，SPI 模块结构与 UART 模块结构非常相似，大致由有 3 大部分构成：

(1) 位时钟发生器：是整个 SPI 时序的核心，可选的时钟共有 4 个，时钟信号还可以进一步被分频，以产生满足要求的时钟信号。此外，还能对时钟的极性和相位进行控制，以满足不同通信需求。

（2）接收端：共由 3 个部分构成，接收状态机控制接收端的工作流程，数据从接收输入端口输入，进入接收移位寄存器后再并行输入接收缓存寄存器，以备读取。

（3）发送端：共由 3 个部分构成，发送状态机控制发送端的工作流程，数据从发送缓存寄存器并行输入发送移位寄存器，最后从发送端输出引脚输出。

6.3.2 SPI 模块工作原理

1. SPI 模块基本知识

SPI 通信模式是多个设备间的一种同步串行通信方式。进行通信的设备通常被分为主机和从机，由主机提供同步时钟信号，从机接收同步时钟信号。在通信过程中，主机和从机都能进行数据的发送和接收操作，唯一的区别就在于由谁提供同步时钟信号。该通信方式需要 3～4 个端口来实现，即所谓的 3 线制和 4 线制方式。下面分别介绍这 4 个端口：

1）UCxSIMO（从机输入，主机输出端）

对于主机而言，该端口为数据输出端；对于从机而言，该端口为数据输入端。

2）UCxSOMI（从机输出，主机输入端）

对于主机而言，该端口为数据输入端；对于从机而言，该端口为数据输出端。

3）UCxCLK（SPI 同步时钟端）

对于主机而言，该端口为同步时钟输出端；对于从机而言，该端口为同步时钟输入端。

4）UCxSTE（从机发送使能端）

该端口用于 4 线制 SPI 通信，当总线上有多个主机时采用该方式。其基本工作原理如表 6.1 所示。

表 6.1　UCxSTE 工作模式

UCMODEx	激活电平	UCxSTE	从机	主机
01	高电平	0	不工作	工作
		1	工作	不工作
10	低电平	0	工作	不工作
		1	不工作	工作

对 SPI 模块的初始化操作与 UART 模块初始化操作流程基本一致，初始化过程主要包括以下四步：

（1）UCSWRST 位置 1；

（2）选择工作模式；

（3）选择时钟源并配置通信频率；

（4）UCSWRST 位复位。

与 UART 控制寄存器的配置一样，SPI 模块初始化一定要在 UCSWRST 位置 1 的前提下进行，否则可能配置失效。

SPI 通信模式的帧格式相对 UART 通信模式更为简单，因为是采用同步通信方式，所以 SPI 通信模式省去了开始位、地址位、校验位和结束位等。通常数据帧可以由 7 位或 8 位数据构成，默认为 8 位低位在前模式，也可以选择高位在前模式。

2. SPI 模块主机模式

在 SPI 通信模式下，最常见的情况是 MSP430F5529 单片机作为主机来使用，其与外部设备的连接关系图如图 6.9 所示。

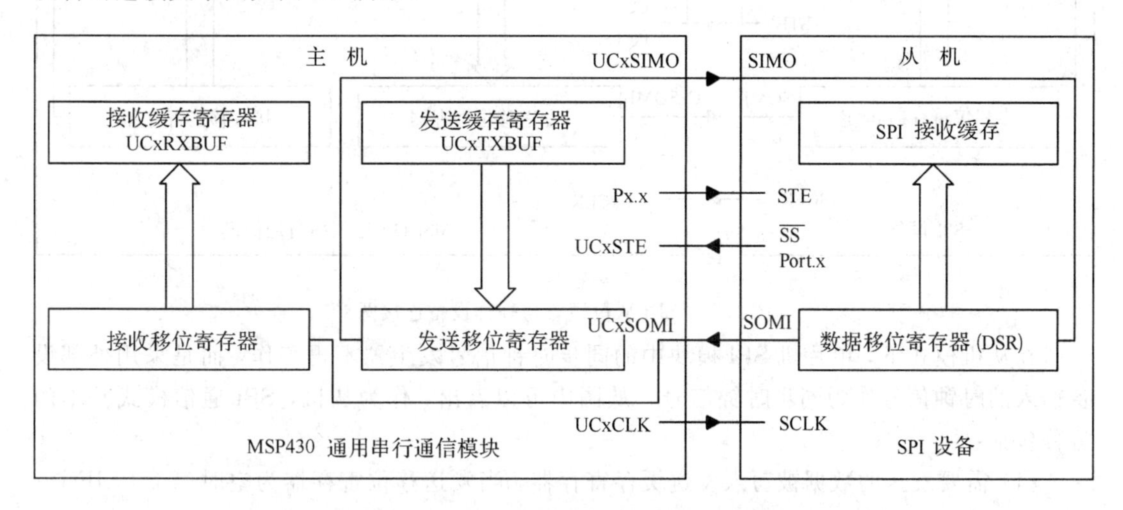

图 6.9　SPI 主机模式与外部设备连接图

从图中可以看出，作为主机，SPI 通信模式基本的流程包括：

(1) 主机将要发送的数据送入发送缓存寄存器；然后数据被送入发送移位寄存器中，当然前提是该寄存器为空，此时发送中断标志位 UCTXIFG 为 1；最后，数据按照同步时钟信号由 UCxSIMO 端口发送给从机。

(2) 需要接收的数据从主机的 UCxSOMI 端口移入接收移位寄存器中，当一个字节的数据被完整移入时，则再将数据送入接收缓存寄存器中，此时会触发接收中断标志位 UCRXIFG，用户便能够从接收缓存寄存器中读取数据了。

在通信总线上有多个主机时，当有相应信号输入 UCxSTE 中时，可以使其处在不工作状态以避免与其他主机发生冲突。该方式即用户手册中所谓的 4 线制方式。当主机处于不工作状态时，主机输出 UCxSIMO 和主机发送的同步时钟信号 UCxCLK 都会被自动设置为输入，从而不再干扰总线，内部状态机等也会处于复位状态，输出移位操作被关闭。

SPI 通信方式在实际应用中，最为常见的是单片机作为主机与单个外部设备进行 4 线通信。在这 4 个端口中，除了 UCxSIMO、UCxSOMI 和 UCxCLK 端口外，通常主机还会输出 1 个片选信号($\overline{CS}$)。在不进行数据通信时，片选信号为高电平；当要进行数据通信时，该信号会被置为低电平，当通信结束时再次被置为高电平。片选信号可以任意选择 MSP430F5529 单片机中某个 I/O 口来实现。

3. SPI 模块从机模式

MSP430F5529 除了作为主机使用外，也可以作为从机来使用。前文也已介绍过，作为从机同样可以完成数据的发送和接收操作，差别在于主机发送同步时钟信号，而从机则接收同步时钟信号。其与外部设备的连接关系图如图 6.10 所示。

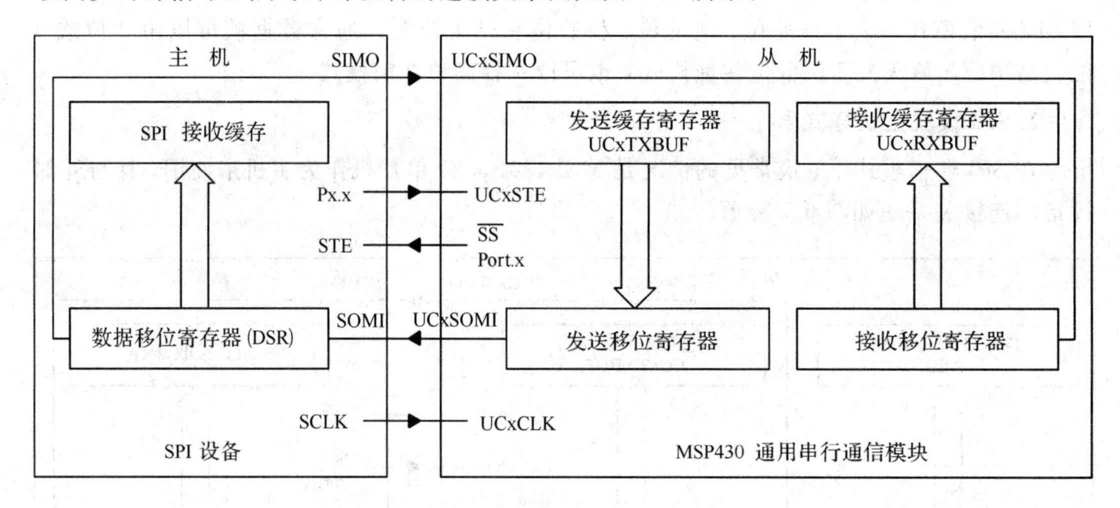

图 6.10 SPI 从机模式与外部设备连接图

在从机模式下，单片机 SPI 模块中的同步时钟信号发生器不再工作，而是采用外部设备输入的时钟信号作为同步时钟信号。从图中可以看出，作为从机，SPI 通信模式基本的流程包括：

(1) 需要发送的数据被写入发送缓存寄存器，当发送移位寄存器为空时(UCTXIFG＝1)，数据被移入其中。随着同步时钟信号，数据由 UCxSOMI 端口输出。

(2) 需要接收的数据从 UCxSIMO 端口移入接收移位寄存器，当移入数据达到 1 个字节时，数据被送入接收缓存寄存器中，触发接收中断标志位 UCRXIFG，此时便可以从接收缓存寄存器中读取数据了。如果在新接收到的数据送入接收缓存寄存器前，旧的数据未被读取，则会触发相应溢出标志位。

在 4 线制从机模式下，来自主机使能信号将会输入 UCxSTE 端口，迫使从机使能或失能。如果从机处在失能状态时，从机不接收数据，发送端被设置为输入方向，移位操作被停止直到从机重新被使能。

4. SPI 串行时钟控制

SPI 模块在主机模式下，通过寄存器中 UCSSELx 选择合适的时钟源，同步时钟信号发生器将时钟信号分频后由 UCxCLK 端口输出。SPI 模块在从机模式下，同步时钟信号由主机提供，从机同步时钟信号发生器不工作。SPI 通信是全双工的，因此发送和接收可以并行执行，使用同一个同步时钟信号。

当时钟源信号频率过高需要分频时，可以在寄存器 UCBRx 中设置分频系数。和 UART 模块不同，SPI 模块不对时钟信号进行调制。分频得到的同步时钟信号频率 f_{BitClock} 与时钟源信号 f_{BRCLK} 间的关系满足下面公式：

$$f_{\text{BitClock}}=\frac{f_{\text{BRCLK}}}{\text{UCBRx}}$$

注意，当 UCBRx＝0 时，$f_{\text{BitClock}}=f_{\text{BRCLK}}$。当分频系数为偶数时，分频产生的时钟信号为占空比 50％的方波信号；当分频系数为奇数时，分频产生的时钟信号高电平周期会比低电平周期长 1 个时钟源周期。

在具体使用过程中，单片机与外部设备进行通信时必须要遵守外部设备的时钟极性和相位要求，SPI 模块控制寄存器中提供了 UCCKPL 和 UCCKPH 位来控制时钟极性及相位，具体配置方法如图 6.11 所示，该图中约定数据高位在前。

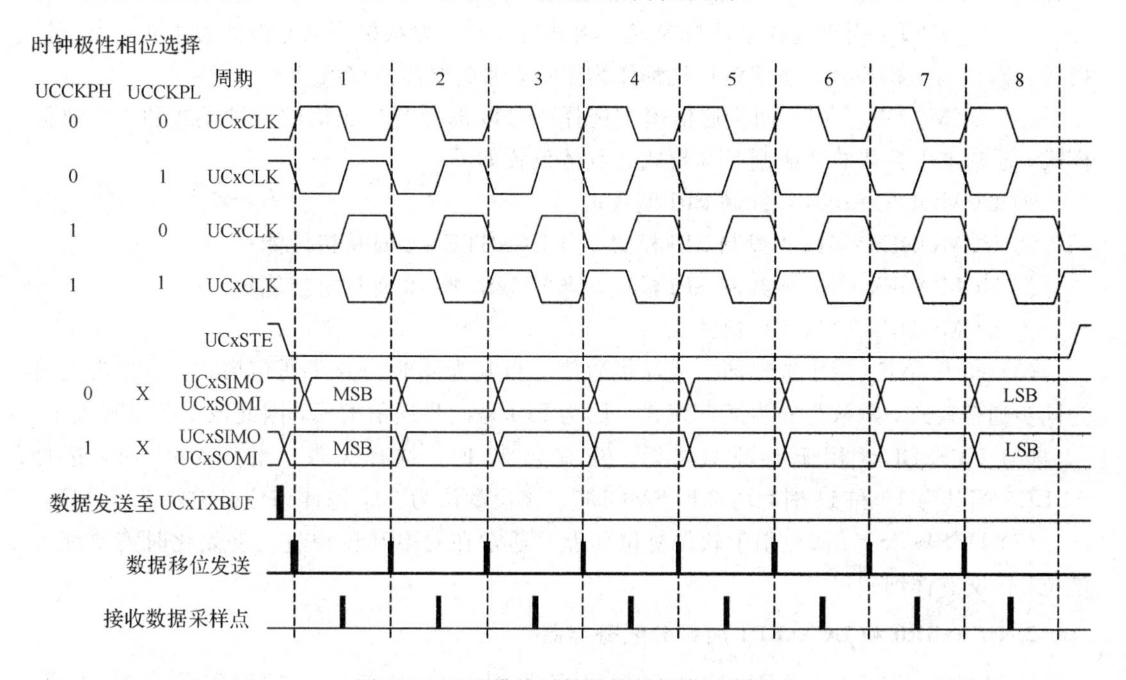

图 6.11　SPI 模块时钟极性及相位时序图

5. SPI 模块的中断

SPI 模块的中断与 UART 模块类似，主要有 2 个中断标志位：

(1) UCTXIFG 中断标志位：当该位被置 1 时代表发送缓存寄存器已准备接收新数据。当有新的数据写入缓存寄存器时，该位被自动复位。但只有当寄存器中 UCTXIE 位被置 1，同时总中断 GIE 被置 1 时，该位才会触发相应的中断请求。

(2) UCRXIFG 中断标志位：当有数据接收到并被送入接收缓存寄存器时，该位被置 1。当缓存寄存器中的数据被读取时，该位被自动复位。同样，要触发相应中断请求，必须要将寄存器中 UCRXIE 位置 1，同时总中断 GIE 被置 1。

发送中断和接收中断共同构成相应的中断向量，对该向量的访问将会自动复位最高级的中断。

6.3.3　SPI 模块寄存器

通用串行通信接口(USCI_A 和 USCI_B)模块都带有 SPI 通信模块，其寄存器类型完全一样，寄存器列表详见附录。虽然寄存器数量众多，但真正需要掌握和经常用到的寄存器却并不多。这里主要介绍 USCI_A 中必须了解和重点掌握的寄存器及相应位，其他寄存器的功能详见用户手册。

1. UCAxCTL0 和 UCAxCTL1 控制寄存器

(1) UCCKPH：用于对时钟相位进行选择。当其为 0 时，数据的改变在第一个时钟边沿发生，而对数据的捕获则发生在下一个时钟边沿；当其为1时，正好相反。

(2) UCCKPL：用于对时钟极性进行选择。当其为0时，数据的改变和捕获都发生在时钟为高电平时；当其为1时，正好相反。

(3) UCMST：用于选择主从机模式。当其为0时，为从机模式；当其为1时，为主机模式。默认为从机模式，通常单片机都作为主机，因此要注意修改。

(4) UCMODEx：用于同步通信模式选择。可以选择SPI通信的3种模式和I^2C通信模式，通常采用默认的3线制SPI模式。具体设置如下：

① UCMODEx=00，3线制SPI模式；

② UCMODEx=01，4线制SPI模式，当UCxSTE=1时从机使能；

③ UCMODEx=10，4线制SPI模式，当UCxSTE=0时从机使能；

④ UCMODEx=11，I^2C模式。

(5) UCSYNC：用于选择同步或异步通信。当其为0时为异步通信模式，当其为1时为同步通信模式，默认为异步通信模式。因为SPI是同步通信模式，因此该位必须被置1。

(6) UCSSELx：用于时钟源选择。当其为00时，选择无效；当其为01时，选择ACLK；当其为10和11时，均选择SMCLK。该位默认为00，因此该位必须要进行设置。

(7) UCSWRST：该位用于软件复位使能。通常在对SPI模块进行初始化时需要配置该位，前文有详细叙述。

2. UCAxBR0和UCAxBR1时钟分频寄存器

UCAxBR0和UCAxBR1时钟分频寄存器配合使用实现对时钟源信号的分频，UCAxBR0为分频系数的低8位，UCAxBR1为分频系数的高8位。对时钟的分频满足

$$f_{\text{BitClock}}=\frac{f_{\text{BRCLK}}}{\text{UCBRx}}$$

$$\text{UCBRx}=\text{UCAxBR0}+\text{UCAxBR1}\times 256$$

3. UCAxRXBUF接收缓存寄存器

UCAxRXBUF接收缓存寄存器为8位，用于存放接收到的数据。在串行通信过程中，对该寄存器进行读取操作便能获得接收到的数据。

4. UCAxTXBUF发送缓存寄存器

UCAxTXBUF发送缓存寄存器为8位，用于存放需要发送的数据。在串行通信过程中，当该寄存器为空时，便能写入需要发送的数据。

5. UCAxIE中断使能寄存器

UCAxIE中断使能寄存器仅由2位构成，用于使能串行通信中的发送和接收中断。如果采用中断方式进行数据的发送和接收则必须对中断进行使能，如果采用查询方式进行发送和接收则无须使能中断。

(1) UCTXIE：用于控制发送中断的使能。

(2) UCRXIE：用于控制接收中断的使能。

6. UCAxIFG中断标志寄存器

UCAxIFG中断标志寄存器仅由2位构成，用于存放发送和接收中断标志位，需要注

意的是中断标志位的变化并不需要使能中断。

(1) UCTXIFG：发送中断标志位。当发送缓存寄存器 UCAxTXBUF 为空时，该位被置 1；否则为 0。默认值为 1。

(2) UCRXIFG：接收中断标志位。当接收缓存寄存器 UCAxRXBUF 接收到一个字节完整的数据时，该位被置 1；否则为 0。默认值为 0。

7. UCAxIV 中断向量寄存器

UCAxIV 中断向量寄存器用于存放串行通信产生的中断向量。中断向量的产生必须首先使能中断使能寄存器 UCAxIE 中的相应位，并打开总中断 GIE。

(1) 当中断向量寄存器值为 00 时，代表没有中断；

(2) 当中断向量寄存器值为 02 时，代表接收到一个字节完整的数据；

(3) 当中断向量寄存器值为 04 时，代表已发送一个字节完整的数据，发送缓存寄存器为空。

6.4 双机 SPI 通信

6.4.1 任务目标

通过 SPI 通信模式，实现两片 MSP430F5529 单片机间的串行通信。

6.4.2 任务分析

两片 MSP430F5529 单片机分别充当主机和从机，通过单片机内部的 USCI 模块实现 SPI 通信。由主机发送一个 8 位数组给从机，采用 3 线制。

6.4.3 硬件连接

两片 MSP430F5529 单片机均采用 USCI_A0 模块实现 SPI 通信，因此均选择 P3.3 和 P3.4 引脚作为数据线，P2.7 引脚作为时钟线。需要注意的是，在硬件连接过程中为了保证数据传输的准确，需要将两片单片机共地。具体硬件连线图如图 6.12 所示。

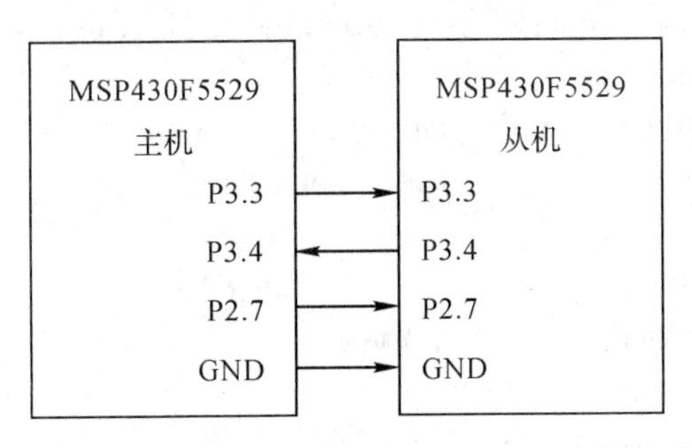

图 6.12　SPI 双机通信连线图

6.4.4 软件设计

根据任务目标和任务分析，主机和从机软件设计应遵循以下流程，如图 6.13 所示。

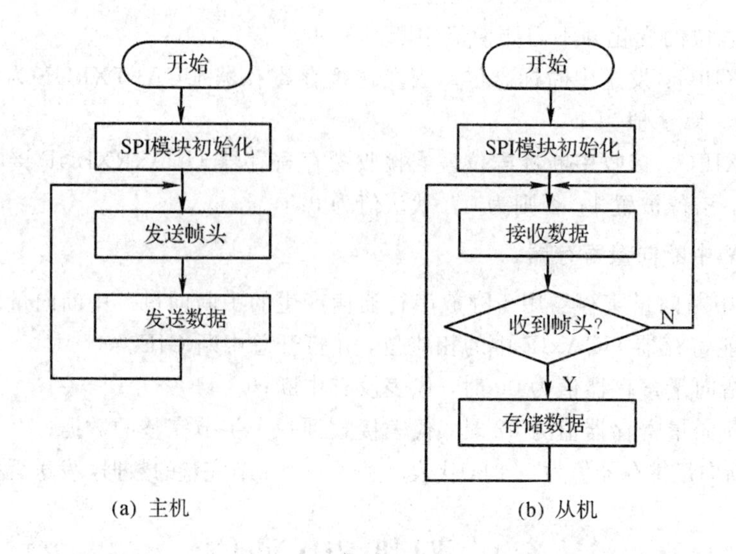

图 6.13　SPI 双机通信主机和从机流程图

1. 主机程序

主机程序主要完成以下工作：

(1) 初始化 SPI 模块，设置为主机，选择 SMCLK 作为时钟源，分频比为 2；

(2) 发送帧头，便于接收端识别；

(3) 发送 8 位数组。

```
#include <msp430.h>

void SPIInit(void);
void SPI_Byte_TX(unsigned char buf);

void main( void )
{
  unsigned char Date[8]={0x00, 0x01, 0x02, 0x03, 0x04, 0x05, 0x06, 0x07};
  unsigned char i=0;
  WDTCTL = WDTPW + WDTHOLD;
  SPIInit();                    //初始化 SPI 串口
  while(1)
  {
    SPI_Byte_TX(0xff);          //发送帧头
    for(i=0;i<8;i++)
      SPI_Byte_TX(Date[i]);
  }
}

void SPIInit(void)
{
```

```
    P3SEL |= BIT3+BIT4;                    //选择 P3.3、P3.4 作为数据端口
    P2SEL |= BIT7;                         //选择 P2.7 作为时钟端口

    UCA0CTL1 |= UCSWRST;                   //复位 UART 状态机
    UCA0CTL0 |= UCMST+UCSYNC+UCCKPH+UCMSB;  //3 线制 8 位 SPI 主机模式
                                           //设置时钟极性
    UCA0CTL1 |= UCSSEL_2;                  //选择时钟 SMCLK
    UCA0BR0 = 2;                           //分频系数 0
    UCA0BR1 = 0;                           //分频系数 1
    UCA0MCTL = 0;                          //不进行调制
    UCA0CTL1 &= ~UCSWRST;                  //初始化 SPI 状态机
}

void SPI_Byte_TX(unsigned char buf)
{
    while(! (UCTXIFG==(UCTXIFG & UCA0IFG)));
    UCA0TXBUF = buf;
}
```

2. 从机程序

从机程序主要完成以下工作：

(1) 初始化 SPI 模块，设置为从机，选择 SMCLK 作为时钟源，分频比为 2；

(2) 接收数据；

(3) 判断接收到的数据是否为帧头；

(4) 如果接收到的数据为帧头，则将此后接收到的 8 个字节数据存入数组中。

```
#include <msp430.h>

void SPIInit(void);
unsigned char SPI_Byte_RX(void);
unsigned char Date[8]={0};

void main( void )
{
    unsigned char i=0;
    WDTCTL = WDTPW + WDTHOLD;
    SPIInit();                    //初始化 SPI 串口

    while(1)
    {
        if(SPI_Byte_RX()==0xff)   //判断帧头
        {
            for(i=0;i<8;i++)
```

```
            Date[i]=SPI_Byte_RX();
        }
    }
}

void SPIInit(void)
{
    P3SEL |= BIT3+BIT4;          //选择 P3.3、P3.4 作为数据端口
    P2SEL |= BIT7;               //选择 P2.7 作为时钟端口

    UCA0CTL1 |= UCSWRST;         //复位 UART 状态机
    UCA0CTL0 |= UCSYNC+UCCKPH+UCMSB;      //三线制 8 位 SPI 主机模式
                                 //设置时钟极性
    UCA0CTL1 |= UCSSEL_2;        //选择时钟 SMCLK
    UCA0BR0 = 2;                 //分频系数 0
    UCA0BR1 = 0;                 //分频系数 1
    UCA0MCTL = 0;                //不进行调制
    UCA0CTL1 &= ~UCSWRST;  //初始化 SPI 状态机
}

unsigned char SPI_Byte_RX(void)
{
    unsigned char buf=0;
    while(! (UCRXIFG==(UCRXIFG & UCA0IFG)));
    buf = UCA0RXBUF;
    return(buf);
}
```

6.4.5 综合调试

在完成硬件连接和软件下载后，便可以开始综合调试工作了。通过 IAR 开发环境自带的调试工具便能完成实验结果的观察和分析工作。在接收端 IAR 开发环境中将数组 Date[]加入 Watch 中，运行几秒后观察数组 Date[]，如运行正常则界面应如图 6.14 所示。

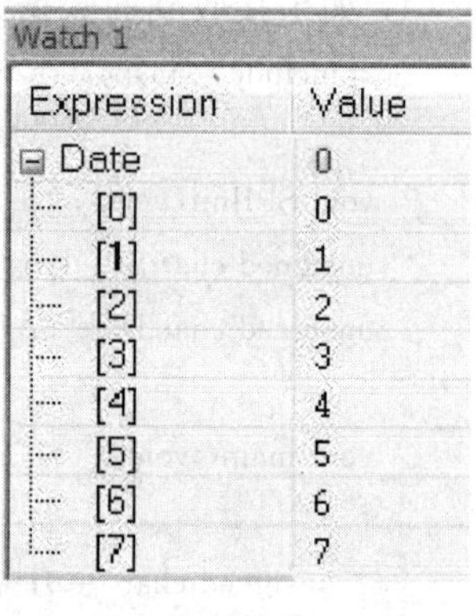

Watch 1

Expression	Value
⊟ Date	0
[0]	0
[1]	1
[2]	2
[3]	3
[4]	4
[5]	5
[6]	6
[7]	7

图 6.14　SPI 双机通信调试图

6.5 硬件 I²C 模块的使用

通用串行通信接口除了支持 UART 和 SPI 通信方式外，还支持另一种同步串行通信方式即 I²C 模式。I²C 通信模式是由 Philips 公司于 1980 年开发的两线制的同步串行总线，主要用于微处理器与外部设备间的通信。该通信方式与 SPI 通信相比，仅采用 2 个端口，并

有明确的通信协议。通过 I²C 串行总线，可以实现多个主机与多个从机间的收发通信，I²C 模块相应引脚如图 6.15 所示。

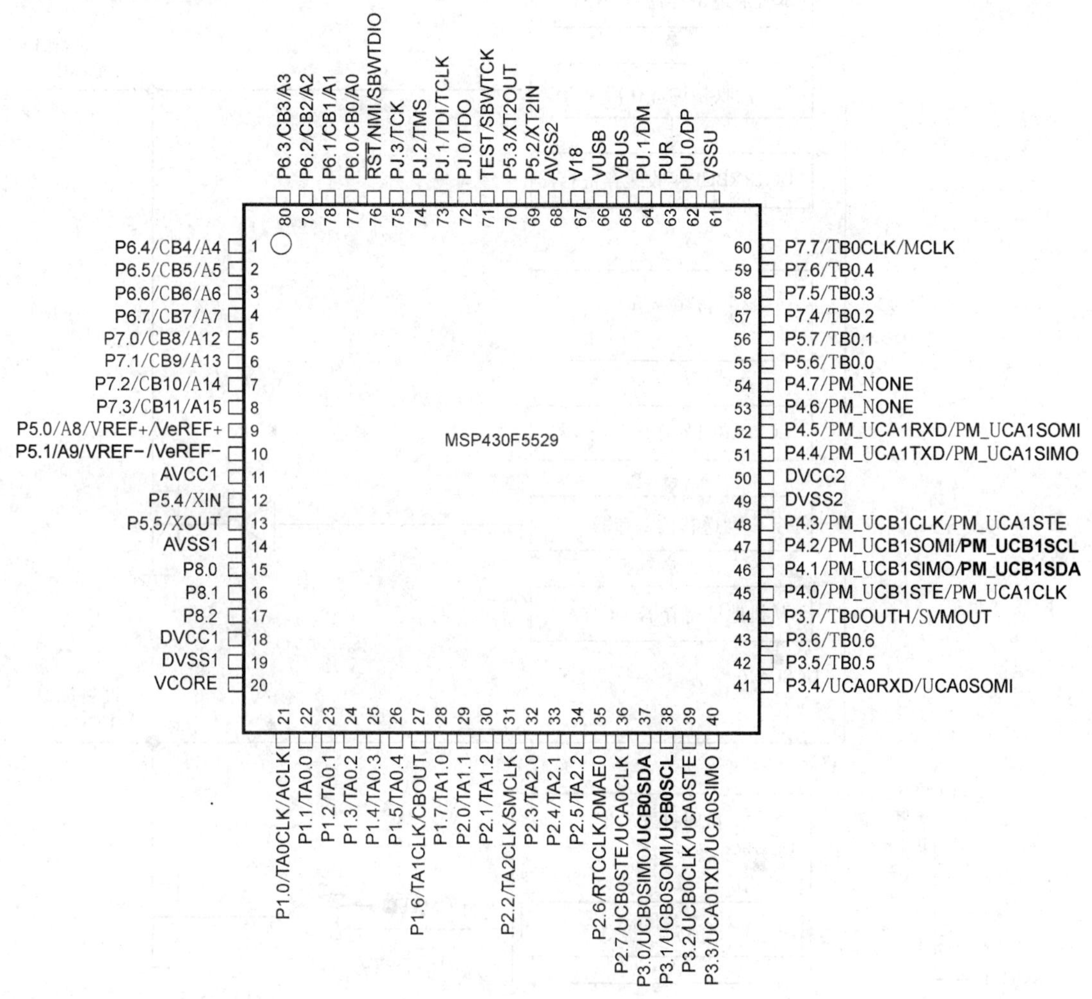

图 6.15　I²C 模块相关引脚图

USCI 模块支持的 I²C 串行总线具有以下特点：

(1) 与飞利浦公司 I²C 协议 2.1 版本兼容；

(2) 7 位或 10 位地址模式可选；

(3) 支持 START、RESTART 和 STOP 模式；

(4) 支持多主机和从机收发模式；

(5) 支持的速率包括标准模式的 100 kb/s 和快速模式的 400 kb/s；

(6) 主机同步时钟可编程；

(7) 具有低功耗工作和唤醒模式。

6.5.1　I²C 模块内部结构

I²C 模块的内部结构框图如图 6.16 所示，从图中可以看到 I²C 模块的基本结构，大致了解其工作原理。

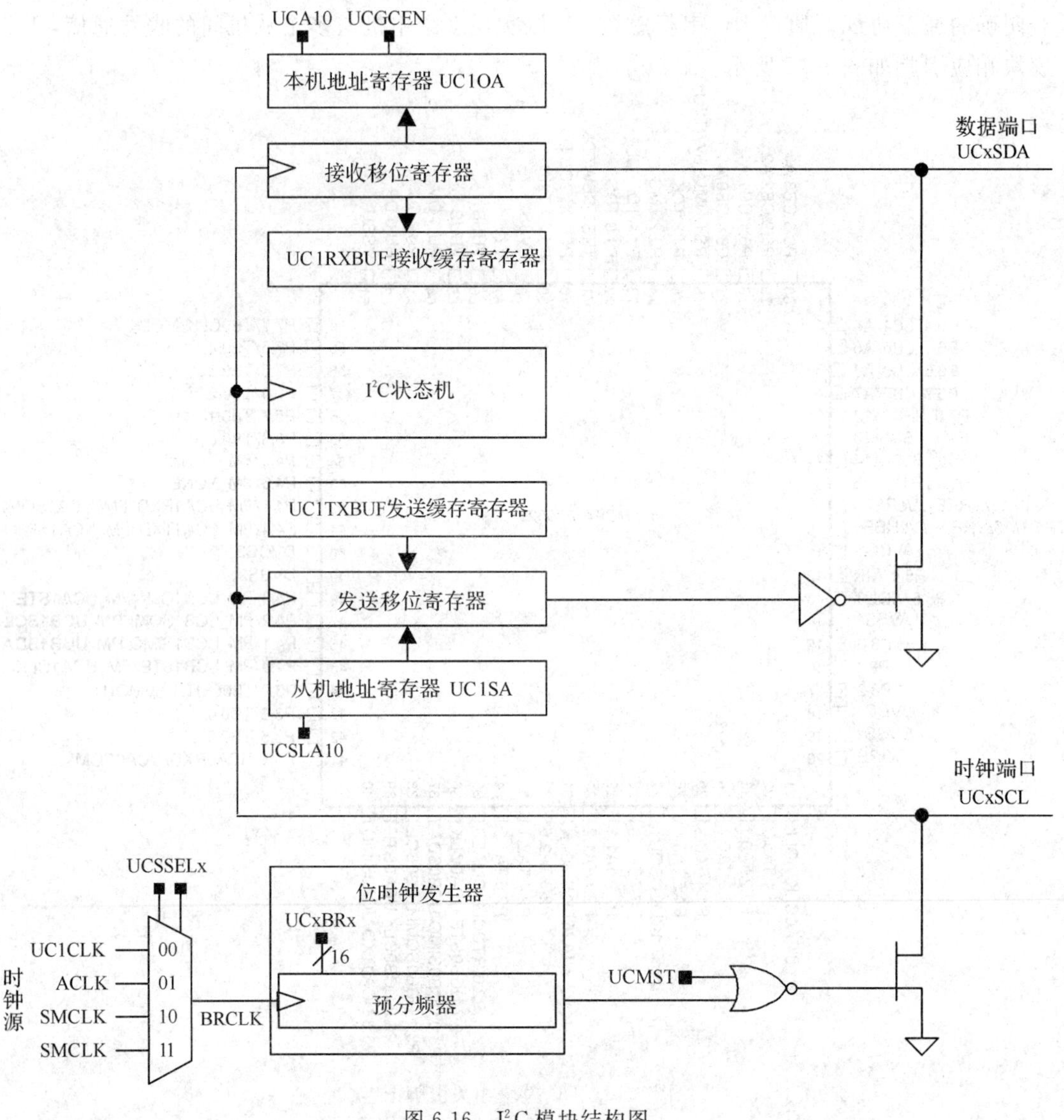

图 6.16　I²C 模块结构图

从图中可以看出，I²C 模块结构与其他串行通信模块结构非常类似，大致包括 4 大部分：

(1) 位时钟发生器：是整个 I²C 时序的核心，可选的时钟共有 4 个，时钟信号还可以进一步被分频和调制，以产生满足要求的时钟频率。

(2) I²C 状态机：控制整个 I²C 模块的工作时序。

(3) 接收端：共由 3 个部分构成，本机地址寄存器存放本机的地址，数据从数据端口输入，进入接收移位寄存器后再并行输入接收缓存寄存器，以备读取。

(4) 发送端：共由 3 个部分构成，从机地址寄存器存放从机的地址，数据从发送缓存寄存器并行输入发送移位寄存器，最后从数据端口输出。

I²C 模块结构与 UART 模块和 SPI 模块相比，最大的区别在于仅有一个数据端口，数据的发送和接收都通过该端口实现。且数据端口和时钟端口均为漏极开路，因此使用时一定要采用上拉方式。

6.5.2　I^2C 模块工作原理

1. I^2C 模块基本知识

I^2C 模块支持所有采用 I^2C 通信模式的外部设备。图 6.17 中给出了 I^2C 总线的连接关系图。在 I^2C 总线中，每一个 I^2C 设备都有一个特定的地址，每一个 I^2C 设备都能实现数据的发送和接收。如果一个设备在 I^2C 总线中初始化数据的传输，同时提供时钟信号，则该设备被看做主机。被主机编址的设备则被认为是从机。无论是主机还是从机都能够在 I^2C 总线上发送和接收数据。

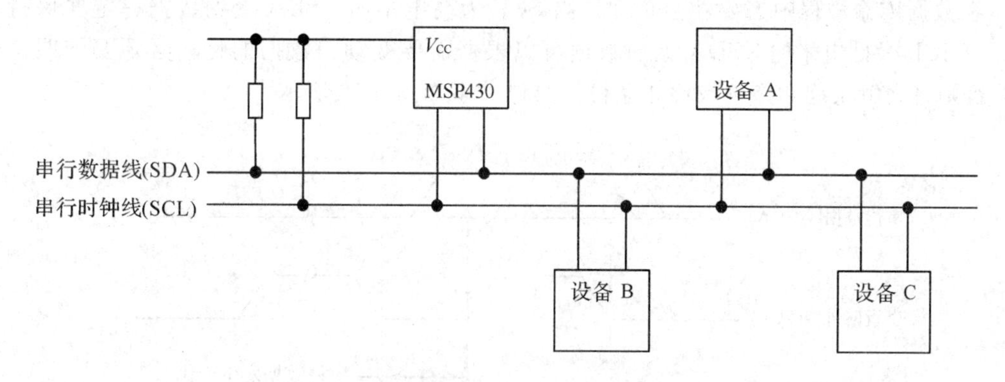

图 6.17　I^2C 总线连线图

如前文所述，I^2C 总线采用两线制，即串行数据线(SDA)和串行时钟线(SCL)。这两个端口都是漏极开路的，都能够实现双向数据传输，因此在使用时一定要采用上拉电阻接供电电压才能正常使用，如图 6.17 所示。

I^2C 总线模块的初始化操作同样也包括下面几个步骤：

(1) UCSWRST 位置 1；

(2) 选择工作模式；

(3) 选择时钟源并配置通信频率；

(4) UCSWRST 位复位。

I^2C 模块初始化一定要在 UCSWRST 位置 1 的前提下进行，否则可能配置失效。UCSWRST 位置 1 会使得 I^2C 通信暂停，数据线和时钟线处于高阻状态，相关寄存器被清零。

I^2C 通信时每个时钟周期传输 1 位数据，以 1 个字节作为数据传输单位。数据采用高位在前的格式。图 6.18 所示是 1 个通用 I^2C 总线数据帧的格式。

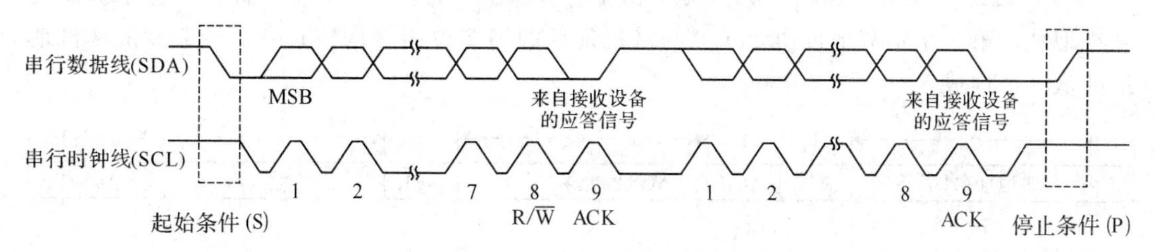

图 6.18　I^2C 总线帧格式

在了解 I²C 总线通信时，首先要了解以下两个概念：

(1) 所谓起始条件指：SCL 为高电平时，SDA 由高电平变为低电平；

(2) 所谓停止条件指：SCL 为高电平时，SDA 由低电平变为高电平。

I²C 总线数据的通信都是从主机发送起始条件开始，到主机发送停止条件结束。如图 6.18 所示，在起始条件之后，在第 1～8 个时钟周期内，数据线上传输了 1 个字节的数据，其中 7 位是从机地址，最后 1 位是读写标志位(R/$\overline{W}$)。当读写标志位 R/$\overline{W}$＝0 时，代表主机向从机发送数据；当读写标志位 R/$\overline{W}$＝1 时，代表主机由从机接收数据。如果从机接收到了主机发送的地址和读写标志位，则从机应在第 9 个时钟周期向主机发送 1 位应答信号(ACK)。此后便开始数据的传输，其格式与之前操作类似，直到停止条件结束。

在数据传输过程中需要注意的是，当 SCL 为高电平时，SDA 上的数据一定要保持不变；当 SCL 为低电平时，SDA 上的数据可以根据需要变动。数据的传输必须要依照该规则，否则将会触发起始条件或停止条件。具体关系如图 6.19 所示。

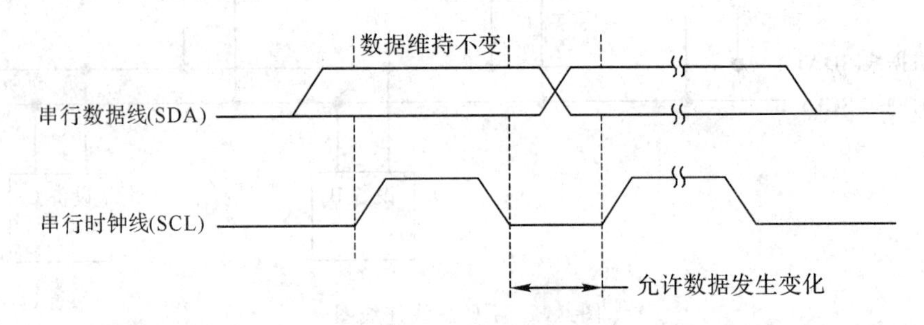

图 6.19　I²C 数据传输规则

2. I²C 模块编址模式

I²C 模块支持的编址方式有 7 位编址和 10 位编址两种。

1) 7 位编址

7 位编址方式格式如图 6.20 所示，在开始条件后发送的第一个字节为从机地址。接收设备在每个数据字节结束后将会发送应答信号。

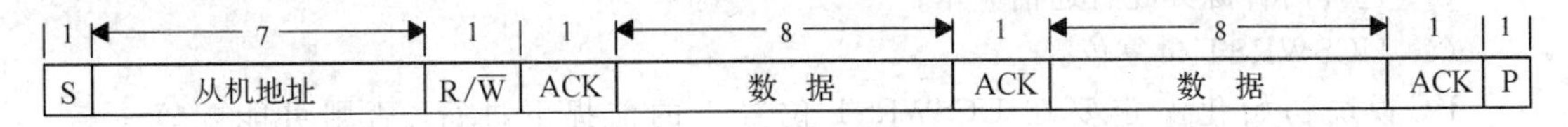

图 6.20　7 位地址编址格式

2) 10 位编址

10 位编址方式格式如图 6.21 所示，由于 I²C 以字节为传输单位，因此分 2 个字节发送从机地址。第 1 个字节地址由 11110 与从机地址的高 2 位组合构成；第 2 个字节由从机地址的低 8 位构成。

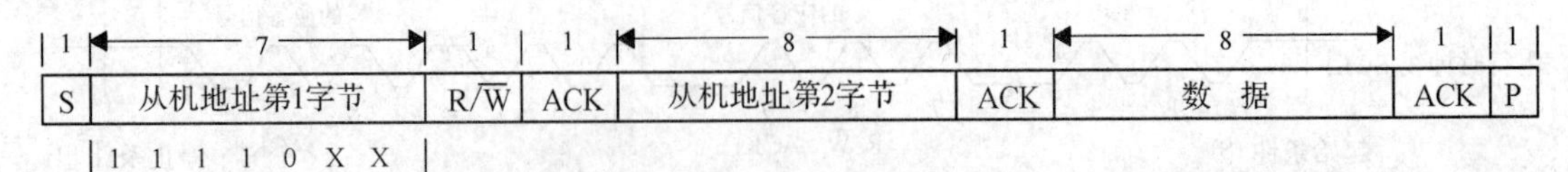

图 6.21　10 位地址编址格式

3）重复起始条件

数据线 SDA 上的数据流方向可以由主机改变，而不一定非要先停止传输。采用重复起始条件便能在传输过程中改变数据流的方向，这种方式被称为 RESTART。在完成一次数据传输后，当需要改变数据方向时，再次由主机发送开始条件，并重新发送从机地址后，改变读写标志位即可，此后与正常数据传输一致。具体格式如图 6.22 所示。

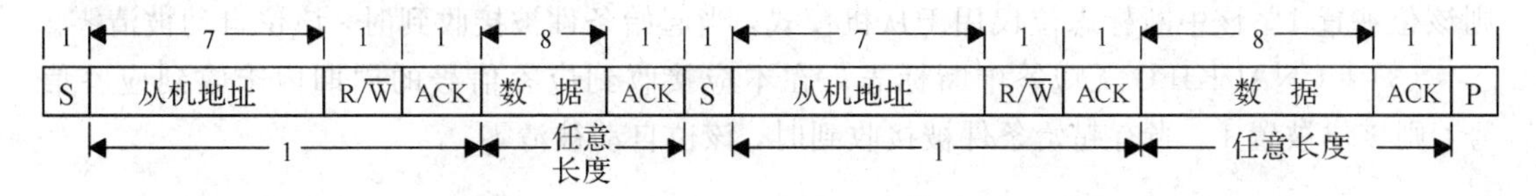

图 6.22　重复起始条件格式

3. I²C 时钟的产生

在进行 I²C 通信时，时钟均由 I²C 主机提供。当 I²C 模块作为主机时，由其提供时钟信号，并通过 UCSSELx 位来选择时钟源。当 I²C 模块作为从机时，就不需要产生时钟信号了。

寄存器 UCBxBR1 和 UCBxBR0 共同构成时钟分频系数 UCBRx，其中 UCBxBR1 是高 8 位，UCBxBR0 是低 8 位。每位传输时钟频率 f_{BitClock} 和 I²C 模块输入时钟频率 f_{BRCLK} 之间满足以下关系：

$$f_{\text{BitClock}}=\frac{f_{\text{BRCLK}}}{\text{UCBRx}}$$

在采用单主机模式下，f_{BitClock} 最高频率为 $f_{\text{BRCLK}}/4$；如果是多主机模式下，f_{BitClock} 最高频率则为 $f_{\text{BRCLK}}/8$。由此产生的高低电平的最小周期满足以下关系：

$$\begin{cases} t_{\text{LOW, MIN}}=t_{\text{HIGH, MIN}}=\dfrac{\text{UCBRx}/2}{f_{\text{BRCLK}}}, & \text{当 UCBRx 为偶数时} \\ t_{\text{LOW, MIN}}=t_{\text{HIGH, MIN}}=\dfrac{(\text{UCBRx}-1)/2}{f_{\text{BRCLK}}}, & \text{当 UCBRx 为奇数时} \end{cases}$$

芯片采用 I²C 通信时往往对时钟频率有限制，因此时钟高低电平最小周期必须要和芯片指定的最小周期保持一致。

4. I²C 模块的中断

I²C 模块只有 1 个中断向量，用于数据发送、接收以及状态的改变等。每个中断标志位都有相对应的中断使能位控制。当相应中断使能位被置 1，同时总中断 GIE 被置 1 时，当有对应事件发生时对应的中断标志位会被置 1 并请求中断。

1）I²C 发送中断操作

当发送缓存 UCBxTXBUF 为空，准备接收新的数据时，标志位 UCTXIFG 被置 1。与该标志位对应的中断使能位是 UCTXIE。有两种情况会使得 UCTXIFG 被清零，一是当有新数据写入发送缓存时，二是当非应答信号 NACK 被接收到时。

2）I²C 接收中断操作

当数据接收完成并已加载到接收缓存 UCBxRXBUF 中时，标志位 UCRXIFG 会被置 1。与该标志位对应的中断使能位是 UCRXIE。当接收缓存 UCxRXBUF 中的数据被读取时，该标志位会被自动清零。

3）状态改变中断标志

（1）UCSTTIFG 起始条件中断标志。在 I^2C 模块作为从机模式下，当侦测到 1 个起始条件信号并跟随与自身地址相符的从机地址时，该位被置 1。该中断标志位仅用于从机模式，当结束条件被接收到时，该位自动被清零。

（2）UCSTPIFG 停止条件中断标志。在 I^2C 模块作为从机模式下，当接收到停止条件则该位被置 1。该中断标志位仅用于从机模式，当起始条件被接收到时，该位自动被清零。

（3）UCNACKIFG 无应答中断标志。在本应接收到应答信号的周期内未收到应答信号，则该位被置 1。当有起始条件被接收到时，该位自动被清零。

6.5.3　I^2C 模块的操作

在本节将介绍有关 I^2C 模块在从机和主机模式下进行数据发送和接收操作的时序流程。图 6.23 给出了操作时序流程的图例，方便读者理解。

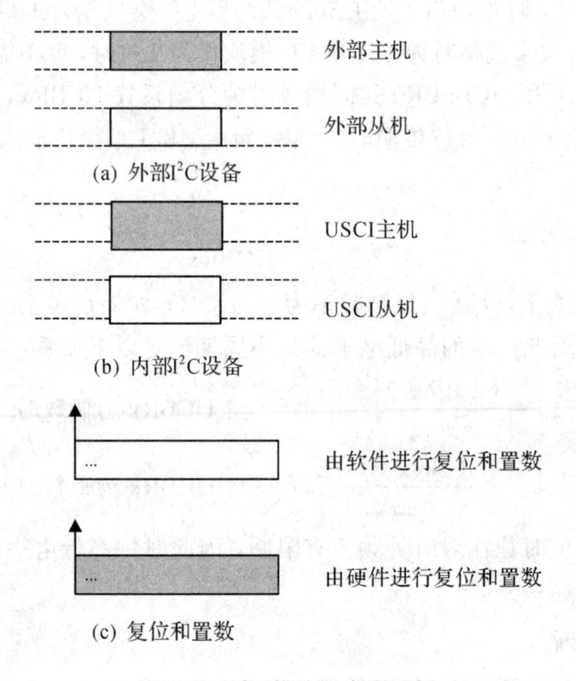

图 6.23　I^2C 模块时序图图例

图 6.23(a)、图 6.23(b)中灰色框代表由主机传输的数据；白色框代表由从机传输的数据。由单片机中 I^2C 模块实现的主机和从机所表示的框要高于外部主机和从机的框。图 6.23(c)分别表示了需要由硬件和软件实现的数据操作，白色代表必须由用户通过软件来实现；灰色代表会由 I^2C 模块硬件来完成相应操作，用户无须干预；箭头代表需要进行操作的位置。

1. I^2C 主机模式

I^2C 模块可以作为主机来使用，前提是要把 USCI 模块配置为同步模式（UCSYNC＝1），同时选择 I^2C 模式（UCMODEx＝11）以及选择为主机模式（UCMST＝1）。通过对 UCA10 位的设置可以选择 7 位或 10 位编址方式。根据 I^2C 协议，总线上可以挂载 1 个或以上的主机，I^2C 模块同样支持该功能。但多主机模式使用较少，因此不做详细叙述，读者如有兴趣可以参见用户手册。下面针对I^2C模块作为主机发送和接收操作做详细介绍。

1) I^2C主机发送模式

采用主机发送模式，在完成I^2C模块初始化后，首先用户需要完成以下软件操作步骤：

(1) 将从机地址写入UCBxI2CSA寄存器；

(2) 将UCTR置1，从而选择为发送模式；

(3) 将UCTXSTT置1，产生起始条件；

完成以上操作后，当总线空闲时I^2C模块硬件会产生起始条件，并发送从机地址。UCTXIFG位将被自动置1，表明发送缓存寄存器为空，允许用户将第一个需要发送的数据写入发送缓存。同时，从机将会应答从机地址，I^2C模块硬件将UCTXSTT位清零。

如果在发送从机地址过程中，主机没有丢失对总线的仲裁，那么用户写入的第一个数据将会通过总线进行发送。当数据发送完毕时，UCTXIFG位将自动置1。当应答周期到来时，没有新的数据写入发送缓存，时钟线将会在整个应答周期中保持低电平直到有新数据写入发送缓存。只要I^2C主机不发送起始条件或停止条件，数据就可以连续发送，同样总线也可以被始终保持。

在收到来自从机的应答信号时，用户将UCTXSTP置1将会产生一个停止条件。在从机地址发送过程中，或者是等待新数据写入发送缓存过程中，将UCTXSTP置1都会产生一个停止条件，即便没有任何数据发送到从机。如果只向从机发送1个字节数据，将UCTXSTP置1必须选择放在数据发送过程中，或者是数据开始发送之后，且没有新数据写入发送缓存时。否则，I^2C模块将只会发送从机地址而不发送任何数据。判断数据开始发送的依据是UCTXIFG被置1。因此，当查询到UCTXIFG=1后，将UCTXSTP置1，将会保证数据得以正常发送，并能产生相应的停止条件。

如果想实现重复起始条件，则用户可以不将UCTXSTP置1，而是将UCTXSTT置1。这种情况下，同时重新设置UCTR从而选择发送或接收模式，也可以发送别的从机地址到UCBxI2CSA寄存器。

如果从机不应答主机发送的数据，则无应答标志位UCNACKIFG位将会被置1。此时，主机必须发送停止条件或者发送重复起始条件。如果碰到这种情况，之前写入发送缓冲的数据就会被抛弃掉。如果想在重复起始条件之后再次发送需要发送的数据，则必须再将该数据写入发送缓存。同样，在无应答发生前设置的UCTXSTT也会被丢弃，需要在无应答后再次置1，从而产生重复起始条件。具体时序流程如图6.24所示。

2) I^2C主机接收模式

采用主机接收模式，在完成I^2C模块初始化后，首先用户需要完成以下软件操作步骤：

(1) 将从机地址写入UCBxI2CSA寄存器；

(2) 将UCTR置0，从而选择为接收模式；

(3) 将UCTXSTT置1，产生起始条件；

完成以上操作后，当总线空闲时I^2C模块硬件会产生起始条件，并发送从机地址。同时，从机将会应答从机地址，I^2C主机将UCTXSTT位清零。

当从机对主机发送的地址做出应答时，主机便开始接收来自从机的第一个字节的数据。当数据接收完成时，主机将对从机做出应答，并将UCRXIFG置1表明接收缓存中已有数据。用户读取接收缓存中的数据后，将会使得UCRXIFG被清零；如果不及时读取数

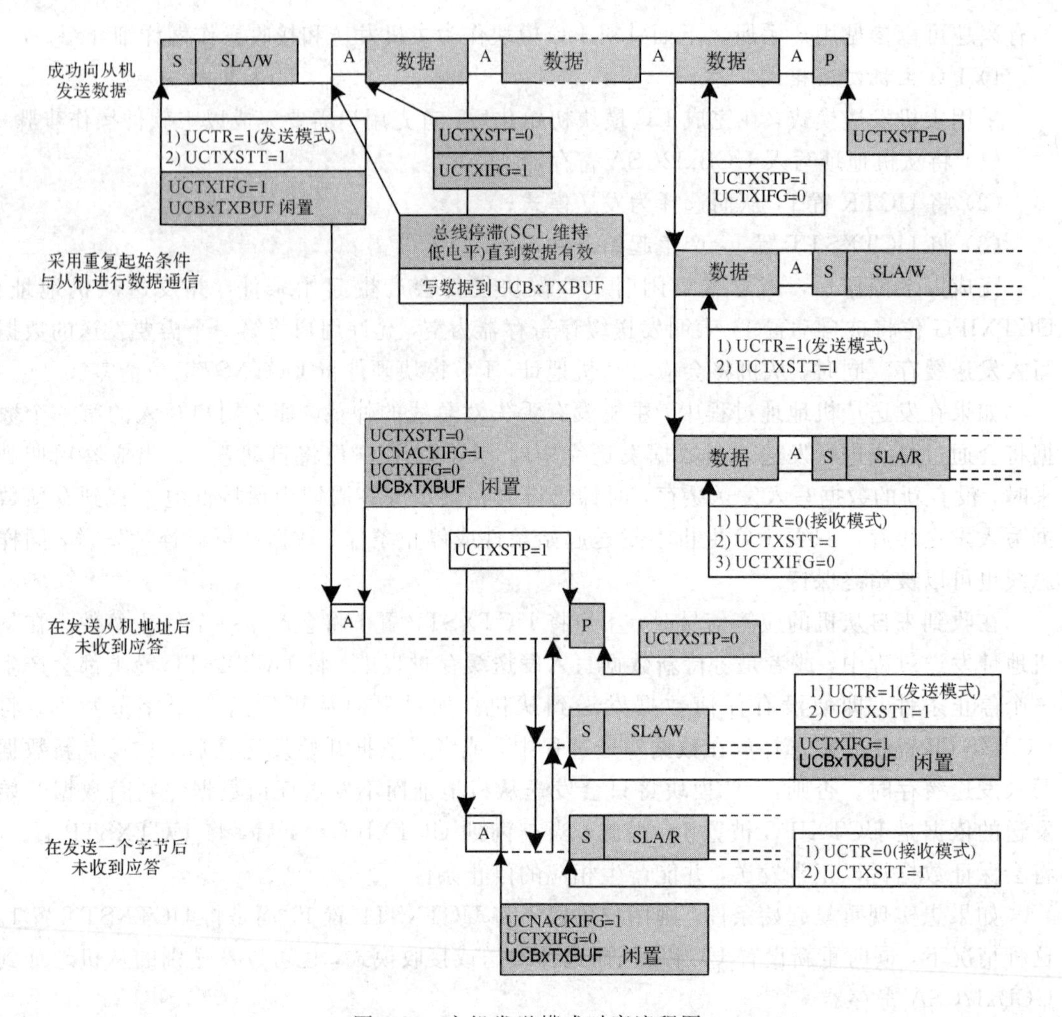

图 6.24 主机发送模式时序流程图

据，主机会一直占用总线，直到数据被读取。只要主机不发送停止条件或起始条件，来自从机的数据就会不断被主机接收到。

当要结束接收时，用户可以将 UCTXSTP 位置 1。如果此时主机正在接收从机数据，则主机会等接收完成后发送无应答信号以及停止条件；如果数据已经接收完成等待读取，则主机将会马上发送无应答信号及停止条件。

如果主机只想接收 1 个字节的数据，则用户应在字节被接收过程中将 UCTXSTP 位置 1。可以通过不断查询 UCTXSTT 位的状态去把握这个时机，也就是说当查询到 UCTXSTT 位被清零后，马上将 UCTXSTP 位置 1。

在实际使用中，主机读取从机数据时往往还需要指定从机中寄存器的地址或者是从机中存储器的地址，因此必须使用重复起始条件进行通信。通过将 UCTXSTT 位置 1，可以产生重复起始条件，但该位置 1 的时机一定要把握准确。UCTXSTT 位置 1 应该选择在最后 1 个字节数据被接收到之前，具体而言应该选择在倒数第二个字节被存入接收缓存，UCRXIFG 被置 1 之后马上进行。

I^2C 模块作为主机进行数据接收的时序流程图如图 6.25 所示。

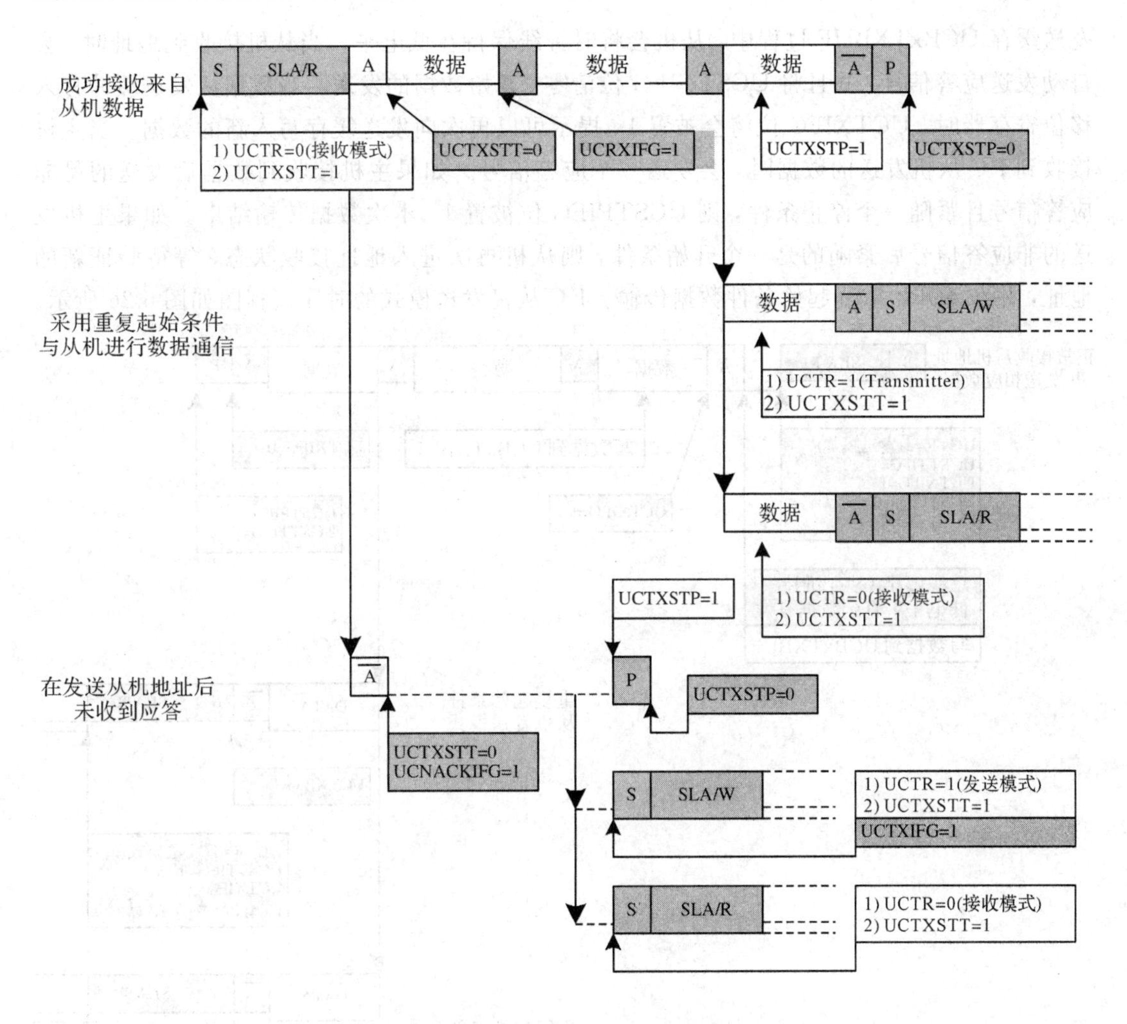

图 6.25　主机接收模式时序流程图

2. I²C 从机模式

I²C 模块也可以作为从机来使用，前提是要把 USCI 模块配置为同步模式(UCSYNC=1)，同时选择 I²C 模式(UCMODEx=11)以及选择为从机模式(UCMST=0)。通过将 UCTR 位置 0，将 I²C 模块配置为接收方式，用于接收从机地址。此后，I²C 模块作为从机是进行发送操作还是接收操作，就完全由接收到的读写标志位决定了。I²C 模块作为从机的地址存放在寄存器 UCBxI2COA 中，可以自行修改。当 I²C 模块探测到总线上有起始条件时，便会接收发送的地址并和自身地址进行比较，如果一致则 UCSTTIFG 会被置 1，此后开始相应的数据操作。下面针对 I²C 模块作为从机发送和接收操作做详细介绍。

1) *I²C 从机发送模式*

当 I²C 从机接收到总线上的地址，且该地址与本机地址一致，同时读写标志位为 1，则从机自动进入发送模式。在发送数据过程中，从机不产生时钟，而是按照主机的时钟将数据移入总线。

当 I²C 从机采用发送模式时，会自动将 UCTR 位和 UCTIFG 位置 1。在等待数据写入发送缓存 UCBxTXBUF 过程中，从机会将时钟线保持在低电平。当从机接收到地址时，会自动发送应答信号，并且将 UCSTTIFG 位清零，开始数据的发送。当数据从发送缓冲移入移位寄存器时，UCTXIFG 位将会被置 1，提示可以再次向发送缓存写入新的数据。当主机接收到 I²C 从机发送的数据时，会发送一个应答信号。如果主机接收到数据后发送的是非应答信号且紧随一个停止条件，则 UCSTPIFG 位被置 1，本次数据传输结束。如果主机发送的非应答信号后紧随的是一个开始条件，则从机再次进入地址接收状态，等待验证新的地址，并准备开始重复起始条件数据传输。I²C 从机发送模式的时序流程图如图 6.26 所示。

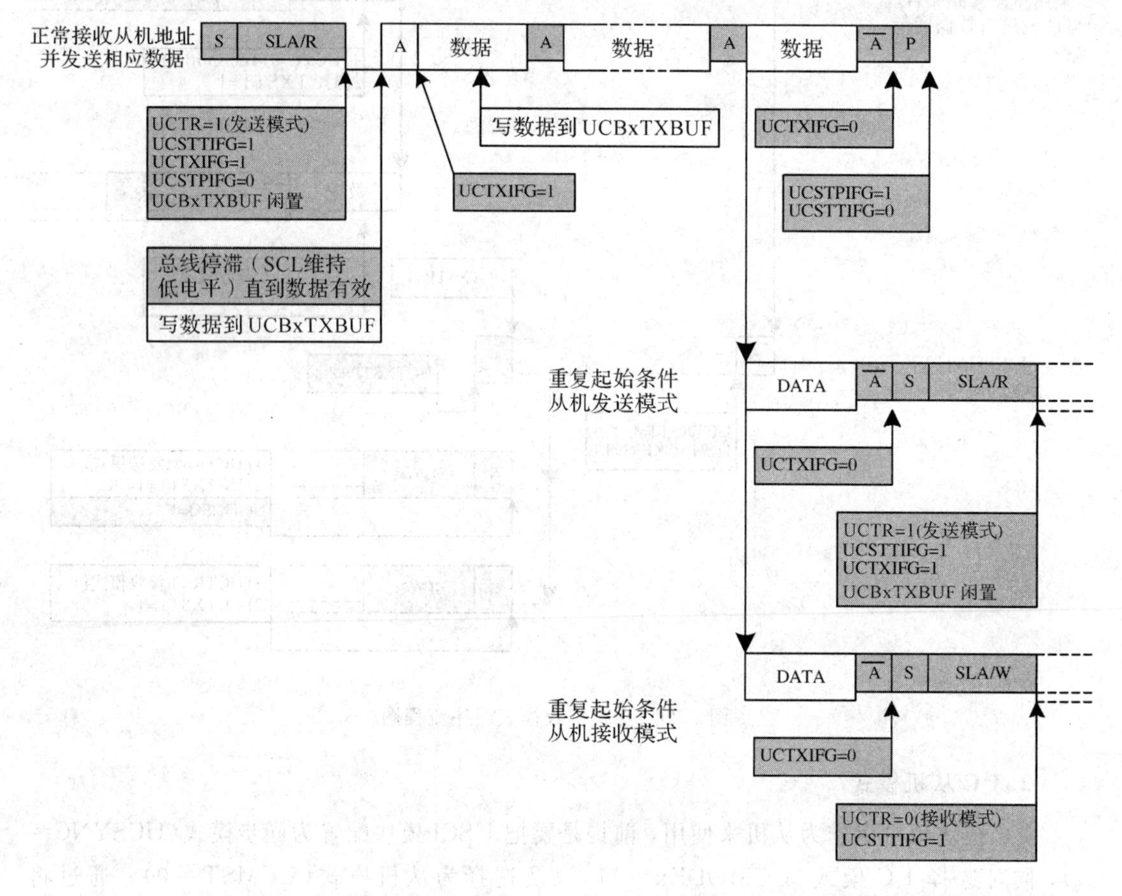

图 6.26　从机发送模式时序流程图

2）I²C 从机接收模式

当 I²C 从机发现从总线上接收到的地址与自身地址一致，并且紧随地址的读写标志位为 0 时，则从机自动进入接收模式。此后数据按照主机发送的时钟移入从机的移位寄存器中，完成数据的接收。

当 I²C 从机进入接收模式时，UCTR 位会被自动清零。当接收到的数据进入接收缓存时，UCRXIFG 会被置 1。同时，从机自动应答主机表明数据接收成功，并且开始下一个字节的数据接收。如果新的数据接收到了，但发现接收缓存中上一个字节数据还未被读取，则时钟线会被置 0，直到数据被读取为止。

当 I²C 作为从机接收数据时，也可以人为地发送非应答信号。通过将 UCTXNACK 置

1，便可以在下一个应答周期里发送一个非应答信号。一旦非应答信号被发送到总线上，即便时钟线处在保持为 0 的状态，总线也会被释放。同样，如果数据没有被读取，就会被丢弃。

当主机发送停止条件时，UCSTPIFG 会被置 1。当主机发送重复起始条件时，I^2C 从机会自动进入地址接收模式。I^2C 从机接收模式的时序流程图如图 6.27 所示。

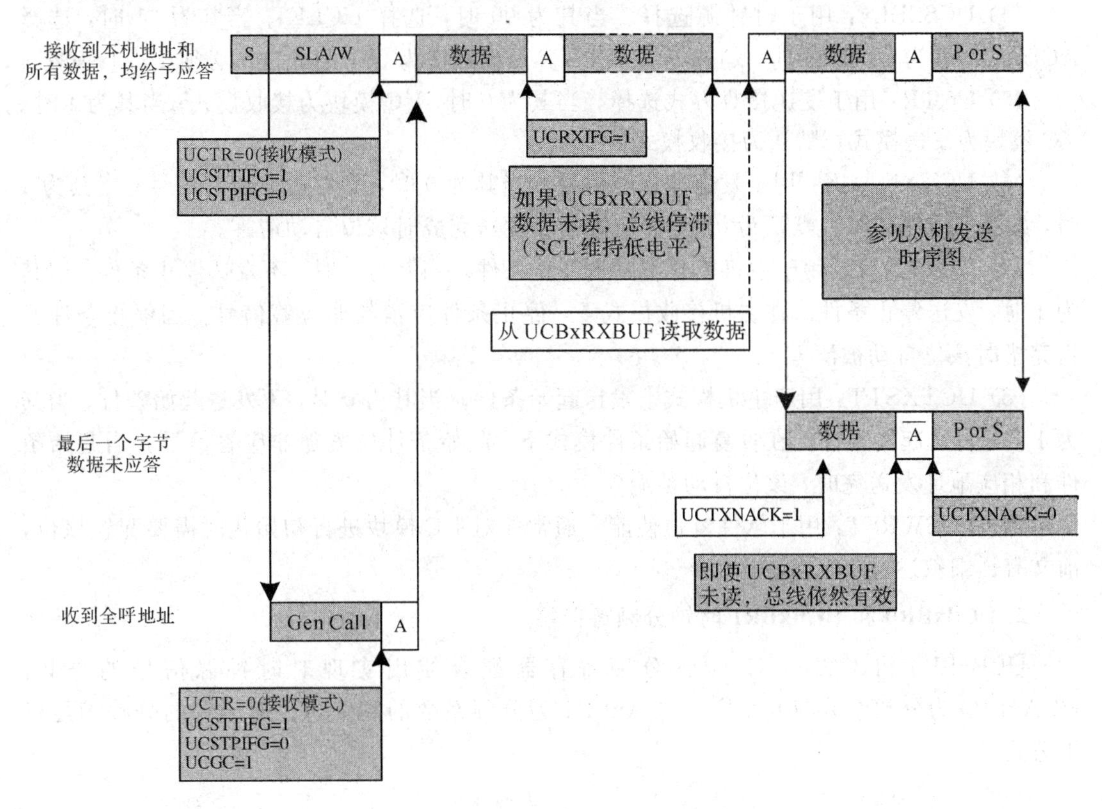

图 6.27　从机接收模式时序流程图

6.5.4　I^2C 模块寄存器

I^2C 通信模块寄存器数量众多，但真正需要掌握和经常用到寄存器却并不多。这里主要介绍 USCI_B 中必须了解和重点掌握的寄存器及相应位，其他寄存器的功能详见用户手册。

1. UCBxCTL0 和 UCBxCTL1 控制寄存器

(1) UCMST：用于主机模式选择。当其为 0 时，I^2C 模块作为主机使用；当其为 1 时，I^2C 模块作为从机使用。默认该位为 0。

(2) UCMODEx：用于同步通信模式选择。可以选择 SPI 通信的 3 种模式和 I^2C 通信模式，通常采用默认的 3 线制 SPI 模式。具体设置如下：

① UCMODEx=00，3 线制 SPI 模式；

② UCMODEx=01，4 线制 SPI 模式，当 UCxSTE=1 时从机使能；

③ UCMODEx=10，4线制SPI模式，当UCxSTE=0时从机使能；

④ UCMODEx=11，I^2C模式。

显然需要将该位设置为11，该位的设置需要在UCSWRST=1的前提下进行。

(3) UCSYNC：用于选择同步或异步通信。当其为0时为异步通信模式，当其为1时为同步通信模式，默认为异步通信模式。因为I^2C是同步通信模式，因此该位必须被置1。

(4) UCSSELx：用于时钟源选择。当其为00时，选择UCLKI；当其为01时，选择ACLK；当其为10和11时，均选择SMCLK。该位默认为00，因此该位必须要进行设置。

(5) UCTR：用于发送接收方式选择。当其为0时，I^2C模块为接收模式；当其为1时，I^2C模块为发送模式。默认为接收模式。

(6) UCTXNACK：用于发送非应答信号。当其为0时，不发送非应答信号；当其为1时，发送非应答信号。默认为0，当非应答信号发送完成时该位自动清零。

(7) UCTXSTP：用于主机模式下发送停止条件。当其为0时，不发送停止条件；当其为1时，发送停止条件。在主机接收模式下，停止条件应紧随非应答信号。当停止条件发送完毕时该位自动被清零。

(8) UCTXSTT：用于主机模式下发送起始条件。当其为0时，不发送起始条件；当其为1时，发送起始条件。在重复起始条件模式下，起始条件应紧随非应答信号。当起始条件和相应地址发送完时，该位自动被清零。

(9) UCSWRST：用于软件复位使能。通常在对I^2C模块进行初始化时需要配置该位，前文有详细叙述。

2. UCBxBR0和UCBxBR1时钟分频寄存器

UCBxBR0和UCBxBR1时钟分频寄存器配合使用实现对时钟源信号的分频，UCAxBR0为分频系数的低8位，UCAxBR1为分频系数的高8位。对时钟的分频满足以下公式：

$$f_{\mathrm{BitClock}}=\frac{f_{\mathrm{BRCLK}}}{\mathrm{UCBRx}}$$

$$\mathrm{UCBRx}=\mathrm{UCAxBR0}+\mathrm{UCAxBR1}\times 256$$

3. UCBxRXBUF接收缓存寄存器

UCBxRXBUF接收缓存寄存器为8位，用于存放接收到的数据。在串行通信过程中，对该寄存器进行读取操作便能获得接收到的数据。

4. UCBxTXBUF发送缓存寄存器

UCBxTXBUF发送缓存寄存器为8位，用于存放需要发送的数据。在串行通信过程中，当该寄存器为空时，便能写入需要发送的数据。

5. UCBxI2CSA从机地址寄存器

UCBxI2CSA从机地址寄存器仅用于I^2C主机模式，用于存放外部从机的地址。该寄存器为右对齐模式，支持7位和10位地址。

6. UCBxIE中断标志位使能寄存器

UCBxIE中断标志位使能寄存器存放I^2C模式下中断标志位的使能位，均为置1使能，默认为 0。

（1）UCNACKIE：用于无应答中断使能。

（2）UCSTPIE：用于停止条件中断使能。

（3）UCSTTIE：用于起始条件中断使能。

（4）UCTXIE：用于发送中断使能。

（5）UCRXIE：用于接收中断使能。

7. UCBxIFG 中断标志位寄存器

UCBxIFG 中断标志位寄存器存放 I^2C 模式下中断标志位，有中断挂起为 1，无中断为 0。

（1）UCNACKIFG：无应答中断标志位。当有起始条件被接收到时自动清零。

（2）UCSTPIFG：停止条件中断标志位。当有起始条件被接收到时自动清零。

（3）UCSTTIFG：起始条件中断标志位。当有停止条件被接收到时自动清零。

（4）UCTXIFG：发送中断标志位。当发送缓存为空时，该位被置 1。

（5）UCRXIFG：接收中断标志位。当接收缓存有数据未被读取时，该位被置 1。

8. UCBxIV 中断矢量寄存器

UCBxIV 中断矢量寄存器主要存放相关的中断矢量。

6.6　I^2C 存储器的读写操作

6.6.1　任务目标

采用 MSP430F5529 单片机内部的 USCI 模块实现 I^2C 通信模式，与 EEPROM 存储器 AT24C256 实现通信，并能够完成对存储器 AT24C256 的读写操作。

6.6.2　任务分析

AT24C256 是由 ATMEL 公司生产的一种 EEPROM 存储器芯片。该芯片存储容量为 256 kb(32 KB)，采用标准 I^2C 通信模式，最高通信频率为 400 kHz，地址位 2 位并带有写保护功能。该存储器芯片支持随机读写操作、整页写操作以及连续读取操作等模式。

根据任务要求，首先应完成 MSP430F5529 单片机与 AT24C256 的 I^2C 通信，并按照 AT24C256 数据读写操作的时序要求，完成读写操作。

6.6.3　硬件连接

AT24C256 存储器芯片的引脚图及引脚定义如图 6.28 所示。从图中可以看出，数据传输主要通过 SCL 和 SDA 引脚实现，芯片作为从机的地址通过 A1、A0 引脚确定，为了能正常写入数据，WP 引脚需要接地。AT24C256 存储器芯片引脚功能如表 6.2 所示。

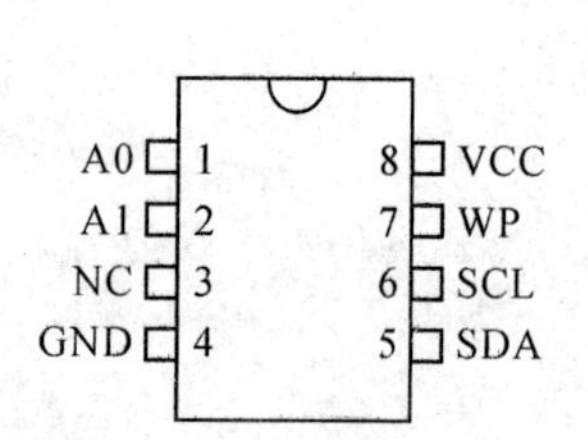

图 6.28 AT24C256 存储器芯片引脚

表 6.2 AT24C256 存储器芯片引脚功能

引脚名	功　能
A0、A1	从机地址输入
SDA	I²C 数据线
SCL	I²C 时钟线
WP	写保护
NC	无功能
VCC	电源输入(2.7～5.5 V)
GND	接地

AT24C256 存储器与单片机的连线关系如图 6.29 所示。在连线过程中，A0、A1 引脚接地，因此 AT24C256 存储器在 I²C 总线上的地址为 00。为了能完成读写操作，WP 引脚接地。SCL 和 SDA 引脚连接过程中，需要注意通过 10 kΩ 电阻上拉，否则无法正常通信。

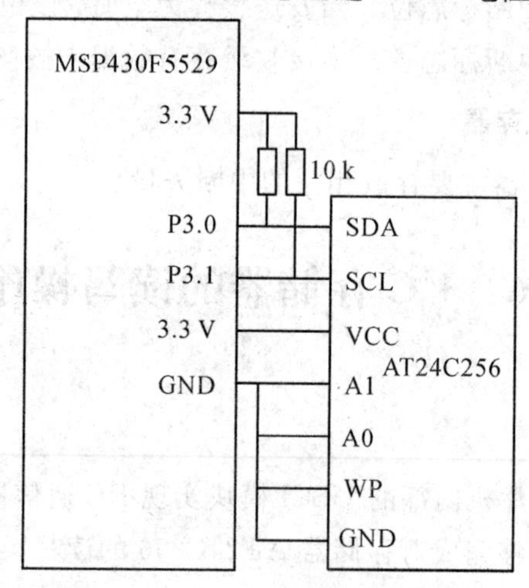

图 6.29 AT24C256 硬件连线图

6.6.4 软件设计

根据任务目标和任务分析，软件设计应遵循以下流程，如图 6.30 所示。

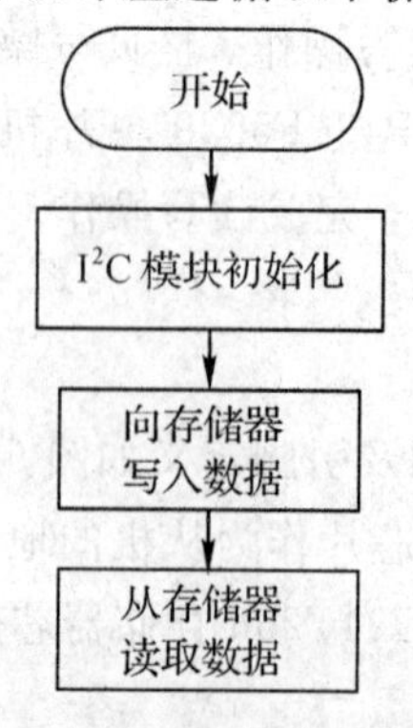

图 6.30 I²C 存储器的读写操作流程图

1. 主函数

主函数部分主要完成以下工作：

(1) 完成对 I²C 模块的初始化；

(2) 将数据写入 AT24C256 存储器中；

(3) 将数据从 AT24C256 存储器中读取。

```
#include <msp430.h>
#define DeviceAdd 0x50                                              // AT24C256 地址
unsigned char RAMDate[10]={0, 1, 2, 3, 4, 5, 6, 7, 8, 9};    //需要写入存储器的数据
unsigned char ROMDate[10]={0};                                      //从存储器读取的数据

void IICInit(unsigned char SlaverAdd);
void IIC_Single_Byte_Write(unsigned char WordAdd1, unsigned char WordAdd2, unsigned char
Data);
unsigned char IIC_Single_Byte_Read(unsigned char WordAdd1, unsigned char WordAdd2);

int main(void)
{
  unsigned char i;
  WDTCTL = WDTPW + WDTHOLD;                                       //关闭看门狗定时器
/************** I²C 初始化 ***********************/
  IICInit(DeviceAdd);
/***************采用单字节写入数据 *******************/
  for(i=0;i<10;i++)
  IIC_Single_Byte_Write(0x00, i, RAMDate[i]);
/***************采用随机读方式读取数据 ****************/
  for(i=0;i<10;i++)
  ROMDate[i]=IIC_Single_Byte_Read(0x00, i);
  while(1);
}
```

2. I²C 模块初始化函数

I²C 模块初始化函数主要完成 I²C 模块的初始化操作：

(1) 设置引脚功能；

(2) 将 I²C 模块设置为主机；

(3) 选择 SMCLK 作为时钟源，并进行分频。由于默认频率为 1 MHz，因此要保证 I²C 通信频率小于 400 kHz；

(4) 将从机地址写入从机地址寄存器。

```
void IICInit(unsigned char SlaverAdd)
{
  P3SEL |= BIT0 + BIT1;                                  // 设置 P3.0 和 P3.1 作为通信端口
  UCB0CTL1 |= UCSWRST;                                   //复位 I²C 状态机
  UCB0CTL0 = UCMST + UCMODE_3 + UCSYNC;
```

```
                                                  //本机作为I²C主机，同步通信方式
    UCB0CTL1 = UCSSEL_2 + UCSWRST;                //选择时钟SMCLK，保持状态机复位
    UCB0BR0 = 4;                                  //对时钟进行分频，确保小于400 kHz
    UCB0BR1 = 0;
    UCB0I2CSA = SlaverAdd;                        //从机地址
    UCB0CTL1 &= ~UCSWRST;                         //初始化I²C状态机
}
```

3. 单字节写数据函数

单字节写数据函数主要完成对AT24C256存储器的单字节写操作：

(1) 发送 I²C 起始条件；

(2) 发送存储器内地址，该地址共由 2 个字节构成；

(3) 发送 1 个字节数据；

(4) 发送 I²C 停止条件；

(5) EEPROM 存储器写入数据较慢，因此需要延时约 5 ms。

```
void IIC_Single_Byte_Write(unsigned char WordAdd1, unsigned char WordAdd2, unsigned char Data)
{
    while(UCB0CTL1 & UCTXSTP);
    UCB0CTL1 |= UCTR + UCTXSTT;                   // I²C开始发送起始条件
    UCB0TXBUF = WordAdd1;
    while(!(UCB0IFG & UCTXIFG));
    UCB0TXBUF = WordAdd2;
    while(!(UCB0IFG & UCTXIFG));
    UCB0TXBUF = Data;                             //发送数据
    while(!(UCB0IFG & UCTXIFG));
    UCB0CTL1 |= UCTXSTP;                          //准备发送停止条件
    __delay_cycles(5000);                         //延时5 ms
}
```

4. 单字节读取函数

单字节读取函数主要完成对AT24C256存储器的单字节读操作：

(1) 发送 I²C 起始条件；

(2) 发送存储器内地址，该地址共由 2 个字节构成；

(3) 发送重复起始条件，并改为接收方式；

(4) 发送 I²C 停止条件；

(5) 读取 1 个字节数据，并返回该数据。

```
unsigned char IIC_Single_Byte_Read(unsigned char WordAdd1, unsigned char WordAdd2)
{
    char value;
    UCB0CTL1 |= UCTR + UCTXSTT;                   // I²C开始发送起始条件
    UCB0TXBUF = WordAdd1;
    while(!(UCB0IFG & UCTXIFG));
    UCB0TXBUF = WordAdd2;
```

```
    while(! (UCB0IFG & UCTXIFG));
    UCB0CTL1 |= UCTXSTT;                          //再次发送起始条件
    UCB0CTL1 &= ~UCTR;                            //I2C 接收数据
    while(UCB0CTL1 & UCTXSTT);
    UCB0CTL1 |= UCTXSTP;                          // 发送 I2C 停止条件
    while(! (UCB0IFG & UCRXIFG));
    value = UCB0RXBUF;                            //I2C 接收数据
    return (value);
}
```

6.6.5　综合调试

在完成硬件连接和软件下载后，便可以开始综合调试工作了。通过 IAR 开发环境自带的调试工具便能完成实验结果的观察和分析工作。将存放读取数据的数组 ROMDate[ ]加入 Watch 中，并在主函数最后一行设置断点，运行程序。观察数组 ROMDate[ ]中的数据是否与数组 RAMDate[ ]中的数据一致，如运行正常则界面应如图 6.31 所示。

Watch 1

Expression	Value
ROMDate	<array>""
[0]	0
[1]	1
[2]	2
[3]	3
[4]	4
[5]	5
[6]	6
[7]	7
[8]	8
[9]	9

图 6.31　$\mathrm{I^2C}$ 存储器读写操作调试图

6.7　运动体姿态角检测系统的具体设计

6.7.1　任务目标

采用飞思卡尔公司的 MMA7455 三轴加速传感器测量物体的姿态角，并将测量结果上传至 PC 机。

6.7.2　任务分析

本任务中使用的飞思卡尔公司的 MMA7455 三轴加速传感器具有低功耗以及精度高等特点，同时提供了 SPI 和 $\mathrm{I^2C}$ 两种通信方式。其工作原理详见 MMA7455 数据手册，这里不再赘述。事实上 MMA7455 并不直接输出角度信息，只是提供三个轴向上的加速度值。通过这三个加速度值可以计算出绕 X 轴旋转的滚转角以及绕 Y 轴旋转的俯仰角。而绕 Z 轴旋转的航向角是无法得到的。

单片机在本任务中主要完成以下三个工作：

(1) 与 MMA7455 进行通信，获得三轴加速度值。本例中采用 SPI 串行通信方式。

(2) 对获得的加速度值进行计算，获得角度信息。

(3) 与 PC 机进行通信，上传角度信息。本例中采用 UART 串行通信方式。

6.7.3 硬件连接

MSP430F5529 与 MMA7455 连接关系如图 6.32 所示。使用 UCA0 模块进行 SPI 通信，主要用到了 P2.7(UCA0CLK)、P3.3(UCA0SIMO)和 P3.4(UCA0SOMI)，采用 P1.3 端口实现片选信号的输出。

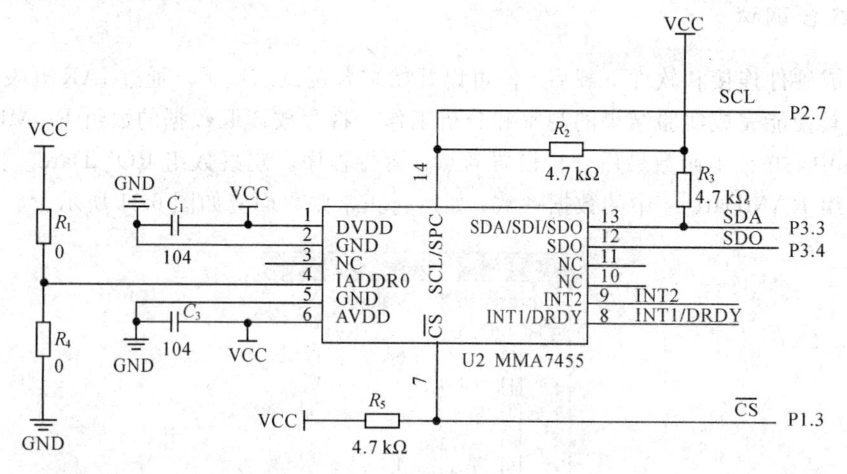

图 6.32　MMA7455 硬件连线图

MSP430F5529 Launchpad 上配备的 USB HUB，既可以实现 PC 机与板载仿真器的通信，也可以实现单片机与 PC 机的 UART 串行通信，详见 Launchpad 说明书。在进行 UART 通信时，用到了 P4.4(UCA1TXD)和 P4.5(UCA1RXD)，在实际使用时仅连接对应跳线帽即可，如图 6.33 所示。

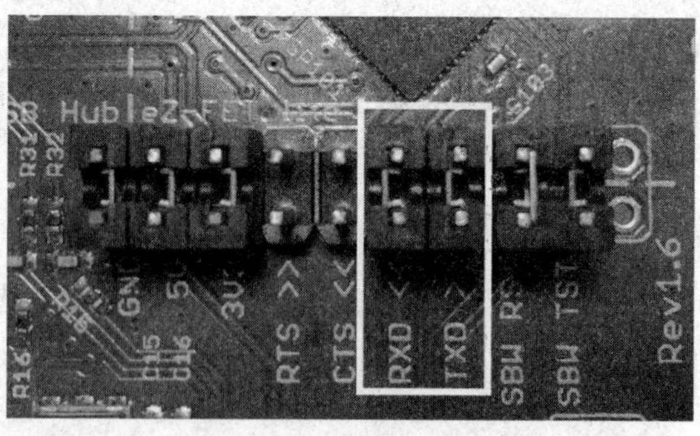

图 6.33　跳线帽连接图

6.7.4 软件设计

1. 主函数

主函数部分主要完成以下工作：

(1) 对 SPI 和 UART 端口初始化；

(2) 完成 MMA7455 初始化及矫正；

(3) 读取加速度值，并计算出对应角度；

(4) 将俯仰角和滚转角通过 UART 串口发送至 PC 机。

```
#include <math.h>
#include <msp430.h>

#define rad2deg  57.2958
char AX, AY, AZ;                                         //3 轴加速度值
unsigned char absAX, absAY, absAZ;
unsigned char sigAX, sigAY, sigAZ;
unsigned char add[3]={0x06, 0x07, 0x08};                 //X、Y、Z 轴加速度寄存器地址
unsigned char i=0;                                       //寄存器序号
float Angle_X, Angle_Y, Angle_Z;                         //浮点角度
unsigned char degX, degY, degZ;

void SPIInit(void);
void SPIWrite(unsigned char address, unsigned char command);
void SPIdummyWrite(unsigned char address);
unsigned char comp2ture(char complement);
unsigned char sigofcomp(char complement);

void UARTInit(void);
void bcUartSendString(unsigned char * buf);
void bcUartSendChar(unsigned char buf);
void bcUartSendBytesSigDEC(unsigned char sig, unsigned char buf);

main(void)
{
  WDTCTL = WDTPW+WDTHOLD;                                //关闭看门狗定时器
  SPIInit();                                             //初始化 SPI 串口
  UARTInit();                                            //初始化 USB 串口
  _EINT();                                               //打开总中断

  /************* MMA7455 初始化及矫正 ************/
  SPIWrite(0x16, 0x05);                                  //2g 64LSB/g 测量模式
  SPIWrite(0x10, 0x09);                                  //矫正 X 轴
  SPIWrite(0x12, 0x1C);                                  //矫正 Y 轴
  SPIWrite(0x14, 0x00);                                  //矫正 Z 轴

  while(1)
  {
```

```
        for(i=0;i<3;i++)
        {
          SPIdummyWrite(add[i]);                    //发送 X、Y、Z 轴寄存器地址
        }

        /************* X、Y、Z 轴补码转换为原码并提取符号 ***********/
        absAX=comp2ture(AX);
        absAY=comp2ture(AY);
        absAZ=comp2ture(AZ);

        sigAX=sigofcomp(AX);
        sigAY=sigofcomp(AY);
        sigAZ=sigofcomp(AZ);

        /*************采用反正切求取角度 ******************/
        Angle_X = rad2deg * atan2f((float)absAX, sqrt((float)(absAY * absAY+
                    absAZ * absAZ)));
        Angle_Y = rad2deg * atan2f((float)absAY, sqrt((float)(absAX * absAX+
                    absAZ * absAZ)));
        Angle_Z = rad2deg * atan2f(sqrt((float)(absAX * absAX+absAY * absAY)),
                    (float)absAZ);
        /*************对角度取整 *********************/
        degX = (unsigned char)Angle_X;
        degY = (unsigned char)Angle_Y;
        degZ = (unsigned char)Angle_Z;

        bcUartSendString("Pitch Angle=");    //绕 X 轴的俯仰角
        bcUartSendBytesSigDEC(sigAX, degX);
        bcUartSendString("        ");
        bcUartSendString("Roll Angle=");     //绕 Y 轴的滚转角
        bcUartSendBytesSigDEC(sigAY, degY);
        bcUartSendChar('\r');
        bcUartSendChar('\n');
    }
}
```

2. SPI 相关函数

SPI 相关函数共包括以下三子函数及中断服务程序：

(1) void SPIInit(void)子函数完成 SPI 端口的初始化；

(2) void SPIWrite(unsigned char address, unsigned char command)子函数按照 MMA7455 通信格式对其进行写操作；

(3) void SPIdummyWrite(unsigned char address)子函数向 MMA7455 写入被读寄存

器地址，通过假写产生读取时钟；

(4) SPI 中断服务程序，从 MMA7455 读取数据。

```
void SPIInit(void)
{
  P1OUT |= BIT3;                                  // P1.3 作为片选信号输出端
  P1DIR |= BIT3;                                  // P1.3 设置为输出方向
  P3SEL |= BIT3+BIT4;                             //选择 P3.3、P3.4 作为数据端口
  P2SEL |= BIT7;                                  //选择 P2.7 作为时钟端口
  UCA0CTL1 |= UCSWRST;                            //复位 UART 状态机
  UCA0CTL0 |= UCMST+UCSYNC+UCCKPH+UCMSB;
                                                  //3 线制 8 位 SPI 主机模式
                                                  //设置时钟极性
  UCA0CTL1 |= UCSSEL_2;                           //选择时钟 SMCLK
  UCA0BR0 = 0x02;                                 //分频系数 0
  UCA0BR1 = 0;                                    //分频系数 1
  UCA0MCTL = 0;                                   //不进行调制
  UCA0CTL1 &= ~UCSWRST;                           //初始化 SPI 状态机
  UCA0IE |= UCRXIE;                               //使能 USCI_A0 接收中断
}

void SPIWrite(unsigned char address, unsigned char command)
                                                  //向 MMA7455 写入命令
{
  while (! (UCA0IFG&UCTXIFG));                    //USCI_A0 发送缓存为空?
  P1OUT &= ~BIT3;                                 //使能从机
  UCA0TXBUF = 0x80 + (address<<1);                //发送地址
  while (! (UCA0IFG&UCTXIFG));                    //USCI_A0 发送缓存为空?
  UCA0TXBUF = command;                            //发送命令
  __delay_cycles(18);                             //等待
  P1OUT |= BIT3;                                  //失能从机
}

void SPIdummyWrite(unsigned char address)         //从 MMA7455 读取数据
{
  while (! (UCA0IFG&UCTXIFG));                    //USCI_A0 发送缓存为空?
  P1OUT &= ~BIT3;                                 //使能从机
  UCA0TXBUF = address<<1;                         //发送地址
  while (! (UCA0IFG&UCTXIFG));                    //USCI_A0 发送缓存为空?
  UCA0TXBUF = 0x00;                               //空操作产生时钟信号
  __delay_cycles(18);                             //等待
  P1OUT |= BIT3;                                  //失能从机
}
```

```
#pragma vector=USCI_A0_VECTOR
__interruptvoid USCI_A0_ISR(void)
{
  switch(__even_in_range(UCA0IV, 4))
  {
    case 0: break;                                   //无中断
    case 2:                                          //接收中断
          switch(i)
          {
            case 0: AX = UCA0RXBUF; break;   //读取 XOUT8 值
            case 1: AY = UCA0RXBUF; break;   //读取 YOUT8 值
            case 2: AZ = UCA0RXBUF; break;   //读取 ZOUT8 值
            default: break;
          }
          break;
    case 4: break;                                   //发送中断
    default: break;
  }
}
```

3. 数据处理函数

按照通常的角度表示方法，角度处于第四象限为负，第一象限为正。以下两个函数可以将补码转换为无符号的原码，并提取出符号信息，便于表示。

```
/***************补码转无符号原码 ************/
unsigned char comp2ture(char complement)
{
  unsignedchar tureform;
  if(complement & 0x80)
  {
    tureform = ~complement + 0x01;
    tureform = tureform & 0x7F;
  }
  else
  {
     tureform = complement;
  }
  return (tureform);
}
/***************提取补码符号 ************/
unsigned char sigofcomp(char complement)
{
  unsigned char sigofcomplement;
  if(complement & 0x80)
```

```
    {
        sigofcomplement = 1;
    }
    else
    {
        sigofcomplement = 0;
    }
    return (sigofcomplement);
}
```

4. UART 通信相关函数

UART 通信相关函数主要完成 UART 相关操作，包括了以下子函数：

(1) void UARTInit(void)完成对 UART 的初始化操作；

(2) void bcUartSendString(unsigned char * buf)通过 UART 发送字符串；

(3) void bcUartSendChar(unsigned char buf)通过 UART 发送字符；

(4) void bcUartSendBytesSigDEC(unsigned char sig, unsigned char buf)通过 UART 发送带有符号的十进制数。

```
/*********************串口初始化程序****************/
void UARTInit(void)
{
    /* http://processors.wiki.ti.com/index.php/USCI_UART_Baud_Rate_Gen_Mode_
    Selection */
    P4SEL |= BIT4+BIT5;                    //设置 P4.4 和 P4.5 作为发送和接收端
    UCA1CTL1 |= UCSWRST;                   //复位 UART 状态
    UCA1CTL1 |= UCSSEL_2;                  //选择时钟 SMCLK = 1.045 MHz
    UCA1BR0 = 108;                         //分频系数 0
    UCA1BR1 = 0;                           //分频系数 1
    UCA1MCTL |= UCBRS_7 + UCBRF_0;         //调制系数
    UCA1CTL1 &= ~UCSWRST;                  //初始化 UART 状态机
    UCA1IE |= UCTXIE;                      //使能发送中断
}
/***************打印字符串**********************/
void bcUartSendString(unsigned char * buf)
{

    while (buf && * buf)
    {
        UCA1TXBUF = *(buf++);
        // 等待数据发送完成
        while(! (UCTXIFG==(UCTXIFG & UCA1IFG))&&((UCA1STAT & UCBUSY)
        ==UCBUSY));
    }
}
```

```
/**************** 打印单个字符 **********************/
void bcUartSendChar(unsigned char buf)
{
    UCA1TXBUF = buf;
    // 等待数据发送完成
    while(!(UCTXIFG==(UCTXIFG & UCA1IFG))&&((UCA1STAT & UCBUSY)==
    UCBUSY));
}

/************* 输出1个字节带符号的十进制数 ***************/
void bcUartSendBytesSigDEC(unsigned char sig, unsigned char buf)
{
   bcUartSendChar(sig? '-': '+');
   if(buf/100>0)   bcUartSendChar(buf/100+48);
   if(buf/10%10>0)bcUartSendChar(buf/10%10+48);
   bcUartSendChar(buf%10+48);
}
```

思考题：

(1) 如何通过 I^2C 通信方式读取 MMA7455 数据？

(2) 为何 MMA7455 只能获取俯仰角和滚转角，而无法获得航向角呢？

(3) 如果要获得航向角应该如何实现？

(4) 为何 MMA7455 处于 90 度时，显示数值却达不到 90 度？

(5) MMA7455 在多大角度范围内精度较高？

(6) 最终获得的角度信息是否稳定不变？应如何处理？

(7) 如果想对数据进行数字滤波，采用哪种滤波方式较为合理？

知识梳理与小结

本章的知识结构如图 6.34 所示。本章的学习重点在于介绍串行通信模块中的 UART、SPI 和 I^2C 三种最为常见的通信模式，并通过实例帮助读者理解其使用方法。本章的学习难点在于三种通信协议以及帧结构等知识。

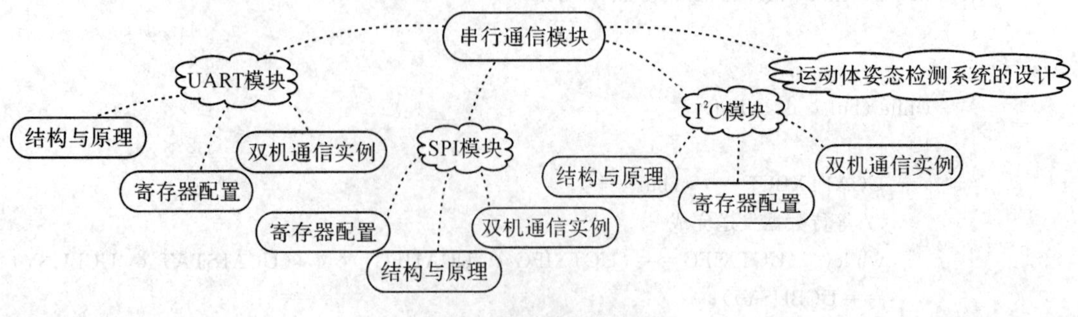

图 6.34　第 6 章知识结构图

第 7 章　简易水情检测系统的设计

本章以 2017 年全国大学生电子设计竞赛赛题“简易水情检测系统”为例，介绍 MSP430F5529 单片机在仪器仪表领域中的综合应用方法以及设计技巧等。为了更为清晰地呈现设计思想和设计方法，本章在原有赛题的基础上对功能进行适当简化，突出重点，省略一些附属功能。

7.1　简易水情检测系统功能要求及设计指标

7.1.1　基本功能

设计一套如图 7.1 所示的简易水情检测系统，a 为容积不小于 1 L、高度不小于 200 mm 的透明塑料容器，b 为 pH 值传感器，c 为水位传感器。整个系统仅由电压不大于 6 V 的电池组供电，不允许再另接电源。检测结果用显示屏显示。

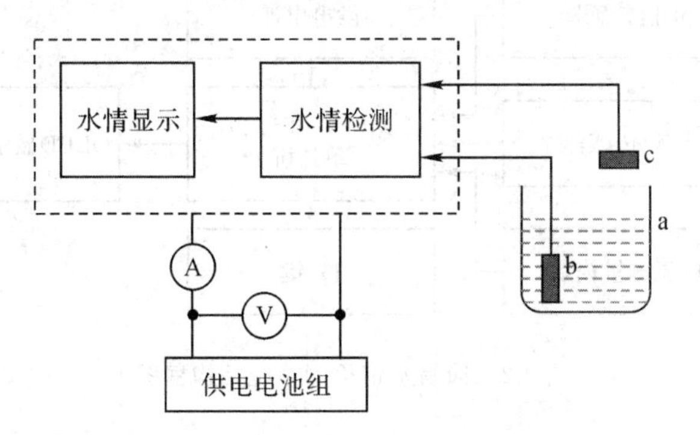

图 7.1　简易水情检测系统示意图

7.1.2　具体要求及性能指标

所设计的简易水情检测系统应具备以下功能：

(1) 在显示屏上分四行分别显示“水情检测系统”以及水情检测结果。

(2) 向塑料容器中注入若干毫升的水和白醋后，要求在 1 分钟内完成对水位的测量并显示结果，测量偏差不大于 5 mm。

(3) 在完成对水位测量的同时，在 2 分钟内完成对醋酸溶液 pH 值的测量并显示测量结果，测量偏差不大于 0.5。

(4) 完成对供电电池输出电压的测量并显示测量结果，测量偏差不大于 0.01 V。

(5) 系统工作电流尽可能小，最小电流不大于 50 μA。

在功能要求中对显示格式进行了具体规范，要求如下：

第一行显示“水情检测系统”；

第二行显示水位测量高度值及单位“mm”；

第三行显示 pH 测量值，保留 1 位小数；

第四行显示电池输出电压值及单位“V”，保留 2 位小数。

7.2 系统分析及方案选择

7.2.1 系统分析

通过对简易水情检测系统功能要求和指标的分析，可以发现该系统是一个典型的测量仪器。其结构框图如图 7.2 所示，包括了 3 个测量模块，分别是：

(1) pH 值传感器，用于对醋酸溶液 pH 值的测量；

(2) 液位传感器，用于对醋酸溶液液位的测量；

(3) 电压测量模块，用于对供电电池电压的测量。

由于该检测系统对整机功耗提出了苛刻的要求，因此选择低功耗单片机 MSP430F5529 作为整个系统的核心器件。根据功能要求，供电电池的电压要求不大于 6 V，可以考虑各类常见电池组。另外，根据功能要求，系统还需要配备显示器件以及按键等交互式设备。

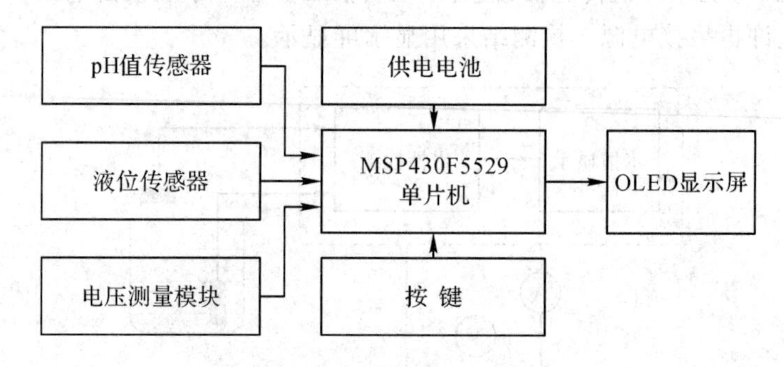

图 7.2 简易水情检测系统结构框图

7.2.2 系统方案选择

1. 核心控制器件

简易水情检测系统中明确提出了对最低功耗的要求，因此选择功能完善且功耗极低的 MSP430F5529 单片机作为本系统控制核心器件。为了简化设计，直接选择了 MSP-EXP430F5529LP 实验板作为核心控制板。

2. 供电电池

根据系统功能要求，供电电池是维持整个系统正常工作的唯一能量来源，因此在选择过程中需要满足系统整体最大功耗。同时，该电池组还需要提供稳定的电压输出，确保系统能够在恒定电压下正常工作。另外，指标中要求电池组电压不大于 6 V。经过实验对比以及成本考虑，最后选定采用 4 节 1.5 V 碱性 5 号电池作为系统供电电池。

3. 交互设备

交互设备主要包括显示屏和按键两个部分。显示屏的种类繁多，最常见的如 LED 数码管、12864 液晶、TFT 彩屏液晶和 OLED 显示屏等。普通 LED 数码管无法满足显示四行内容的要求，而 12864 液晶、TFT 彩屏液晶虽然完全能够满足显示要求，但功耗和体积均较大，不太适合该检测系统。最后选定功耗较低、体积较小、亮度较高的 OLED 显示屏作为显示器件。

由于该检测系统并不要求带有繁复的菜单系统，因此并不需要太多的按键。MSP - EXP430F5529LP 实验板自带的两个独立按键完全能够满足系统交互的需要。

4. pH 值传感器

酸碱度测量传感器属于电化学传感器类型，市场上有许多成熟产品出售。选择的原则是测量精准，且输出信号简单易读取。最终选定的 pH 值传感器由测量探头和转换模块构成，输出为模拟电压信号，在 pH 值 4～10 范围内，输出电压值与 pH 值呈线性关系(如图 7.3 所示)，基本满足了设计指标要求。

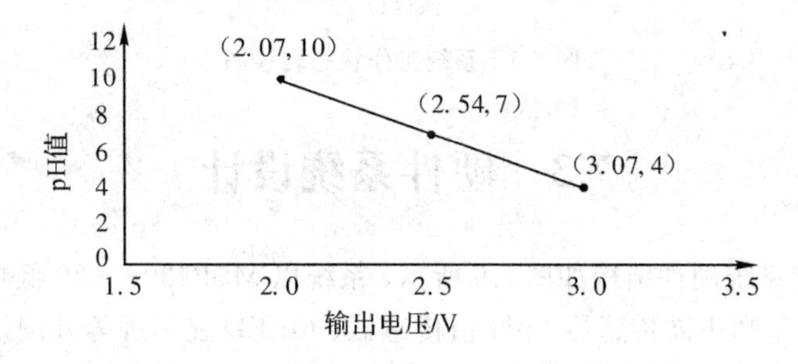

图 7.3　pH 值与输出电压值关系曲线

5. 液位传感器

可供选择的液位传感器方案非常多，常见的包括超声波液面测量、激光液面测量、液压测量、磁阻式液位测量等。不同方案原理各有差异，应用场合和测量精度也有所不同。考虑到被测容器体积有限，且为酸性溶液，因此直接接触式方案显然不可取。而激光液面测量受光线影响较大，最终选定简单可靠的超声波液面测量方案。超声波测距模块工作原理如图 7.4 所示，只需向触发端发送 10 μs 高电平信号，并判断回响端高电平周期即可换算出测量距离。

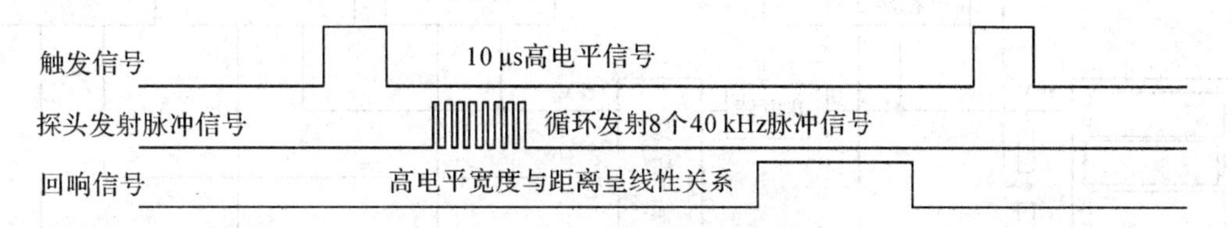

图 7.4　超声波测距模块时序图

6. 电压测量模块

由于供电电池电压最大值 6 V，因此直接采用单片机 ADC12 模块进行测量显然不可行。需要对电池电压进行简单的分压，通过线性换算获得电池电压值。

7. 低功耗设计

在设计指标中要求最小电流不大于 50 μA，事实上即便是功耗非常低的 OLED 显示屏，只要显示汉字，工作电流就将达到 20 mA 以上。显然在各个模块均处于工作状态时是不可能实现该指标的。为此，需要专门设置一个休眠状态，该状态下关闭所有外部设备，仅保留单片机处于休眠状态。通过一个按键进行工作状态与休眠状态的切换，如图 7.5 所示。

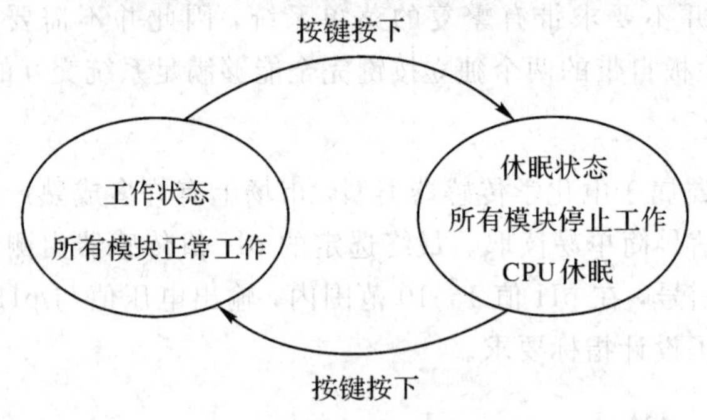

图 7.5 系统工作状态转移图

7.3 硬件系统设计

简易水情检测系统硬件结构如图 7.6 所示，系统以 MSP430F5529 低功耗单片机作为核心控制器件，包括了超声波传感器、pH 值传感器、OLED 显示屏等外围设备。

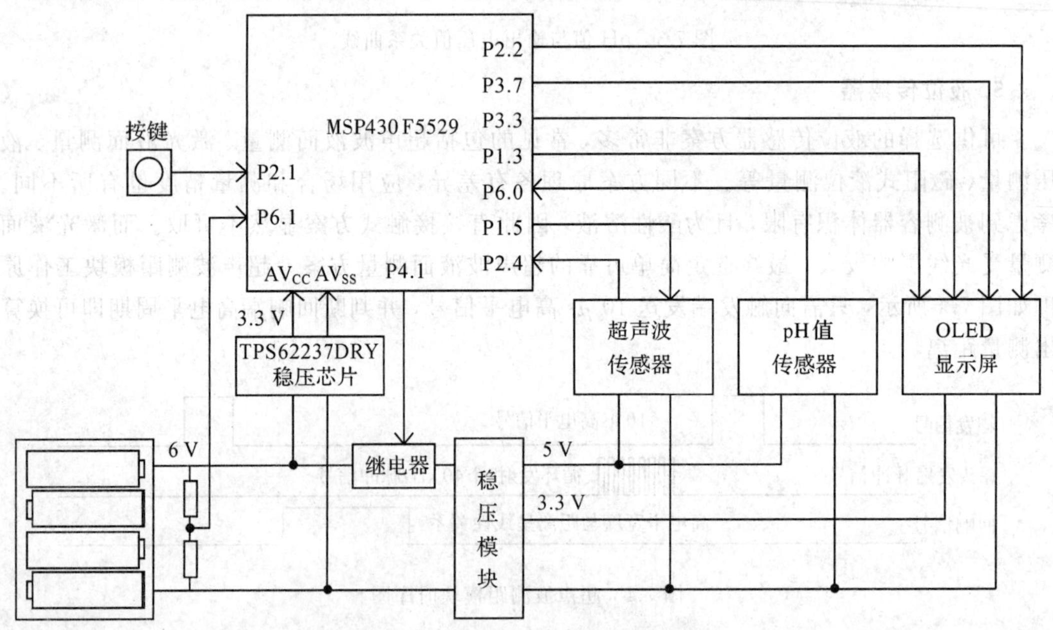

图 7.6 简易水情检测系统硬件框图

1. 电源模块

电源模块为整个系统提供电源，采用 4 节 1.5 V 五号碱性电池供电。为了满足极低功耗要求，该模块是整个系统中设计最为复杂的模块。

碱性电池组首先通过 MSP－EXP430F5529LP 实验板上配备的 TPS62237DRY 开关稳压器为 MSP430F5529 单片机提供 3.3 V 工作电源。该稳压器输入电压范围为 2.05～6 V，输出电压为 3.3 V，最重要的特点是静态工作电流仅 22 μA。无论系统处于工作状态还是休眠状态，该稳压器始终为单片机提供 3.3 V 的工作电压。

碱性电池组在经过继电器后通过稳压模块为其他模块提供 5 V 和 3.3 V 的工作电压，其中超声波传感器和 pH 值传感器的工作电压为 5 V，而 OLED 显示屏的工作电压为 3.3 V。

单片机通过引脚 P4.1 控制继电器的通断，当系统处于工作状态时，继电器导通，为其他外围设备提供工作电压；当系统处于休眠状态时，继电器断开，外围设备关闭。

电源电压的测量通过电阻分压方式实现，电压输出端与单片机 P6.1 端口相连。P6.1 为 ADC12 模块的 A1 输入端口。

2. 按键

按键实现系统工作状态与休眠状态间的转换，直接采用 MSP－EXP430F5529LP 实验板上配备的按键实现。该按键与单片机 P2.1 端口相连接，在使用过程中需要注意的是，要将该端口上拉电阻使能。

3. 超声波传感器

常见的超声波传感器种类繁多，但使用方法基本相同。除了需要为传感器提供 5 V 工作电压外，通常超声波传感器带有 2 个端口，分别是触发(Trig)端口和回响(Echo)端口。本系统中触发端口与单片机 P1.5 端口相连，回响端口与单片机 P2.4 端口相连。单片机的这两个端口分别属于定时器模块 TA0 和 TA2。

4. pH 值传感器

pH 值传感器的输出为模拟电压信号，且电压在 0～3.3 V，可以将其输出直接与单片机 ADC12 模块的 A0 端口相连，即 P6.0。

5. OLED 显示屏

本系统选用的 OLED 显示屏采用 SPI 通信方式，仅需 4 个端口便可完成数据传输，即 P1.3、P3.3、P3.7 和 P2.2 端口。

7.4　软件系统设计

7.4.1　软件流程图

根据简易水情检测系统功能指标要求，软件系统需要完成对液位高度、pH 值以及电池电压的测量工作，同时将结果显示在 OLED 显示屏上。此外，为了达到最低功耗要求，系统可以在工作状态和休眠状态间进行切换。软件系统流程图如图 7.7 所示。

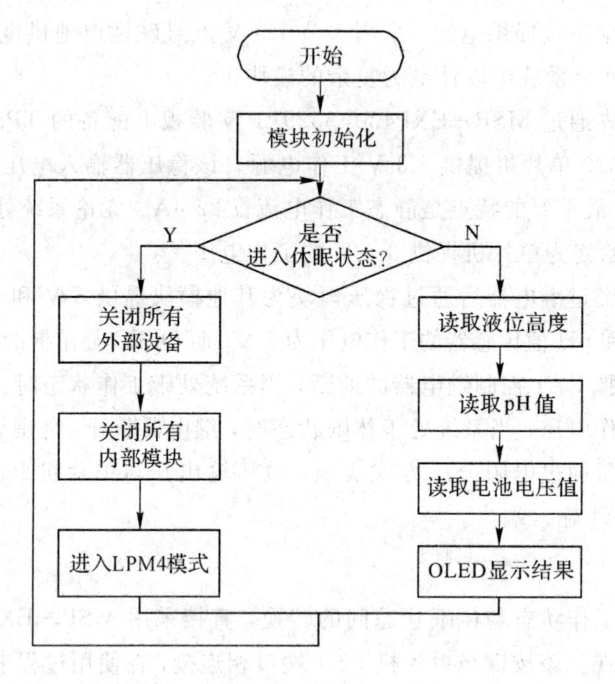

图 7.7　简易水情检测系统软件流程图

软件系统主要功能模块原理如下：

1. 读取液位高度

采用超声波测距方式，通过定时器 A0 向超声波传感器触发端循环发送高电平周期为 10 μs 的方波信号；通过定时器 A2 对从回响端收到的方波信号进行捕获操作，从而计算出高电平的周期，将其换算成超声波传感器与液面间的距离，最后换算得到液位高度值。

2. 读取 pH 值

通过 ADC12 模块对来自 pH 值传感器的模拟电压信号进行采集和转换，再通过换算公式将平均值转换为 pH 值。为了获得较为稳定的数据，对转换结果进行适当次数的滑动平均。

3. 读取电池电压值

采用 ADC12 模块对来自分压电阻的模拟电压值进行采集和转换，再根据分压比换算得到电池的实际电压值。同样也对转换结果进行了适当次数的滑动平均操作，以达到数据的准确与稳定。

4. OLED 显示结果

OLED 显示屏显示方式与 12864 液晶相同，首先需要获得显示字符的字模，然后通过 SPI 串行通信方式将结果显示到液晶屏上。当然，OLED 显示屏的使用涉及数量较多的子函数，读者不必深究该部分程序。

5. 休眠模式

为了达到最低功耗指标，软件系统需要完成三个步骤：首先，通过断开继电器关闭所有外部设备，如 pH 值传感器、超声波传感器、OLED 显示屏等；其次，关闭单片机所有的内部功能模块，例如时钟、端口、定时器、ADC12 等；最后，将单片机设置成为低功耗工作模式 4(LPM4)。需要注意的是，在端口中断服务程序中，给出了如何退出休眠模式的方式。事实上就是逆向执行以上操作，OLED 显示屏将会被重新点亮，系统将恢复正常工作。当然，系统完全恢复工作状态需要花费大约 2～3 秒的时间。

7.4.2　软件代码

以下给出了简易水情检测系统完整的程序代码。读者可以发现该程序几乎用到了前面介绍的所有功能模块，请留意关键代码的注释部分。

```
//********************************//
//                                                      //
//           简易水情检测系统程序                  //
//                                                      //
//********************************//
#include <msp430.h>

#define OLED_DC_Set()           P2OUT |= BIT2
#define OLED_DC_Clr()           P2OUT &=~BIT2
#define OLED_RES_Set()          P1OUT |= BIT4
#define OLED_RES_Clr()          P1OUT &=~BIT4
#define OLED_CS_Set()           P1OUT |= BIT3
#define OLED_CS_Clr()           P1OUT &=~BIT3
#define OLED_CMD                0        //写命令
#define OLED_DATA               1        //写数据
#define SIZE                    16
#define XLevelL                 0x02
#define XLevelH                 0x10
#define Max_Column              128
#define Max_Row                 64
#define Brightness              0xFF
#define X_WIDTH                 128
#define Y_WIDTH                 64
#define SCTX_delay              500      //超声波发送延迟
#define Num                     100      //滑动平均次数
#define AVcc                    3.26     //AVcc实测值
#define Vp                      2.04     //分压系数

/**********超声波****************/
double dtemp, h=0;
```

```
unsigned int si=0, distance=0;
long int data[2];                          //存放 Echo 传回的开始、结束时间

/* * * * * * * * * * * pH * * * * * * * * * * * * * * * * */
unsigned int phtemp, phvolt;               //两路电压值已乘 1000
unsigned char phi;                         //滑动平均次数
unsigned int phbuf[Num]={0};               //滑动平均缓存数组
unsigned long int phsum;                   //滑动求和
float phtemp1;                             //滑动缓存
float phvolt1;
unsigned int PH;                           //pH 值
float k;                                   //斜率
/* * * * * * * * * * * Volt * * * * * * * * * * * * * * * * */
unsigned int temp, volt;                   //两路电压值已乘 1000
unsigned char i;                           //滑动平均次数
unsigned int buf[Num]={0};                 //滑动平均缓存数组
unsigned long int sum;                     //滑动求和
float temp1;                               //滑动缓存
unsigned char vflag=0, phflag=0;
/* * * * * * * * * * * LPM * * * * * * * * * * * * * * * * * * * * */
unsigned char lpmi=0, lpmflag=0;
/* * * * * * * * * * * * * * * * * * * * * * * * * * * * * * * * * * */
//* * * * * * * * * * * * * * * * * * * * * * * * * * * * * * * * * * * * *//
//                                                                         //
//                            OLED 字库                                    //
//                                                                         //
//* * * * * * * * * * * * * * * * * * * * * * * * * * * * * * * * * * * * *//
unsigned char const  F6x8[][6] =
{
  0x00, 0x00, 0x00, 0x00, 0x00, 0x00, // sp
  0x00, 0x00, 0x00, 0x2f, 0x00, 0x00, // !
  0x00, 0x00, 0x07, 0x00, 0x07, 0x00, // "
  0x00, 0x14, 0x7f, 0x14, 0x7f, 0x14, // #
  0x00, 0x24, 0x2a, 0x7f, 0x2a, 0x12, // $
  0x00, 0x62, 0x64, 0x08, 0x13, 0x23, // %
  0x00, 0x36, 0x49, 0x55, 0x22, 0x50, // &
  0x00, 0x00, 0x05, 0x03, 0x00, 0x00, // '
  0x00, 0x00, 0x1c, 0x22, 0x41, 0x00, // (
  0x00, 0x00, 0x41, 0x22, 0x1c, 0x00, // )
  0x00, 0x14, 0x08, 0x3E, 0x08, 0x14, // *
  0x00, 0x08, 0x08, 0x3E, 0x08, 0x08, // +
  0x00, 0x00, 0x00, 0xA0, 0x60, 0x00, // ,
  0x00, 0x08, 0x08, 0x08, 0x08, 0x08, // -
```

```
0x00, 0x00, 0x60, 0x60, 0x00, 0x00, // .
0x00, 0x20, 0x10, 0x08, 0x04, 0x02, // /
0x00, 0x3E, 0x51, 0x49, 0x45, 0x3E, // 0
0x00, 0x00, 0x42, 0x7F, 0x40, 0x00, // 1
0x00, 0x42, 0x61, 0x51, 0x49, 0x46, // 2
0x00, 0x21, 0x41, 0x45, 0x4B, 0x31, // 3
0x00, 0x18, 0x14, 0x12, 0x7F, 0x10, // 4
0x00, 0x27, 0x45, 0x45, 0x45, 0x39, // 5
0x00, 0x3C, 0x4A, 0x49, 0x49, 0x30, // 6
0x00, 0x01, 0x71, 0x09, 0x05, 0x03, // 7
0x00, 0x36, 0x49, 0x49, 0x49, 0x36, // 8
0x00, 0x06, 0x49, 0x49, 0x29, 0x1E, // 9
0x00, 0x00, 0x36, 0x36, 0x00, 0x00, // :
0x00, 0x00, 0x56, 0x36, 0x00, 0x00, // ;
0x00, 0x08, 0x14, 0x22, 0x41, 0x00, // <
0x00, 0x14, 0x14, 0x14, 0x14, 0x14, // =
0x00, 0x00, 0x41, 0x22, 0x14, 0x08, // >
0x00, 0x02, 0x01, 0x51, 0x09, 0x06, // ?
0x00, 0x32, 0x49, 0x59, 0x51, 0x3E, // @
0x00, 0x7C, 0x12, 0x11, 0x12, 0x7C, // A
0x00, 0x7F, 0x49, 0x49, 0x49, 0x36, // B
0x00, 0x3E, 0x41, 0x41, 0x41, 0x22, // C
0x00, 0x7F, 0x41, 0x41, 0x22, 0x1C, // D
0x00, 0x7F, 0x49, 0x49, 0x49, 0x41, // E
0x00, 0x7F, 0x09, 0x09, 0x09, 0x01, // F
0x00, 0x3E, 0x41, 0x49, 0x49, 0x7A, // G
0x00, 0x7F, 0x08, 0x08, 0x08, 0x7F, // H
0x00, 0x00, 0x41, 0x7F, 0x41, 0x00, // I
0x00, 0x20, 0x40, 0x41, 0x3F, 0x01, // J
0x00, 0x7F, 0x08, 0x14, 0x22, 0x41, // K
0x00, 0x7F, 0x40, 0x40, 0x40, 0x40, // L
0x00, 0x7F, 0x02, 0x0C, 0x02, 0x7F, // M
0x00, 0x7F, 0x04, 0x08, 0x10, 0x7F, // N
0x00, 0x3E, 0x41, 0x41, 0x41, 0x3E, // O
0x00, 0x7F, 0x09, 0x09, 0x09, 0x06, // P
0x00, 0x3E, 0x41, 0x51, 0x21, 0x5E, // Q
0x00, 0x7F, 0x09, 0x19, 0x29, 0x46, // R
0x00, 0x46, 0x49, 0x49, 0x49, 0x31, // S
0x00, 0x01, 0x01, 0x7F, 0x01, 0x01, // T
0x00, 0x3F, 0x40, 0x40, 0x40, 0x3F, // U
0x00, 0x1F, 0x20, 0x40, 0x20, 0x1F, // V
0x00, 0x3F, 0x40, 0x38, 0x40, 0x3F, // W
0x00, 0x63, 0x14, 0x08, 0x14, 0x63, // X
```

```
    0x00, 0x07, 0x08, 0x70, 0x08, 0x07, // Y
    0x00, 0x61, 0x51, 0x49, 0x45, 0x43, // Z
    0x00, 0x00, 0x7F, 0x41, 0x41, 0x00, // [
    0x00, 0x55, 0x2A, 0x55, 0x2A, 0x55, // \
    0x00, 0x00, 0x41, 0x41, 0x7F, 0x00, // ]
    0x00, 0x04, 0x02, 0x01, 0x02, 0x04, // ^
    0x00, 0x40, 0x40, 0x40, 0x40, 0x40, // _
    0x00, 0x00, 0x01, 0x02, 0x04, 0x00, // '
    0x00, 0x20, 0x54, 0x54, 0x54, 0x78, // a
    0x00, 0x7F, 0x48, 0x44, 0x44, 0x38, // b
    0x00, 0x38, 0x44, 0x44, 0x44, 0x20, // c
    0x00, 0x38, 0x44, 0x44, 0x48, 0x7F, // d
    0x00, 0x38, 0x54, 0x54, 0x54, 0x18, // e
    0x00, 0x08, 0x7E, 0x09, 0x01, 0x02, // f
    0x00, 0x18, 0xA4, 0xA4, 0xA4, 0x7C, // g
    0x00, 0x7F, 0x08, 0x04, 0x04, 0x78, // h
    0x00, 0x00, 0x44, 0x7D, 0x40, 0x00, // i
    0x00, 0x40, 0x80, 0x84, 0x7D, 0x00, // j
    0x00, 0x7F, 0x10, 0x28, 0x44, 0x00, // k
    0x00, 0x00, 0x41, 0x7F, 0x40, 0x00, // l
    0x00, 0x7C, 0x04, 0x18, 0x04, 0x78, // m
    0x00, 0x7C, 0x08, 0x04, 0x04, 0x78, // n
    0x00, 0x38, 0x44, 0x44, 0x44, 0x38, // o
    0x00, 0xFC, 0x24, 0x24, 0x24, 0x18, // p
    0x00, 0x18, 0x24, 0x24, 0x18, 0xFC, // q
    0x00, 0x7C, 0x08, 0x04, 0x04, 0x08, // r
    0x00, 0x48, 0x54, 0x54, 0x54, 0x20, // s
    0x00, 0x04, 0x3F, 0x44, 0x40, 0x20, // t
    0x00, 0x3C, 0x40, 0x40, 0x20, 0x7C, // u
    0x00, 0x1C, 0x20, 0x40, 0x20, 0x1C, // v
    0x00, 0x3C, 0x40, 0x30, 0x40, 0x3C, // w
    0x00, 0x44, 0x28, 0x10, 0x28, 0x44, // x
    0x00, 0x1C, 0xA0, 0xA0, 0xA0, 0x7C, // y
    0x00, 0x44, 0x64, 0x54, 0x4C, 0x44, // z
    0x14, 0x14, 0x14, 0x14, 0x14, 0x14, // -
};
/*******************8×16的点阵*******************/
const unsigned char F8X16[]=
{
    0x00, 0x00, 0x00, 0x00, 0x00, 0x00, 0x00, 0x00, 0x00, 0x00, 0x00, 0x00, 0x00, 0x00,
0x00, 0x00, // 0
    0x00, 0x00, 0x00, 0xF8, 0x00, 0x00, 0x00, 0x00, 0x00, 0x00, 0x00, 0x33, 0x30, 0x00,
0x00, 0x00, //! 1
```

0x00, 0x10, 0x0C, 0x06, 0x10, 0x0C, 0x06, 0x00, 0x00, 0x00, 0x00, 0x00, 0x00, 0x00, 0x00, 0x00, //" 2

0x40, 0xC0, 0x78, 0x40, 0xC0, 0x78, 0x40, 0x00, 0x04, 0x3F, 0x04, 0x04, 0x3F, 0x04, 0x04, 0x00, //#3

0x00, 0x70, 0x88, 0xFC, 0x08, 0x30, 0x00, 0x00, 0x00, 0x18, 0x20, 0xFF, 0x21, 0x1E, 0x00, 0x00, //$4

0xF0, 0x08, 0xF0, 0x00, 0xE0, 0x18, 0x00, 0x00, 0x00, 0x21, 0x1C, 0x03, 0x1E, 0x21, 0x1E, 0x00, //%5

0x00, 0xF0, 0x08, 0x88, 0x70, 0x00, 0x00, 0x00, 0x1E, 0x21, 0x23, 0x24, 0x19, 0x27, 0x21, 0x10, //& 6

0x10, 0x16, 0x0E, 0x00, 0x00, 0x00, 0x00, 0x00, 0x00, 0x00, 0x00, 0x00, 0x00, 0x00, 0x00, 0x00, //'7

0x00, 0x00, 0x00, 0xE0, 0x18, 0x04, 0x02, 0x00, 0x00, 0x00, 0x00, 0x07, 0x18, 0x20, 0x40, 0x00, //(8

0x00, 0x02, 0x04, 0x18, 0xE0, 0x00, 0x00, 0x00, 0x00, 0x40, 0x20, 0x18, 0x07, 0x00, 0x00, 0x00, //) 9

0x40, 0x40, 0x80, 0xF0, 0x80, 0x40, 0x40, 0x00, 0x02, 0x02, 0x01, 0x0F, 0x01, 0x02, 0x02, 0x00, //*10

0x00, 0x00, 0x00, 0xF0, 0x00, 0x00, 0x00, 0x00, 0x01, 0x01, 0x01, 0x1F, 0x01, 0x01, 0x01, 0x00, //+ 11

0x00, 0x00, 0x00, 0x00, 0x00, 0x00, 0x00, 0x00, 0x80, 0xB0, 0x70, 0x00, 0x00, 0x00, 0x00, 0x00, //, 12

0x00, 0x00, 0x00, 0x00, 0x00, 0x00, 0x00, 0x00, 0x00, 0x01, 0x01, 0x01, 0x01, 0x01, 0x01, 0x01, //- 13

0x00, 0x00, 0x00, 0x00, 0x00, 0x00, 0x00, 0x00, 0x00, 0x30, 0x30, 0x00, 0x00, 0x00, 0x00, 0x00, //. 14

0x00, 0x00, 0x00, 0x00, 0x80, 0x60, 0x18, 0x04, 0x00, 0x60, 0x18, 0x06, 0x01, 0x00, 0x00, 0x00, /// 15

0x00, 0xE0, 0x10, 0x08, 0x08, 0x10, 0xE0, 0x00, 0x00, 0x0F, 0x10, 0x20, 0x20, 0x10, 0x0F, 0x00, //0 16

0x00, 0x10, 0x10, 0xF8, 0x00, 0x00, 0x00, 0x00, 0x00, 0x20, 0x20, 0x3F, 0x20, 0x20, 0x00, 0x00, //1 17

0x00, 0x70, 0x08, 0x08, 0x08, 0x88, 0x70, 0x00, 0x00, 0x30, 0x28, 0x24, 0x22, 0x21, 0x30, 0x00, //2 18

0x00, 0x30, 0x08, 0x88, 0x88, 0x48, 0x30, 0x00, 0x00, 0x18, 0x20, 0x20, 0x20, 0x11, 0x0E, 0x00, //3 19

0x00, 0x00, 0xC0, 0x20, 0x10, 0xF8, 0x00, 0x00, 0x00, 0x07, 0x04, 0x24, 0x24, 0x3F, 0x24, 0x00, //4 20

0x00, 0xF8, 0x08, 0x88, 0x88, 0x08, 0x08, 0x00, 0x00, 0x19, 0x21, 0x20, 0x20, 0x11, 0x0E, 0x00, //5 21

0x00, 0xE0, 0x10, 0x88, 0x88, 0x18, 0x00, 0x00, 0x00, 0x0F, 0x11, 0x20, 0x20, 0x11, 0x0E, 0x00, //6 22

0x00, 0x38, 0x08, 0x08, 0xC8, 0x38, 0x08, 0x00, 0x00, 0x00, 0x00, 0x3F, 0x00, 0x00,

0x00，0x00，//7 23

0x00，0x70，0x88，0x08，0x08，0x88，0x70，0x00，0x00，0x1C，0x22，0x21，0x21，0x22，
0x1C，0x00，//8 24

0x00，0xE0，0x10，0x08，0x08，0x10，0xE0，0x00，0x00，0x00，0x31，0x22，0x22，0x11，
0x0F，0x00，//9 25

0x00，0x00，0x00，0xC0，0xC0，0x00，0x00，0x00，0x00，0x00，0x00，0x30，0x30，0x00，
0x00，0x00，//：26

0x00，0x00，0x00，0x80，0x00，0x00，0x00，0x00，0x00，0x00，0x80，0x60，0x00，0x00，
0x00，0x00，//；27

0x00，0x00，0x80，0x40，0x20，0x10，0x08，0x00，0x00，0x01，0x02，0x04，0x08，0x10，
0x20，0x00，//＜ 28

0x40，0x40，0x40，0x40，0x40，0x40，0x40，0x00，0x04，0x04，0x04，0x04，0x04，0x04，
0x04，0x00，//＝ 29

0x00，0x08，0x10，0x20，0x40，0x80，0x00，0x00，0x00，0x20，0x10，0x08，0x04，0x02，
0x01，0x00，//＞ 30

0x00，0x70，0x48，0x08，0x08，0x08，0xF0，0x00，0x00，0x00，0x00，0x30，0x36，0x01，
0x00，0x00，//? 31

0xC0，0x30，0xC8，0x28，0xE8，0x10，0xE0，0x00，0x07，0x18，0x27，0x24，0x23，0x14，
0x0B，0x00，//@ 32

0x00，0x00，0xC0，0x38，0xE0，0x00，0x00，0x00，0x20，0x3C，0x23，0x02，0x02，0x27，
0x38，0x20，//A 33

0x08，0xF8，0x88，0x88，0x88，0x70，0x00，0x00，0x20，0x3F，0x20，0x20，0x20，0x11，
0x0E，0x00，//B 34

0xC0，0x30，0x08，0x08，0x08，0x08，0x38，0x00，0x07，0x18，0x20，0x20，0x20，0x10，
0x08，0x00，//C 35

0x08，0xF8，0x08，0x08，0x08，0x10，0xE0，0x00，0x20，0x3F，0x20，0x20，0x20，0x10，
0x0F，0x00，//D 36

0x08，0xF8，0x88，0x88，0xE8，0x08，0x10，0x00，0x20，0x3F，0x20，0x20，0x23，0x20，
0x18，0x00，//E 37

0x08，0xF8，0x88，0x88，0xE8，0x08，0x10，0x00，0x20，0x3F，0x20，0x00，0x03，0x00，
0x00，0x00，//F 38

0xC0，0x30，0x08，0x08，0x08，0x38，0x00，0x00，0x07，0x18，0x20，0x20，0x22，0x1E，
0x02，0x00，//G 39

0x08，0xF8，0x08，0x00，0x00，0x08，0xF8，0x08，0x20，0x3F，0x21，0x01，0x01，0x21，
0x3F，0x20，//H 40

0x00，0x08，0x08，0xF8，0x08，0x08，0x00，0x00，0x00，0x20，0x20，0x3F，0x20，0x20，
0x00，0x00，//I 41

0x00，0x00，0x08，0x08，0xF8，0x08，0x08，0x00，0xC0，0x80，0x80，0x80，0x7F，0x00，
0x00，0x00，//J 42

0x08，0xF8，0x88，0xC0，0x28，0x18，0x08，0x00，0x20，0x3F，0x20，0x01，0x26，0x38，
0x20，0x00，//K 43

0x08，0xF8，0x08，0x00，0x00，0x00，0x00，0x00，0x20，0x3F，0x20，0x20，0x20，0x20，
0x30，0x00，//L 44

0x08，0xF8，0xF8，0x00，0xF8，0xF8，0x08，0x00，0x20，0x3F，0x00，0x3F，0x00，0x3F，0x20，0x00，//M 45

0x08，0xF8，0x30，0xC0，0x00，0x08，0xF8，0x08，0x20，0x3F，0x20，0x00，0x07，0x18，0x3F，0x00，//N 46

0xE0，0x10，0x08，0x08，0x08，0x10，0xE0，0x00，0x0F，0x10，0x20，0x20，0x20，0x10，0x0F，0x00，//O 47

0x08，0xF8，0x08，0x08，0x08，0x08，0xF0，0x00，0x20，0x3F，0x21，0x01，0x01，0x01，0x00，0x00，//P 48

0xE0，0x10，0x08，0x08，0x08，0x10，0xE0，0x00，0x0F，0x18，0x24，0x24，0x38，0x50，0x4F，0x00，//Q 49

0x08，0xF8，0x88，0x88，0x88，0x88，0x70，0x00，0x20，0x3F，0x20，0x00，0x03，0x0C，0x30，0x20，//R 50

0x00，0x70，0x88，0x08，0x08，0x08，0x38，0x00，0x00，0x38，0x20，0x21，0x21，0x22，0x1C，0x00，//S 51

0x18，0x08，0x08，0xF8，0x08，0x08，0x18，0x00，0x00，0x00，0x20，0x3F，0x20，0x00，0x00，0x00，//T 52

0x08，0xF8，0x08，0x00，0x00，0x08，0xF8，0x08，0x00，0x1F，0x20，0x20，0x20，0x20，0x1F，0x00，//U 53

0x08，0x78，0x88，0x00，0x00，0xC8，0x38，0x08，0x00，0x00，0x07，0x38，0x0E，0x01，0x00，0x00，//V 54

0xF8，0x08，0x00，0xF8，0x00，0x08，0xF8，0x00，0x03，0x3C，0x07，0x00，0x07，0x3C，0x03，0x00，//W 55

0x08，0x18，0x68，0x80，0x80，0x68，0x18，0x08，0x20，0x30，0x2C，0x03，0x03，0x2C，0x30，0x20，//X 56

0x08，0x38，0xC8，0x00，0xC8，0x38，0x08，0x00，0x00，0x00，0x20，0x3F，0x20，0x00，0x00，0x00，//Y 57

0x10，0x08，0x08，0x08，0xC8，0x38，0x08，0x00，0x20，0x38，0x26，0x21，0x20，0x20，0x18，0x00，//Z 58

0x00，0x00，0x00，0xFE，0x02，0x02，0x02，0x00，0x00，0x00，0x00，0x7F，0x40，0x40，0x40，0x00，//[59

0x00，0x0C，0x30，0xC0，0x00，0x00，0x00，0x00，0x00，0x00，0x00，0x01，0x06，0x38，0xC0，0x00，//\ 60

0x00，0x02，0x02，0x02，0xFE，0x00，0x00，0x00，0x00，0x40，0x40，0x40，0x7F，0x00，0x00，0x00，//] 61

0x00，0x00，0x04，0x02，0x02，0x02，0x04，0x00，0x00，0x00，0x00，0x00，0x00，0x00，0x00，0x00，//^ 62

0x00，0x00，0x00，0x00，0x00，0x00，0x00，0x00，0x80，0x80，0x80，0x80，0x80，0x80，0x80，0x80，//_ 63

0x00，0x02，0x02，0x04，0x00，0x00，0x00，0x00，0x00，0x00，0x00，0x00，0x00，0x00，0x00，0x00，//` 64

0x00，0x00，0x80，0x80，0x80，0x80，0x00，0x00，0x00，0x19，0x24，0x22，0x22，0x22，0x3F，0x20，//a 65

0x08，0xF8，0x00，0x80，0x80，0x00，0x00，0x00，0x00，0x3F，0x11，0x20，0x20，0x11，

```
0x0E, 0x00, //b 66
        0x00, 0x00, 0x00, 0x80, 0x80, 0x80, 0x00, 0x00, 0x00, 0x0E, 0x11, 0x20, 0x20, 0x20,
0x11, 0x00, //c 67
        0x00, 0x00, 0x00, 0x80, 0x80, 0x88, 0xF8, 0x00, 0x00, 0x0E, 0x11, 0x20, 0x20, 0x10,
0x3F, 0x20, //d 68
        0x00, 0x00, 0x80, 0x80, 0x80, 0x80, 0x00, 0x00, 0x00, 0x1F, 0x22, 0x22, 0x22, 0x22,
0x13, 0x00, //e 69
        0x00, 0x80, 0x80, 0xF0, 0x88, 0x88, 0x88, 0x18, 0x00, 0x20, 0x20, 0x3F, 0x20, 0x20,
0x00, 0x00, //f 70
        0x00, 0x00, 0x80, 0x80, 0x80, 0x80, 0x80, 0x00, 0x00, 0x6B, 0x94, 0x94, 0x94, 0x93,
0x60, 0x00, //g 71
        0x08, 0xF8, 0x00, 0x80, 0x80, 0x80, 0x00, 0x00, 0x20, 0x3F, 0x21, 0x00, 0x00, 0x20,
0x3F, 0x20, //h 72
        0x00, 0x80, 0x98, 0x98, 0x00, 0x00, 0x00, 0x00, 0x00, 0x20, 0x20, 0x3F, 0x20, 0x20,
0x00, 0x00, //i 73
        0x00, 0x00, 0x00, 0x80, 0x98, 0x98, 0x00, 0x00, 0x00, 0xC0, 0x80, 0x80, 0x80, 0x7F,
0x00, 0x00, //j 74
        0x08, 0xF8, 0x00, 0x00, 0x80, 0x80, 0x80, 0x00, 0x20, 0x3F, 0x24, 0x02, 0x2D, 0x30,
0x20, 0x00, //k 75
        0x00, 0x08, 0x08, 0xF8, 0x00, 0x00, 0x00, 0x00, 0x00, 0x20, 0x20, 0x3F, 0x20, 0x20,
0x00, 0x00, //l 76
        0x80, 0x80, 0x80, 0x80, 0x80, 0x80, 0x80, 0x00, 0x20, 0x3F, 0x20, 0x00, 0x3F, 0x20,
0x00, 0x3F, //m 77
        0x80, 0x80, 0x00, 0x80, 0x80, 0x80, 0x00, 0x00, 0x20, 0x3F, 0x21, 0x00, 0x00, 0x20,
0x3F, 0x20, //n 78
        0x00, 0x00, 0x80, 0x80, 0x80, 0x80, 0x00, 0x00, 0x00, 0x1F, 0x20, 0x20, 0x20, 0x20,
0x1F, 0x00, //o 79
        0x80, 0x80, 0x00, 0x80, 0x80, 0x00, 0x00, 0x00, 0x80, 0xFF, 0xA1, 0x20, 0x20, 0x11,
0x0E, 0x00, //p 80
        0x00, 0x00, 0x00, 0x80, 0x80, 0x80, 0x80, 0x00, 0x00, 0x0E, 0x11, 0x20, 0x20, 0xA0,
0xFF, 0x80, //q 81
        0x80, 0x80, 0x80, 0x00, 0x80, 0x80, 0x80, 0x00, 0x20, 0x20, 0x3F, 0x21, 0x20, 0x00,
0x01, 0x00, //r 82
        0x00, 0x00, 0x80, 0x80, 0x80, 0x80, 0x80, 0x00, 0x00, 0x33, 0x24, 0x24, 0x24, 0x24,
0x19, 0x00, //s 83
        0x00, 0x80, 0x80, 0xE0, 0x80, 0x80, 0x00, 0x00, 0x00, 0x00, 0x00, 0x1F, 0x20, 0x20,
0x00, 0x00, //t 84
        0x80, 0x80, 0x00, 0x00, 0x00, 0x80, 0x80, 0x00, 0x00, 0x1F, 0x20, 0x20, 0x20, 0x10,
0x3F, 0x20, //u 85
        0x80, 0x80, 0x80, 0x00, 0x00, 0x80, 0x80, 0x80, 0x00, 0x01, 0x0E, 0x30, 0x08, 0x06,
0x01, 0x00, //v 86
        0x80, 0x80, 0x00, 0x80, 0x00, 0x80, 0x80, 0x80, 0x0F, 0x30, 0x0C, 0x03, 0x0C, 0x30,
0x0F, 0x00, //w 87
```

```
    0x00, 0x80, 0x80, 0x00, 0x80, 0x80, 0x80, 0x00, 0x00, 0x20, 0x31, 0x2E, 0x0E, 0x31,
0x20, 0x00, //x 88
    0x80, 0x80, 0x80, 0x00, 0x00, 0x80, 0x80, 0x80, 0x80, 0x81, 0x8E, 0x70, 0x18, 0x06,
0x01, 0x00, //y 89
    0x00, 0x80, 0x80, 0x80, 0x80, 0x80, 0x80, 0x00, 0x00, 0x21, 0x30, 0x2C, 0x22, 0x21,
0x30, 0x00, //z 90
    0x00, 0x00, 0x00, 0x00, 0x80, 0x7C, 0x02, 0x02, 0x00, 0x00, 0x00, 0x00, 0x00, 0x3F,
0x40, 0x40, //{ 91
    0x00, 0x00, 0x00, 0x00, 0xFF, 0x00, 0x00, 0x00, 0x00, 0x00, 0x00, 0x00, 0xFF, 0x00,
0x00, 0x00, //| 92
    0x00, 0x02, 0x02, 0x7C, 0x80, 0x00, 0x00, 0x00, 0x00, 0x40, 0x40, 0x3F, 0x00, 0x00,
0x00, 0x00, //} 93
    0x00, 0x06, 0x01, 0x01, 0x02, 0x02, 0x04, 0x04, 0x00, 0x00, 0x00, 0x00, 0x00, 0x00,
0x00, 0x00, //~ 94
  };
  const unsigned char Hzk[][32]={
  {0x00, 0x20, 0x20, 0x20, 0xA0, 0x60, 0x00, 0xFF, 0x60, 0x80, 0x40, 0x20, 0x18, 0x00,
0x00, 0x00},
  {0x20, 0x10, 0x08, 0x06, 0x01, 0x40, 0x80, 0x7F, 0x00, 0x01, 0x02, 0x04, 0x08, 0x10,
0x10, 0x00}, /* "水", 0 */
  /* (16×16 , 宋体 ) */

  {0x00, 0xE0, 0x00, 0xFF, 0x10, 0x64, 0x54, 0x54, 0x54, 0x7F, 0x54, 0x54, 0x54, 0x44,
0x40, 0x00},
  {0x01, 0x00, 0x00, 0xFF, 0x00, 0x00, 0xFF, 0x15, 0x15, 0x15, 0x55, 0x95, 0x7F, 0x00,
0x00, 0x00}, /* "情", 1 */
  /* (16×16 , 宋体 ) */

  {0x10, 0x10, 0xD0, 0xFF, 0x90, 0x50, 0x20, 0x50, 0x4C, 0x43, 0x4C, 0x50, 0x20, 0x40,
0x40, 0x00},
  {0x04, 0x03, 0x00, 0xFF, 0x00, 0x41, 0x44, 0x58, 0x41, 0x4E, 0x60, 0x58, 0x47, 0x40,
0x40, 0x00}, /* "检", 2 */
  /* (16×16 , 宋体 ) */

  {0x10, 0x60, 0x02, 0x8C, 0x00, 0xFE, 0x02, 0xF2, 0x02, 0xFE, 0x00, 0xF8, 0x00, 0xFF,
0x00, 0x00},
  {0x04, 0x04, 0x7E, 0x01, 0x80, 0x47, 0x30, 0x0F, 0x10, 0x27, 0x00, 0x47, 0x80, 0x7F,
0x00, 0x00}, /* "测", 3 */
  /* (16×16 , 宋体 ) */

  {0x00, 0x00, 0x22, 0x32, 0x2A, 0xA6, 0xA2, 0x62, 0x21, 0x11, 0x09, 0x81, 0x01, 0x00,
0x00, 0x00},
  {0x00, 0x42, 0x22, 0x13, 0x0B, 0x42, 0x82, 0x7E, 0x02, 0x02, 0x0A, 0x12, 0x23, 0x46,
```

```
0x00, 0x00}, /*"系", 4*/
    /*(16×16, 宋体)*/

    {0x20, 0x30, 0xAC, 0x63, 0x30, 0x00, 0x88, 0xC8, 0xA8, 0x99, 0x8E, 0x88, 0xA8, 0xC8,
0x88, 0x00},
    {0x22, 0x67, 0x22, 0x12, 0x12, 0x80, 0x40, 0x30, 0x0F, 0x00, 0x00, 0x3F, 0x40, 0x40,
0x71, 0x00}, /*"统", 5*/
    /*(16×16, 宋体)*/

    {0x00, 0x20, 0x20, 0x20, 0xA0, 0x60, 0x00, 0xFF, 0x60, 0x80, 0x40, 0x20, 0x18, 0x00,
0x00, 0x00},
    {0x20, 0x10, 0x08, 0x06, 0x01, 0x40, 0x80, 0x7F, 0x00, 0x01, 0x02, 0x04, 0x08, 0x10,
0x10, 0x00}, /*"水", 6*/
    /*(16×16, 宋体)*/

    {0x00, 0x80, 0x60, 0xF8, 0x07, 0x10, 0x90, 0x10, 0x11, 0x16, 0x10, 0x10, 0xD0, 0x10,
0x00, 0x00},
    {0x01, 0x00, 0x00, 0xFF, 0x40, 0x40, 0x41, 0x5E, 0x40, 0x40, 0x70, 0x4E, 0x41, 0x40,
0x40, 0x00}, /*"位", 7*/
    /*(16×16, 宋体)*/

    {0x04, 0x04, 0x04, 0x04, 0xF4, 0x94, 0x95, 0x96, 0x94, 0x94, 0xF4, 0x04, 0x04, 0x04,
0x04, 0x00},
    {0x00, 0xFE, 0x02, 0x02, 0x7A, 0x4A, 0x4A, 0x4A, 0x4A, 0x4A, 0x7A, 0x02, 0x82, 0xFE,
0x00, 0x00}, /*"高", 8*/
    /*(16×16, 宋体)*/

    {0x00, 0x00, 0xFC, 0x24, 0x24, 0x24, 0xFC, 0x25, 0x26, 0x24, 0xFC, 0x24, 0x24, 0x24,
0x04, 0x00},
    {0x40, 0x30, 0x8F, 0x80, 0x84, 0x4C, 0x55, 0x25, 0x25, 0x25, 0x55, 0x4C, 0x80, 0x80,
0x80, 0x00}, /*"度", 9*/
    /*(16×16, 宋体)*/

    {0x00, 0x80, 0x60, 0xF8, 0x07, 0x04, 0xE4, 0xA4, 0xA4, 0xBF, 0xA4, 0xA4, 0xE4, 0x04,
0x00, 0x00},
    {0x01, 0x00, 0x00, 0xFF, 0x40, 0x40, 0x7F, 0x4A, 0x4A, 0x4A, 0x4A, 0x4A, 0x7F, 0x40,
0x40, 0x00}, /*"值", 10*/
    /*(16×16, 宋体)*/

    {0x00, 0x00, 0xF8, 0x88, 0x88, 0x88, 0x88, 0xFF, 0x88, 0x88, 0x88, 0x88, 0xF8, 0x00,
0x00, 0x00},
    {0x00, 0x00, 0x1F, 0x08, 0x08, 0x08, 0x08, 0x7F, 0x88, 0x88, 0x88, 0x88, 0x9F, 0x80,
0xF0, 0x00}, /*"电", 11*/
```

```
/* (16×16 ，宋体 )*/

{0x10, 0x60, 0x02, 0xCC, 0x80, 0x80, 0xFC, 0x40, 0x20, 0xFF, 0x10, 0x08, 0xF8, 0x00,
0x00, 0x00},
{0x04, 0x04, 0x7E, 0x01, 0x00, 0x00, 0x3F, 0x40, 0x40, 0x4F, 0x40, 0x44, 0x47, 0x40,
0x78, 0x00}, /*"池", 12*/
/* (16×16 ，宋体 )*/

{0x00, 0x00, 0xF8, 0x88, 0x88, 0x88, 0x88, 0xFF, 0x88, 0x88, 0x88, 0x88, 0xF8, 0x00,
0x00, 0x00},
{0x00, 0x00, 0x1F, 0x08, 0x08, 0x08, 0x08, 0x7F, 0x88, 0x88, 0x88, 0x88, 0x9F, 0x80,
0xF0, 0x00}, /*"电", 13*/
/* (16×16 ，宋体 )*/

{0x00, 0x00, 0xFE, 0x02, 0x82, 0x82, 0x82, 0x82, 0xFA, 0x82, 0x82, 0x82, 0x82, 0x82,
0x02, 0x00},
{0x80, 0x60, 0x1F, 0x40, 0x40, 0x40, 0x40, 0x40, 0x7F, 0x40, 0x40, 0x44, 0x58, 0x40,
0x40, 0x00}, /*"压", 14*/
/* (16×16 ，宋体 )*/
};
//****************************************//
//                                        //
//              函数初始化                  //
//                                        //
//****************************************//
void TIMERA();              //定时器初始化
void GPIO();                //端口初始化
void ADCinit();             //ADC12 初始化
/*************** SPI 子函数 *********************/
void SPIInit(void);
void SPIWrite(unsigned char address, unsigned char command);
/**************** OLED 子函数集 **********************/
void OLED_WR_Byte(unsigned char dat, unsigned char cmd);
void OLED_Display_On(void);
void OLED_Display_Off(void);
void OLED_Init(void);
void OLED_Clear(void);
void OLED_DrawPoint(unsigned char x, unsigned char y, unsigned char t);
void OLED_Fill(unsigned char x1, unsigned char y1, unsigned char x2, unsigned char y2,
unsigned char dot);
void OLED_ShowChar(unsigned char x, unsigned char y, unsigned char chr);
void OLED_ShowNum(unsigned char x, unsigned char y, unsigned int num, unsigned char len,
unsigned char size2);
```

```
void OLED_ShowString(unsigned char x, unsigned char y, unsigned char * p);
void OLED_Set_Pos(unsigned char x, unsigned char y);
void OLED_ShowCHinese(unsigned char x, unsigned char y, unsigned char no);
void OLED_DrawBMP(unsigned char x0, unsigned char y0, unsigned char x1, unsigned char y1,
unsigned char BMP[]);
void delay_ms(unsigned int ms);
void ClkInit(void);
//*************************************//
//                                     //
//              主函数                  //
//                                     //
//*************************************//
int main( void )
{
  WDTCTL = WDTPW + WDTHOLD;          //关闭看门狗定时器

  ClkInit();                         //初始化时钟
  SPIInit();                         //初始化 SPI
  OLED_Init();                       //初始化 OLED
  TIMERA();                          //初始化定时器
  GPIO();                            //初始化端口
  ADCinit();                         //初始化 ADC12
  _EINT();                           //打开总中断

  while(1)
  {
    if(lpmi ==1)                     //系统进入休眠状态
    {
      lpmi =0;                       //标志位清零
      P4OUT &= ~BIT1;                //断开继电器，关闭所有外围设备
    /**************关闭内部模块**************/
    //关时钟
    UCSCTL4 = SELA_1;
    UCSCTL6 |= (XT1OFF + XT2OFF);
    UCSCTL6 &= ~XCAP_3;
    //关 SPI
    UCA0CTL1 |= UCSWRST;
    //关定时器
    TA2CTL = MC_0;
    TA0CTL = MC_0;
    //关闭所有端口，仅保留按键对应 P2.1 端口
    P1SEL = 0x00;P2SEL = 0x00;P3SEL = 0x00;P4SEL = 0x00;P5SEL = 0x00;
    P6SEL = 0x00;
```

```
    P7SEL = 0x00;P8SEL = 0x00;
    P1OUT = 0x00;P2OUT = BIT1;P3OUT = 0x00;P4OUT = 0x00;
    P5OUT = 0x00;P6OUT = 0x00;
    P7OUT = 0x00;P8OUT = 0x00;PJOUT = 0x00;
    P1DIR = 0xFF;P2DIR = 0xFF;P3DIR = 0xFF;P4DIR = 0xFF;
    P5DIR = 0xFF;P6DIR = 0xFF;
    P7DIR = 0xFF;P8DIR = 0xFF;PJDIR = 0xFF;
    //关闭 USB 相关设备
    USBKEYPID=0x9628;
    USBPWRCTL &= ~(SLDOEN+VUSBEN);
    USBKEYPID=0x9600;
    //关闭 SVS
    PMMCTL0_H = PMMPW_H;                   //PMM 密码
    SVSMHCTL &= ~(SVMHE+SVSHE);            //关闭供电电压监测
    SVSMLCTL &= ~(SVMLE+SVSLE);            //关闭核心电压监测

    LPM4;                                  //系统进入低功耗工作模式 4
}
/****************测试 pH 值******************/
 if(phflag == 1)                           //在数据更新后取平均
  {
    phtemp1 = (float)phtemp * AVcc/4095 * 1000;                //pH 值电压
    phvolt = (unsigned int)phtemp1;
    for(phi=Num-1;phi>0;phi--) phbuf[phi]=phbuf[phi-1];        //滑动平均
    phbuf[0]=phvolt; phsum = 0;
    for(phi=0;phi<Num;phi++) phsum += phbuf[phi];
    phvolt = phsum/Num;
    phflag = 0;
  }
/****************启动 ADC 转换******************/
  ADC12CTL0 |= ADC12SC;                   //再次启动 ADC12 转换
/**************** pH 值换算*********************/
  k = (4-9.18)/(volt_400-volt_918);
  phvolt1 = (float)phvolt;
  PH = (unsigned int)((k * (phvolt1-volt_400)+4) * 1000);
/****************测试电池电压******************/
  if(vflag == 1)  //在数据更新后取平均
  {
    temp1 = (float)temp * AVcc/4095 * 1000;           //电池电压
    volt = (unsigned int)(Vp * temp1);
    for(i=Num-1;i>0;i--) buf[i]=buf[i-1];             //数据移位
    buf[0]=volt; sum = 0;
    for(i=0;i<Num;i++) sum += buf[i];
```

```
            volt = sum/Num;
            vflag = 0;
        }
        /***************显示测量结果*****************/
        OLED_ShowCHinese(16, 0, 0);                    //标题行
        OLED_ShowCHinese(32, 0, 1);
        OLED_ShowCHinese(48, 0, 2);
        OLED_ShowCHinese(64, 0, 3);
        OLED_ShowCHinese(80, 0, 4);
        OLED_ShowCHinese(96, 0, 5);

        OLED_ShowCHinese(0, 2, 6);                     //显示测距
        OLED_ShowCHinese(16, 2, 7);
        OLED_ShowCHinese(32, 2, 8);
        OLED_ShowCHinese(48, 2, 9);
        OLED_ShowChar(62, 2, ':');
        OLED_ShowChar(108, 2, 'm');
        OLED_ShowChar(118, 2, 'm');

        OLED_ShowChar(0, 4, 'P');                      //pH 值测量
        OLED_ShowChar(10, 4, 'H');
        OLED_ShowCHinese(20, 4, 10);
        OLED_ShowChar(34, 4, ':');
        OLED_ShowChar(78, 4,'.');

        OLED_ShowCHinese(0, 6, 11);                    //电池电压
        OLED_ShowCHinese(16, 6, 12);
        OLED_ShowCHinese(32, 6, 13);
        OLED_ShowCHinese(48, 6, 14);
        OLED_ShowChar(62, 6, ':');
        OLED_ShowString(78, 6, ".");
        OLED_ShowString(105, 6, "V");

        OLED_ShowNum(70, 6, volt/1000, 1, 16);         //显示数据换算
        OLED_ShowNum(86, 6, volt/100%10, 1, 16);
        OLED_ShowNum(94, 6, volt/10%10, 1, 16);
        OLED_ShowNum(70, 4, PH/1000, 1, 16);
        OLED_ShowNum(86, 4, PH/100%10, 1, 16);
        OLED_ShowNum(80, 2, distance/1000, 1, 16);
        OLED_ShowNum(88, 2, distance/100%10, 1, 16);
        OLED_ShowNum(96, 2, distance/10%10, 1, 16);
    }
}
```

```
//**************************************//
//                                      //
//            中断服务程序                //
//                                      //
//**************************************//
/************定时器 A2 中断服务程序 ******************/
#pragma vector = TIMER2_A1_VECTOR
__interrupt void TIMER2_A1_ISR(void)
{
  data[si] = TA2CCR1;
  si++;
  if(si==2)
  {
    if( ((data[1] - data[0]) > 0) && ((data[1] - data[0]) < 50000) )
    {
      dtemp = (double)(((data[1]-data[0]) * 340/2)/1000-70);
      h=(dtemp * 0.8231+79.783);              //距离修正
    }
    si = 0;
  }

  if(h>=2030)
    distance=0;
  else
    distance=(unsigned int)(2030-h);          //换算成液面高度
  TA2CCTL1 &=~ CCIFG;
}
/************定时器 A0 中断服务程序 ******************/
#pragma vector=TIMER0_A0_VECTOR
__interrupt void TIMER0_A0_ISR(void)
{
  P1OUT |= BIT5;
  __delay_cycles(20);                         //发送超声波传感器触发信号
  P1OUT &= ~BIT5;
}
/************** P2 中断服务程序 *******************/
#pragma vector=PORT2_VECTOR
__interrupt void Port_2(void)
{
  __delay_cycles(1200);
  if(0x02 & P2IN)                             //按键尚未达到稳定状态
  {
    P2IFG &= ~0x02;                           //退出
```

```
    }
    else                                        //按键被按下
    {
      if(lpmflag==1)                            //系统回到工作状态
      {
        lpmflag=0;
        LPM4_EXIT;                              //退出低功耗工作模式
/****************重新初始化系统 *****************/
        ClkInit();                              //初始化时钟
        SPIInit();                              //初始化 SPI
        OLED_Init();                            //初始化 OLED
        TIMERA();                               //初始化定时器
        GPIO();                                 //初始化端口
        ADCinit();                              //初始化 ADC12
        UCSCTL4 |= SELA_0 + SELM_4 + SELS_4;
/****************继电器导通*********************/
        P4DIR |= BIT1;                          //重新设置 P1.4
        P4REN |= BIT1;
        P4OUT |= BIT1;                          //导通继电器
      }
      else
      {
        lpmflag = 1;                            //继续休眠状态
        lpmi = 1;
      }
      P2IFG &= ~0x02;                           //标志位清零
    }
}
/************* ADC12 中断服务程序 *****************/
#pragma vector = ADC12_VECTOR
__interrupt void ADC12_ISR(void)
{
  switch(__even_in_range(ADC12IV, 8))
  {
    case  0: break;                             //无中断
    case  2: break;                             //ADC 溢出中断
    case  4: break;                             //ADC 定时器溢出中断
    case  6:                                    //ADC12IFG0 中断
          temp = ADC12MEM0;                     //获得电池电压值
          vflag = 1;
          break;
    case  8:
          phtemp = ADC12MEM1;                   //获得 pH 值对应电压值
```

```
            phflag = 1;
            break;
      default: break;
    }
}
//* * * * * * * * * * * * * * * * * * * * * * * * * * * * * * * * * *//
//                                                                  //
//                              函数定义                             //
//                                                                  //
//* * * * * * * * * * * * * * * * * * * * * * * * * * * * * * * * * *//
/* * * * * * * * * * * * * 时钟设置为 12 MHz * * * * * * * * * * * * * * * * * * */
void ClkInit(void)
{
  P5SEL |= BIT2+BIT3;                       //设置 XT2 外部振荡器端口
  P5SEL |= BIT4+BIT5;                       //设置 XT1 外部振荡器端口

  UCSCTL6 &= ~(XT1OFF + XT2OFF);            //使能 XT1 和 XT2
  UCSCTL6 |= XCAP_3;                        //打开内部电容
  UCSCTL3 |= SELREF__XT2CLK;                //选择 XT2CLK 作为 FLL 参考源

  __bis_SR_register(SCG0);                  //关闭 FLL 控制环
  UCSCTL0 = 0x0000;                         //设置 DCOx、MODx 为最低值
  UCSCTL1 = DCORSEL_5;                      //FLL 输出频率最大值为 16 MHz
  UCSCTL2 = 2;                              //倍频系数为 2+1=3，FLL 输出频率为 12 MHz
  __bic_SR_register(SCG0);                  //打开 FLL 控制环

/* * * * * * * * * * * 等待 XT1、XT2 和 FLL 进入稳定状态 * * * * * * * * * * * */
  do
  {
    UCSCTL7 &= ~(XT2OFFG + XT1LFOFFG + DCOFFG);
                                            //清除 XT2、XT1、DCO 故障标志位
    SFRIFG1 &= ~OFIFG;                      //清除故障标志位
  }while (SFRIFG1&OFIFG);                   //测试振荡器故障标志位

  UCSCTL6 &= ~XT2DRIVE0;                    //设置 XT2 驱动能力
}

/* * * * * * * * * * * * * * * 端口设置 * * * * * * * * * * * * * * * */
void GPIO()
{
  P2REN |= BIT1;                            //P2.1(按键)上拉
  P2OUT |= BIT1;                            //P2.1(按键)上拉
  P2IE|= BIT1;                              //P2.1(按键)设置中断
```

```
    P2IES |= BIT1;                          //P2.1(按键)下降沿(按下)

    P1DIR |= BIT5;                          //P1.5 超声波触发信号
    P2DIR &= ~BIT4;                         //P2.4 超声波回响信号
    P2SEL |= BIT4;                          //P2.4 作为定时器端口使用

    P4DIR |= BIT1;                          //P4.1 继电器控制端

    P6SEL |= BIT0;                          //P6.0 作为 pH 值模拟输入端
    P6SEL |= BIT1;                          //P6.1 作为电池电压模拟输入端

    P1DIR |= BIT3;                          //P1.3 接 OLED 显示屏 CS 端
    P1OUT |= BIT3;                          //P1.3 接 OLED 显示屏 CS 端
    P3SEL |= BIT3;                          //P3.3 接 OLED 显示屏 DI 端
    P2SEL |= BIT7;                          //P2.7 接 OLED 显示屏 DO 端
    P1DIR |= BIT4;                          //P1.4 接 OLED 显示屏 RES 端
    P2DIR |= BIT2;                          //P2.2 接 OLED 显示屏 DC 端

    P1DIR |= BIT0;                          //ACLK 输出端口
    P1SEL |= BIT0;
    P2DIR |= BIT2;                          //SMCLK 输出端口
    P2SEL |= BIT2;
    P7DIR |= BIT7;                          //MCLK 输出端口
    P7SEL |= BIT7;
}

/* * * * * * * * * * * * * * * * * 定时器设置 * * * * * * * * * * * * * * * * * * * * */
void TIMERA()
{
    TA2CTL |= TASSEL_2 + MC_2 + TACLR;
                            // TA2 定时器时钟源选为 SMCLK，连续计数模式，清零
    TA2CCTL1 = CM_3 + CAP + CCIE;       //配置为捕获模式，上升、下降沿捕获，中断使能

    TA0CCTL0 = CCIE;                    //TA0 定时器配置
    TA0CCR0 = 50000;                    //上升计数值
    TA0CTL = TASSEL_2 + MC_1 + TACLR;   //时钟源选为 SMCLK，上升计数模式，清零
}

/* * * * * * * * * * * * * * * * * 定时器设置 * * * * * * * * * * * * * * * * * */
void ADCinit()
{
    ADC12CTL0 = ADC12ON+ADC12SHT0_8+ADC12MSC;
                                        //打开 ADC12，设置采样时间
```

```
                                          //设置为多次采样转换
  ADC12CTL1 = ADC12SHP+ADC12CONSEQ_1;
                                          //采样定时器触发方式，序列通道单次采样
  ADC12IE = BIT0 + BIT1;                  //打开对应端口中断
                                          //参考电压为 AVcc
  ADC12MCTL0 = ADC12INCH_0;               //A0 端口转换数据存放在缓存 0 中
  ADC12MCTL1 = ADC12INCH_1+ADC12EOS;
                                          //A1 端口转换数据存放在缓存 1 中，序列结束
  ADC12CTL0 |= ADC12ENC;                  //使能转换
}

/* * * * * * * * * * * * * * * * OLED * * * * * * * * * * * * * * * * * * * */
/* * * * * * * * * * * * * * * * 延时函数 * * * * * * * * * * * * * * * * * * */
void delay_ms(unsigned int ms)
{
  unsigned int i;
  for(i=0;i<ms;i++)
    __delay_cycles(1000);
}

/* * * * * * * * * * * * * * * * 初始化 SPI * * * * * * * * * * * * * * * * */
void SPIInit(void)
{
  UCA0CTL1 |= UCSWRST;                    //SPI 状态机复位
  UCA0CTL0 |= UCMST+UCSYNC+UCCKPH+UCMSB;
                                          //设置为 3 线制 8 位主机方式
                                          //时钟极性高，高位在前
  UCA0CTL1 |= UCSSEL_2;                   // SPI 时钟选择 SMCLK
  UCA0BR0 = 0x02;                         //分频器 0
  UCA0BR1 = 0;                            //分频器 1
  UCA0MCTL = 0;                           //无调制
  UCA0CTL1 &= ~UCSWRST;                   //重启 SPI 状态机
}

/* * * * * * * * * * * * * 初始化 OLED * * * * * * * * * * * * * * */
void OLED_Init(void)
{
  OLED_RES_Set();
  delay_ms(100);
  OLED_RES_Clr();
  delay_ms(100);
  OLED_RES_Set();
```

```
    OLED_WR_Byte(0xAE, OLED_CMD);
    OLED_WR_Byte(0x00, OLED_CMD);
    OLED_WR_Byte(0x10, OLED_CMD);
    OLED_WR_Byte(0x40, OLED_CMD);
    OLED_WR_Byte(0x81, OLED_CMD);
    OLED_WR_Byte(0xCF, OLED_CMD);
    OLED_WR_Byte(0xA1, OLED_CMD);
    OLED_WR_Byte(0xC8, OLED_CMD);
    OLED_WR_Byte(0xA6, OLED_CMD);
    OLED_WR_Byte(0xA8, OLED_CMD);
    OLED_WR_Byte(0x3f, OLED_CMD);
    OLED_WR_Byte(0xD3, OLED_CMD);
    OLED_WR_Byte(0x00, OLED_CMD);
    OLED_WR_Byte(0xd5, OLED_CMD);
    OLED_WR_Byte(0x80, OLED_CMD);
    OLED_WR_Byte(0xD9, OLED_CMD);
    OLED_WR_Byte(0xF1, OLED_CMD);
    OLED_WR_Byte(0xDA, OLED_CMD);
    OLED_WR_Byte(0x12, OLED_CMD);
    OLED_WR_Byte(0xDB, OLED_CMD);
    OLED_WR_Byte(0x40, OLED_CMD);
    OLED_WR_Byte(0x20, OLED_CMD);
    OLED_WR_Byte(0x02, OLED_CMD);
    OLED_WR_Byte(0x8D, OLED_CMD);
    OLED_WR_Byte(0x14, OLED_CMD);
    OLED_WR_Byte(0xA4, OLED_CMD);
    OLED_WR_Byte(0xA6, OLED_CMD);
    OLED_WR_Byte(0xAF, OLED_CMD);

    OLED_WR_Byte(0xAF, OLED_CMD);
    OLED_Clear();
    OLED_Set_Pos(0, 0);
}

//向 SSD1306 写入一个字节
//dat: 要写入的数据/命令
//cmd: 数据/命令标志(0 表示命令; 1 表示数据)
void OLED_WR_Byte(unsigned char dat, unsigned char cmd)
{
    if(cmd)
        OLED_DC_Set();
    else
        OLED_DC_Clr();
```

```
    OLED_CS_Clr();
    while (! (UCA0IFG&UCTXIFG));                    //发送缓存是否为空
    UCA0TXBUF = dat;
    __delay_cycles(18);                             //等待
    OLED_CS_Set();
    OLED_DC_Set();
}

void OLED_Set_Pos(unsigned char x, unsigned char y)
{
    OLED_WR_Byte(0xb0+y, OLED_CMD);
    OLED_WR_Byte(((x&0xf0)>>4)|0x10, OLED_CMD);
    OLED_WR_Byte((x&0x0f)|0x01, OLED_CMD);
}
//开启 OLED 显示
void OLED_Display_On(void)
{
    OLED_WR_Byte(0X8D, OLED_CMD);
    OLED_WR_Byte(0X14, OLED_CMD);
    OLED_WR_Byte(0XAF, OLED_CMD);
}
//关闭 OLED 显示
void OLED_Display_Off(void)
{
    OLED_WR_Byte(0X8D, OLED_CMD);
    OLED_WR_Byte(0X10, OLED_CMD);
    OLED_WR_Byte(0XAE, OLED_CMD);
}
//清屏函数，抹去所有显示内容
void OLED_Clear(void)
{
    unsigned char i, n;
    for(i=0;i<8;i++)
    {
    OLED_WR_Byte (0xb0+i, OLED_CMD);
    OLED_WR_Byte (0x00, OLED_CMD);
    OLED_WR_Byte (0x10, OLED_CMD);
    for(n=0;n<128;n++)OLED_WR_Byte(0, OLED_DATA);
    } //更新显示
}

//在指定位置显示一个字符，包括部分字符
```

```
// x：0～127
// y：0～63
// mode：0，反白显示；1，正常显示
// size：选择字体 16/12
void OLED_ShowChar(unsigned char x, unsigned char y, unsigned char chr)
{
  unsigned char c=0, i=0;
  c=chr-' ';//得到偏移后的值
  if(x>Max_Column-1){x=0;y=y+2;}
  if(SIZE ==16)
  {
          OLED_Set_Pos(x, y);
          for(i=0;i<8;i++)
          OLED_WR_Byte(F8X16[c*16+i], OLED_DATA);
          OLED_Set_Pos(x, y+1);
          for(i=0;i<8;i++)
          OLED_WR_Byte(F8X16[c*16+i+8], OLED_DATA);
  }
  else {
    OLED_Set_Pos(x, y+1);
    for(i=0;i<6;i++)
    OLED_WR_Byte(F6x8[c][i], OLED_DATA);
  }
}
unsigned int oled_pow(unsigned char m, unsigned char n)
{
  unsigned int result=1;
  while(n--)result *=m;
  return result;
}
//显示 2 个数字
//x, y：起点坐标
// len：数字的位数
// size：字体大小
// mode：模式(0，填充模式；1，叠加模式)
// num：数值(0～4 294 967 295)
void OLED_ShowNum(unsigned char x, unsigned char y, unsigned int num, unsigned char len, unsigned char size2)
{
  unsigned char t, temp;
  unsigned char enshow=0;
  for(t=0;t<len;t++)
```

```
    {
      temp=(num/oled_pow(10, len-t-1))%10;
      if(enshow==0&&t<(len-1))
      {
        if(temp==0)
        {
          OLED_ShowChar(x+(size2/2)*t, y, ' ');
          continue;
        }else enshow=1;
      }
      OLED_ShowChar(x+(size2/2)*t, y, temp+'0');
    }
}
//显示一个字符串
void OLED_ShowString(unsigned char x, unsigned char y, unsigned char *chr)
{
  unsigned char j=0;
  while (chr[j]!='\0')
  {
    OLED_ShowChar(x, y, chr[j]);
    x+=8;
    if(x>120){x=0;y+=2;}
    j++;
  }
}
//显示汉字
void OLED_ShowCHinese(unsigned char x, unsigned char y, unsigned char no)
{
  unsigned char t, adder=0;
  OLED_Set_Pos(x, y);
  for(t=0;t<16;t++)
  {
    OLED_WR_Byte(Hzk[2*no][t], OLED_DATA);
    adder+=1;
  }
  OLED_Set_Pos(x, y+1);
  for(t=0;t<16;t++)
  {
    OLED_WR_Byte(Hzk[2*no+1][t], OLED_DATA);
    adder+=1;
  }
}
```

知识梳理与小结

本章的知识结构如图7.8所示。本章以全国大学生电子设计竞赛赛题为例，介绍了在电子仪器设备设计和制作中如何综合使用MSP430F5529单片机。学习的重点在于了解电子产品设计的基本流程，方案选择的方法和技巧，以及如何根据功能指标要求完成系统软硬件的设计。

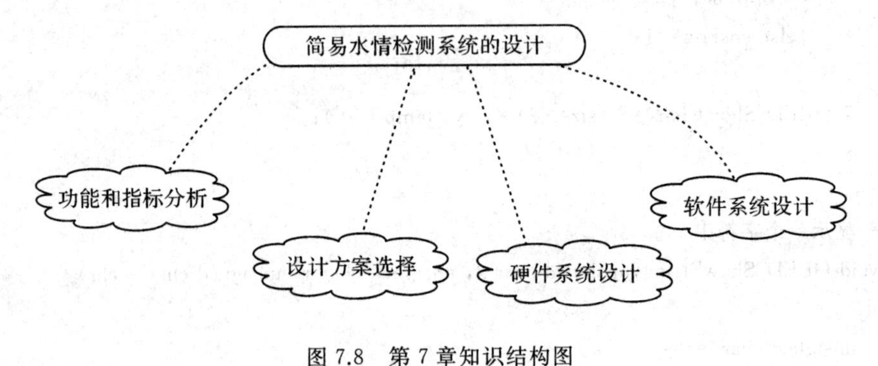

图7.8　第7章知识结构图

附录　常用功能模块寄存器简介

附录 A　GPIO 模块寄存器

附表 1.1 列出了 GPIO 模块 P1～P4 端口的寄存器。GPIO 模块其他端口的寄存器类似，不再列举。附图 1.1～附图 1.10 提供了各寄存器的结构，附表 1.2～附表 1.11 具体描述了各寄存器的功能。

附表 1.1　GPIO 模块 P1～P4 端口寄存器

偏移	缩写	寄存器名	类型	访问方式	初始值
0Eh	P1IV	端口 1 中断矢量寄存器	只读	16 位	0000h
1Eh	P2IV	端口 2 中断矢量寄存器	只读	16 位	0000h
00h	P1IN	端口 1 输入寄存器	只读	8 位	不确定
02h	P1OUT	端口 1 输出寄存器	读写	8 位	不确定
04h	P1DIR	端口 1 方向寄存器	读写	8 位	00h
06h	P1REN	端口 1 电阻使能寄存器	读写	8 位	00h
08h	P1DS	端口 1 驱动强度寄存器	读写	8 位	00h
0Ah	P1SEL	端口 1 功能选择寄存器	读写	8 位	00h
18h	P1IES	端口 1 中断边沿选择寄存器	读写	8 位	不确定
1Ah	P1IE	端口 1 中断使能寄存器	读写	8 位	00h
1Ch	P1IFG	端口 1 中断标志位寄存器	读写	8 位	00h
01h	P2IN	端口 2 输入寄存器	只读	8 位	不确定
03h	P2OUT	端口 2 输出寄存器	读写	8 位	不确定
05h	P2DIR	端口 2 方向寄存器	读写	8 位	00h
07h	P2REN	端口 2 电阻使能寄存器	读写	8 位	00h
09h	P2DS	端口 2 驱动强度寄存器	读写	8 位	00h
0Bh	P2SEL	端口 2 功能选择寄存器	读写	8 位	00h
19h	P2IES	端口 2 中断边沿选择寄存器	读写	8 位	不确定
1Bh	P2IE	端口 2 中断使能寄存器	读写	8 位	00h
1Dh	P2IFG	端口 2 中断标志位寄存器	读写	8 位	00h

续表

偏移	缩写	寄存器名	类型	访问方式	初始值
00h	P3IN	端口 3 输入寄存器	只读	8 位	不确定
02h	P3OUT	端口 3 输出寄存器	读写	8 位	不确定
04h	P3DIR	端口 3 方向寄存器	读写	8 位	00h
06h	P3REN	端口 3 电阻使能寄存器	读写	8 位	00h
08h	P3DS	端口 3 驱动强度寄存器	读写	8 位	00h
0Ah	P3SEL	端口 3 功能选择寄存器	读写	8 位	00h
01h	P4IN	端口 4 输入寄存器	只读	8 位	不确定
03h	P4OUT	端口 4 输出寄存器	读写	8 位	不确定
05h	P4DIR	端口 4 方向寄存器	读写	8 位	00h
07h	P4REN	端口 4 电阻使能寄存器	读写	8 位	00h
09h	P4DS	端口 4 驱动强度寄存器	读写	8 位	00h
0Bh	P4SEL	端口 4 功能选择寄存器	读写	8 位	00h

注：其余端口寄存器与此表类似，不再列举，详见用户手册。

1. P1IV 寄存器

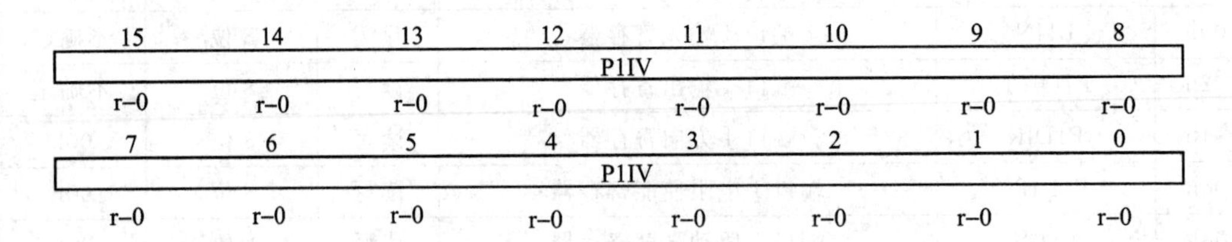

附图 1.1 P1IV 寄存器

附表 1.2 P1IV 寄存器功能描述

位	域名	类型	初始值	功能描述
15～0	P1IV	只读	0h	端口 1 中断矢量值 00h＝无中断挂起 02h＝P1.0 中断，中断优先级最高 04h＝P1.1 中断 06h＝P1.2 中断 08h＝P1.3 中断 0Ah＝P1.4 中断 0Ch＝P1.5 中断 0Eh＝P1.6 中断 10h＝P1.7 中断，中断优先级最低

2. P1IES 寄存器

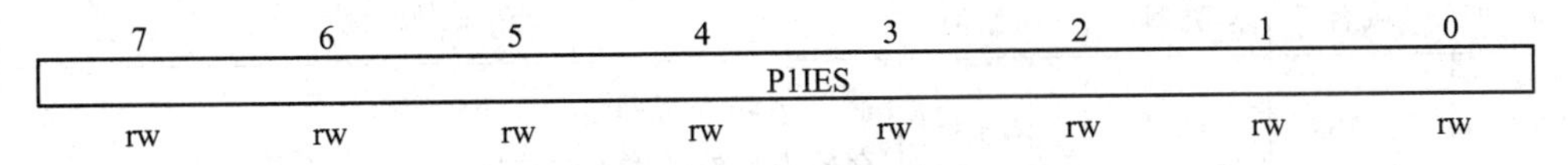

附图 1.2　P1IES 寄存器

附表 1.3　P1IES 寄存器功能描述

位	域名	类型	初始值	功能描述
7～0	P1IES	读写	不确定	端口 1 中断边沿选择 0b=P1IFG 标志位在上升沿被置数 1b=P1IFG 标志位在下降沿被置数

3. P1IE 寄存器

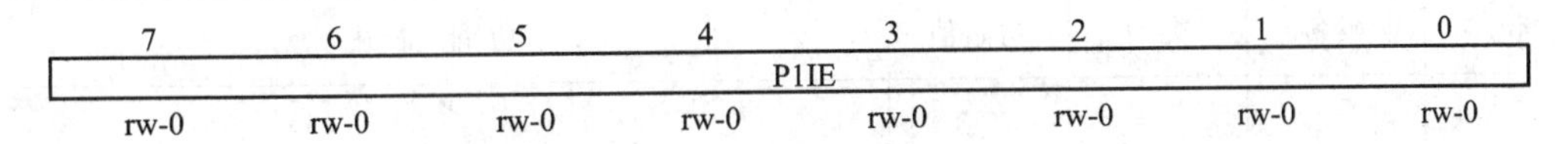

附图 1.3　P1IE 寄存器

附表 1.4　P1IE 寄存器功能描述

位	域名	类型	初始值	功能描述
7～0	P1IE	读写	0h	端口 1 中断使能寄存器 0b=对应端口中断失能，1b=对应端口中断使能

4. P1IFG 寄存器

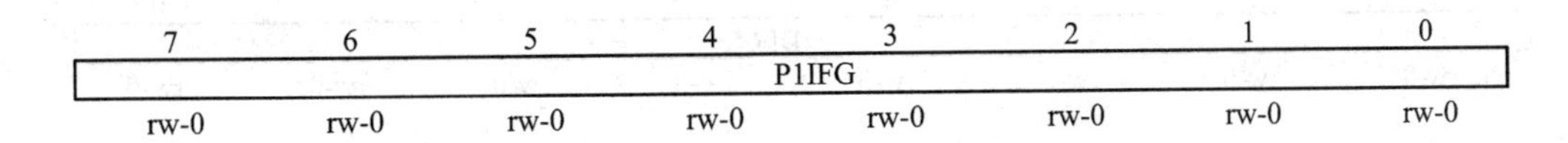

附图 1.4　P1IFG 寄存器

附表 1.5　P1IFG 寄存器功能描述

位	域名	类型	初始值	功能描述
7～0	P1IFG	读写	0h	端口 1 中断标志寄存器 0b=对应端口无中断挂起，1b=对应端口有中断发生

5. PxIN 寄存器

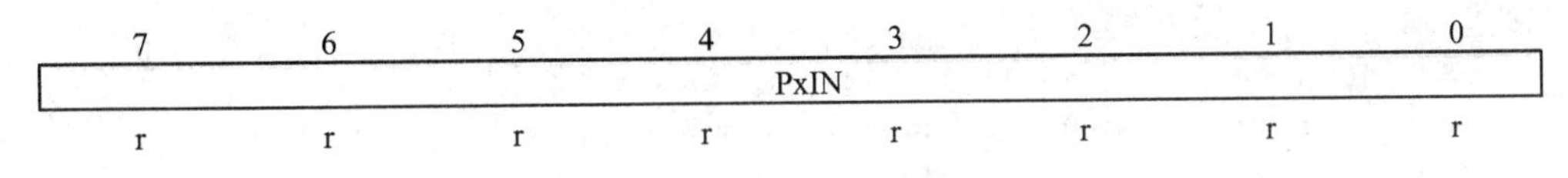

附图 1.5　PxIN 寄存器

附表 1.6　PxIN 寄存器功能描述

位	域名	类型	初始值	功能描述
7～0	PxIN	只读	不确定	端口 x 输入寄存器 存放来自外部输入的数据

6. PxOUT 寄存器

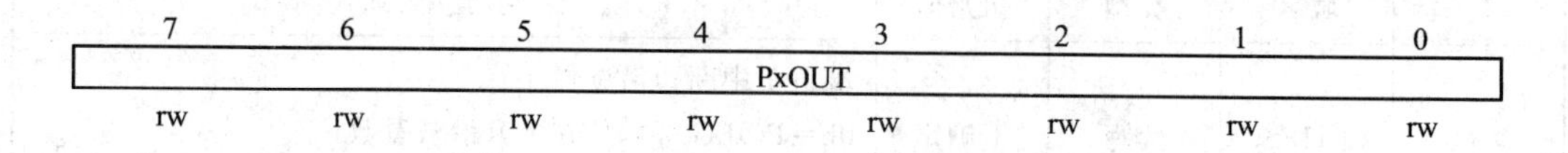

附图 1.6　PxOUT 寄存器

附表 1.7　PxOUT 寄存器功能描述

位	域名	类型	初始值	功能描述
7～0	PxOUT	读写	不确定	端口 x 输出寄存器 当该端口被配置为输出模式时，0b= 输出低电平，1b=输出高电平 当该端口被配置为输入模式且上拉/下拉电阻使能时，0b=选择为下拉电阻，1b=选择为上拉电阻

7. PxDIR 寄存器

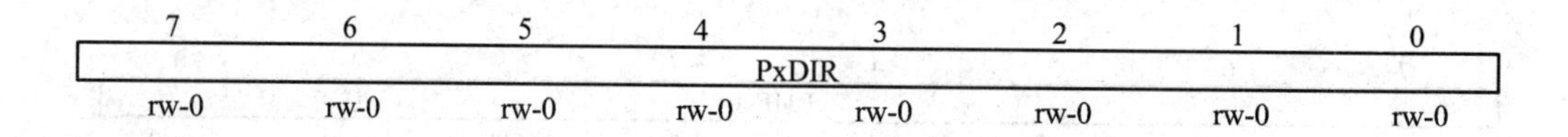

附图 1.7　PxDIR 寄存器

附表 1.8　PxDIR 寄存器功能描述

位	域名	类型	初始值	功能描述
7～0	PxDIR	读写	0h	端口 x 方向寄存器 0b=端口配置为输入 1b=端口配置为输出

8. PxREN 寄存器

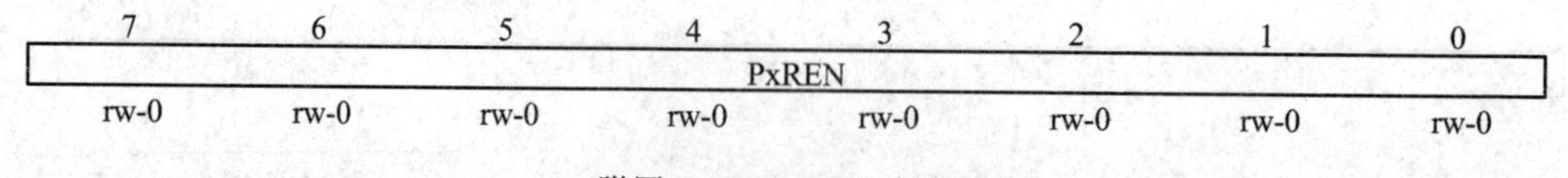

附图 1.8　PxREN 寄存器

附表 1.9 PxREN 寄存器功能描述

位	域名	类型	初始值	功能描述
7～0	PxREN	读写	0h	端口 x 上拉/下拉电阻使能寄存器 当对应端口被配置为输入模式时，0b＝上拉/下拉电阻失能，1b＝上拉/下拉电阻使能

9. PxDS 寄存器

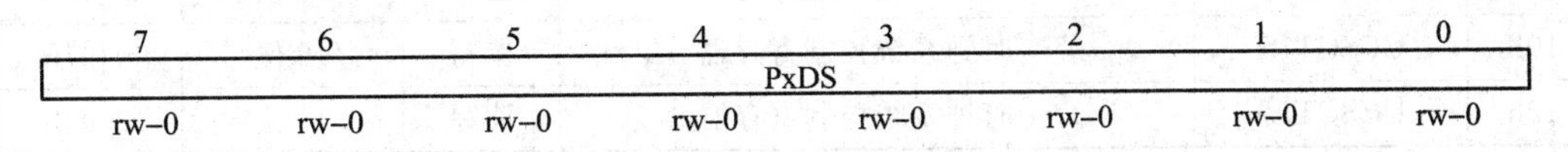

附图 1.9 PxDS 寄存器

附表 1.10 PxDS 寄存器功能描述

位	域名	类型	初始值	功能描述
7～0	PxDS	读写	0h	端口 x 驱动强度寄存器 0b＝减弱输出驱动强度，1b＝输出最强驱动强度

10. PxSEL 寄存器

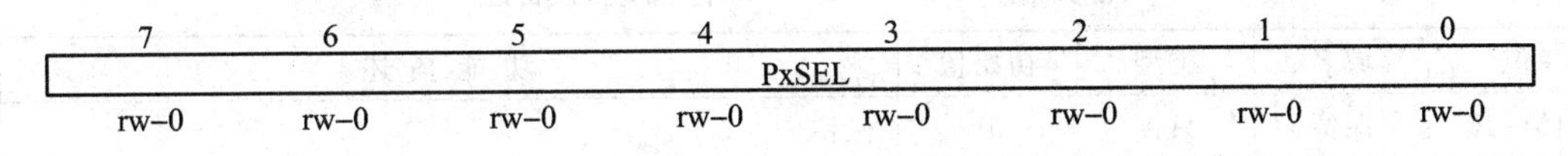

附图 1.10 PxSEL 寄存器

附表 1.11 PxSEL 寄存器功能描述

位	域名	类型	初始值	功能描述
7～0	PxSEL	读写	0h	端口 x 功能选择寄存器 0b＝基本 I/O 端口功能，1b＝外设模块端口功能

附录 B UCS 模块寄存器

附表 2.1 列出了 UCS 模块的 10 个控制寄存器。附图 2.1～附图 2.10 提供了各寄存器的结构，附表 2.2～附表 2.11 具体描述了各寄存器的功能。

附表 2.1 UCS 模块控制寄存器

偏移	缩写	寄存器名	类型	访问方式	初始值
00h	UCSCTL0	统一时钟系统控制寄存器 0	读写	16 位	0000h
02h	UCSCTL1	统一时钟系统控制寄存器 1	读写	16 位	0020h
04h	UCSCTL2	统一时钟系统控制寄存器 2	读写	16 位	101Fh

续表

偏移	缩写	寄存器名	类型	访问方式	初始值
06h	UCSCTL3	统一时钟系统控制寄存器 3	读写	16 位	0000h
08h	UCSCTL4	统一时钟系统控制寄存器 4	读写	16 位	0044h
0Ah	UCSCTL5	统一时钟系统控制寄存器 5	读写	16 位	0000h
0Ch	UCSCTL6	统一时钟系统控制寄存器 6	读写	16 位	C1CDh
0Eh	UCSCTL7	统一时钟系统控制寄存器 7	读写	16 位	0703h
10h	UCSCTL8	统一时钟系统控制寄存器 8	读写	16 位	0707h
12h	UCSCTL9	统一时钟系统控制寄存器 9	读写	16 位	0000h

1. UCSCTL0 寄存器

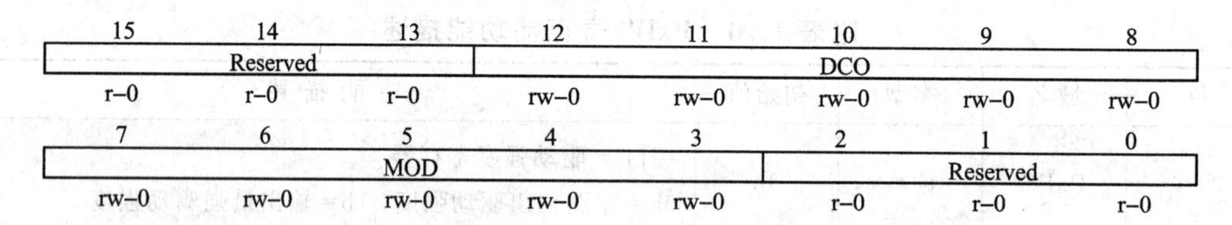

附图 2.1　UCSCTL0 寄存器

附表 2.2　UCSCTL0 寄存器功能描述

位	域名	类型	初始值	功能描述
15～13	保留	只读	0h	保留
12～8	DCO	读写	0h	DCO 节拍选择，在 FLL 运行过程中自行调解
7～3	MOD	读写	0h	调制计数器，在 FLL 运行过程中自行调解
2～0	保留	只读	0h	保留

2. UCSCTL1 寄存器

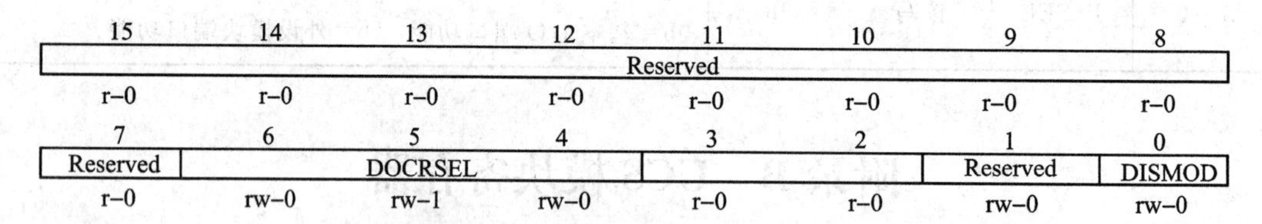

附图 2.2　UCSCTL1 寄存器 Reserved

附表 2.3　UCSCTL1 寄存器功能描述

位	域名	类型	初始值	功能描述
15～7	保留	只读	0h	保留
6～4	DCORSEL	读写	2h	DCO 频率范围选择，具体设置参见数据手册
3～2	保留	只读	0h	保留
1	保留	读写	0h	保留
0	DISMOD	读写	0h	调制控制位 0b－调制使能，1b－调制失能

3. UCSCTL2 寄存器

15	14	13	12	11	10	9	8
Reserved	FLLD			Reserved		FLLN	
r-0	rw-0	rw-0	rw-1	r-0	r-0	rw-0	rw-0

7	6	5	4	3	2	1	0
FLLN							
rw-0	rw-0	rw-0	rw-1	rw-1	rw-1	rw-1	rw-1

附图 2.3　UCSCTL2 寄存器

附表 2.4　UCSCTL2 寄存器功能描述

位	域名	类型	初始值	功 能 描 述
15	保留	只读	0h	保留
14～12	FLLD	读写	1h	FLL 分频器位 000b= $f_{DCOCLK}/1$，001b= $f_{DCOCLK}/2$ 010b= $f_{DCOCLK}/4$，011b= $f_{DCOCLK}/8$ 100b= $f_{DCOCLK}/16$，101b= $f_{DCOCLK}/32$ 110b 和 111b 保留，效果为 $f_{DCOCLK}/32$
11～10	保留	只读	0h	保留
9～0	FLLN	读写	1Fh	FLL 倍频系数 N 必须大于 0

4. UCSCTL3 寄存器

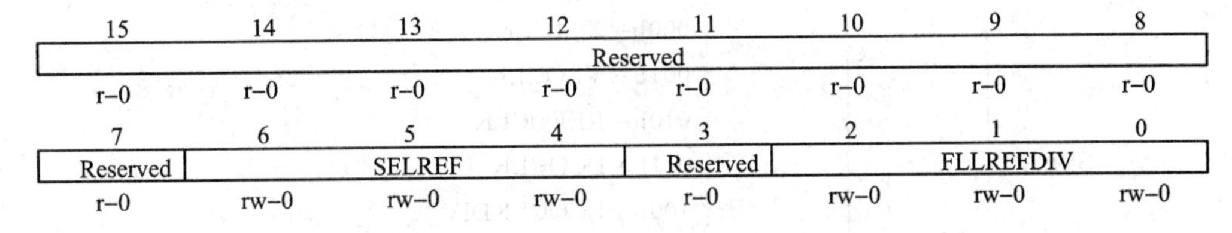

附图 2.4　UCSCTL3 寄存器

附表 2.5　UCSCTL3 寄存器功能描述

位	域名	类型	初始值	功 能 描 述
15～7	保留	只读	0h	保留
6～4	SELREF	读写	0h	FFL 参考源选择 000b=XT1CLK，001b=XT1CLK 010b=REFOCLK，011b=REFOCLK 100b=REFOCLK 101b=XT2CLK(当其可用时)，否则为 REFOCLK 110b=XT2CLK(当其可用时)，否则为 REFOCLK 111b=XT2CLK(当其可用时)，否则为 REFOCLK

续表

位	域名	类型	初始值	功能描述
3	保留	只读	0h	保留
2～0	FLLREFDIV	读写	0h	FLL参考源分频器位 000b= $f_{FLLREFCLK}/1$, 001b= $f_{FLLREFCLK}/2$ 010b= $f_{FLLREFCLK}/4$ 011b= $f_{FLLREFCLK}/8$ 100b= $f_{FLLREFCLK}/12$ 101b= $f_{FLLREFCLK}/16$ 110b和111b保留，效果为 $f_{FLLREFCLK}/16$

5. UCSCTL4寄存器

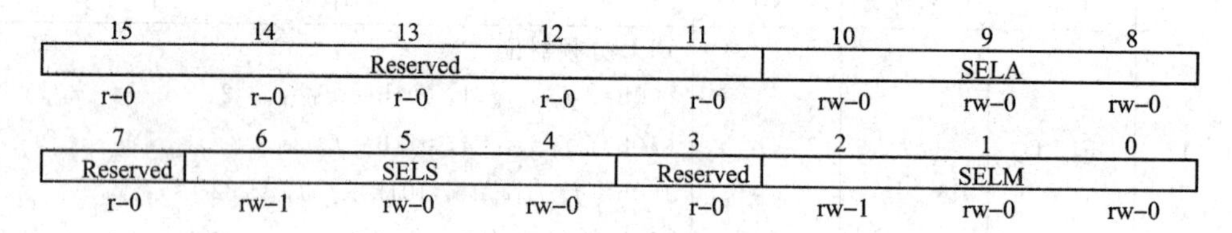

附图2.5　UCSCTL4寄存器

附表2.6　UCSCTL4寄存器功能描述

位	域名	类型	初始值	功能描述
15～11	保留	只读	0h	保留
10～8	SELA	读写	0h	ACLK时钟源选择 000b=XT1CLK 001b=VLOCLK 010b=REFOCLK 011b=DCOCLK 100b=DCOCLKDIV 101b=XT2CLK(当其可用时)，否则为DCOCLKDIV 110b=XT2CLK(当其可用时)，否则为DCOCLKDIV 111b=XT2CLK(当其可用时)，否则为DCOCLKDIV
7	保留	只读	0h	保留
6～4	SELS	读写	4h	SMCLK时钟源选择 000b=XT1CLK 001b=VLOCLK 010b=REFOCLK 011b=DCOCLK 100b=DCOCLKDIV 101b=XT2CLK(当其可用时)，否则为DCOCLKDIV 110b=XT2CLK(当其可用时)，否则为DCOCLKDIV 111b=XT2CLK(当其可用时)，否则为DCOCLKDIV

续表

位	域名	类型	初始值	功能描述
3	保留	只读	0h	保留
2～0	SELM	读写	4h	MCLK 时钟源选择 000b=XT1CLK 001b=VLOCLK 010b=REFOCLK 011b=DCOCLK 100b=DCOCLKDIV 101b=XT2CLK(当其可用时)，否则为 DCOCLKDIV 110b=XT2CLK(当其可用时)，否则为 DCOCLKDIV 111b=XT2CLK(当其可用时)，否则为 DCOCLKDIV

6. UCSCTL5 寄存器

15	14	13	12	11	10	9	8
Reserved	DIVPA			Reserved	DIVA		
r-0	rw-0	rw-0	rw-0	r-0	rw-0	rw-0	rw-0

7	6	5	4	3	2	1	0
Reserved	DIVS			Reserved	DIVM		
r-0	rw-0	rw-0	rw-0	r-0	rw-0	rw-0	rw-0

附图 2.6　UCSCTL5 寄存器

附表 2.7　UCSCTL5 寄存器功能描述

位	域名	类型	初始值	功能描述
15	保留	只读	0h	保留
14～12	DIVPA	读写	0h	如果 ACLK 来自外部引脚，则可实现 8 种分频比 000b=$f_{ACLK}/1$，001b=$f_{ACLK}/2$，010b= $f_{ACLK}/4$， 011b=$f_{ACLK}/8$，100b=$f_{ACLK}/16$，101b=$f_{ACLK}/32$ 110b=$f_{ACLK}/32$，111b=$f_{ACLK}/32$
11	保留	只读	0h	保留
10～8	DIVA	读写	0h	ACLK 分频器 000b=$f_{ACLK}/1$，001b=$f_{ACLK}/2$，010b=$f_{ACLK}/4$ 011b=$f_{ACLK}/8$，100b=$f_{ACLK}/16$，101b=$f_{ACLK}/32$ 110b=$f_{ACLK}/32$，111b=$f_{ACLK}/32$
7	保留	只读	0h	保留
6～4	DIVS	读写	0h	SMCLK 分频器 000b=$f_{SMCLK}/1$，001b=$f_{SMCLK}/2$，010b=$f_{SMCLK}/4$ 011b=$f_{SMCLK}/8$，100b=$f_{SMCLK}/16$，101b=$f_{SMCLK}/32$ 110b=$f_{SMCLK}/32$，111b=$f_{SMCLK}/32$

续表

位	域名	类型	初始值	功能描述
3	保留	只读	0h	保留
2～0	DIVM	读写	0h	MCLK 分频器 000b=f_{MCLK}/1，001b=f_{MCLK}/2，010b=f_{MCLK}/4 011b=f_{MCLK}/8，100b=f_{MCLK}/16，101b=f_{MCLK}/32 110b=f_{MCLK}/32，111b=f_{MCLK}/32

7. UCSCTL6 寄存器

15	14	13	12	11	10	9	8
XT2DRIVE		Reserved	XT2BYPASS	Reserved			XT2OFF
rw-1	rw-1	r-0	rw-	r-0	r-0	r-0	rw-1
7	6	5	4	3	2	1	0
XT1DRIVE		XTS	XT1BYPASS	XCAP		SMCLKOFF	XT1OFF
rw-1	rw-1	rw-0	rw-0	rw-1	rw-1	rw-0	rw-1

附图 2.7　UCSCTL6 寄存器

附表 2.8　UCSCTL6 寄存器功能描述

位	域名	类型	初始值	功能描述
15～14	XT2DRIVE	读写	3h	XT2 振荡器驱动电流调节。最初电流被设置为最大，便于可靠快速地建立稳定的时钟。如果有需要可以通过软件调节电流大小 00b=最低电流消耗，适用于 XT2 从 4 MHz 到 8 MHz 01b=适用于 XT2 从 8 MHz 到 16 MHz 10b=适用于 XT2 从 16 MHz 到 24 MHz 11b=最大驱动电流，适用于 XT2 从 24 MHz 到 32 MHz
13	保留	只读	0h	保留
12	XT2BYPASS	读写	0h	XT2 旁通选择 0b=XT2 来自外部晶振 1b=XT2 来自外部时钟信号
11～9	保留	只读	0h	保留
8	XT2OFF	读写	1h	关闭 XT2 振荡器 0b=打开 XT2，前提是 XT2 被引入且 XT2 不是来自外部时钟信号 1b=关闭 XT2，但 XT2 不再作为 ACLK、MCLK、SMCLK 或 FLL 的时钟源

续表

位	域名	类型	初始值	功能描述
7～6	XT1DRIVE	读写	3h	XT1振荡器驱动电流调节。最初电流被设置为最大，便于可靠快速地建立稳定的时钟。如果有需要可以通过软件调节电流大小 00b＝最低电流消耗，适用于XT1从4 MHz到8 MHz 01b＝适用于XT1从8 MHz到16 MHz 10b＝适用于XT1从16 MHz到24 MHz 11b＝最大驱动电流，适用于XT1从24 MHz到32 MHz
5	XTS	读写	0h	XT1模式选择 0b＝低频模式，XCAP位被使用 1b＝高频模式，XCAP位不被使用
4	XT1BYPASS	读写	0h	XT1旁通选择 0b＝XT1来自外部晶振 1b＝XT1来自外部时钟信号
3～2	XCAP	读写	3h	振荡器电容选择。在XT1处于低频模式下，对电容值进行选择，详细设置参考数据手册
1	SMCLKOFF	读写	0h	关闭SMCLK 0b＝关闭SMCLK，1b＝打开SMCLK
0	XT1OFF	读写	1h	关闭XT1 0b＝打开XT1，前提是XT1被引入且XT1不是来自外部时钟信号 1b＝关闭XT1，但XT1不再作为ACLK、MCLK、SMCLK或FLL的时钟源

8. UCSCTL7寄存器

15	14	13	12	11	10	9	8
Reserved		Reserved		Reserved		Reserved	
r–0	r–0	rw–0	rw–0	rw–1	rw–1	r–1	r–1

7	6	5	4	3	2	1	0
Reserved			Reserved	XT2OFFG	XT1HFOFFG(1)	XT1LFOFFG(1)	DCOFFG
r–0	r–0	r–0	rw–0	rw–0	rw–0	rw–1	rw–1

附图2.8　UCSCTL7寄存器

附表 2.9 UCSCTL7 寄存器功能描述

位	域名	类型	初始值	功能描述
15～14	保留	只读	0h	保留
13～12	保留	读写	0h	保留，不得修改
11～10	保留	读写	3h	保留
9～8	保留	只读	3h	保留
7～5	保留	只读	0h	保留
4	保留	读写	0h	保留
3	XT2OFFG	读写	0h	XT2 故障标志位。如果该位被置 1，OFIFG 也会被置 1。当 XT2 出现故障，该位将被置 1，软件可清除 0b＝上次复位后没有故障发生 1b＝上次复位后 XT2 发生故障
2	XT1HFOFFG	读写	0h	XT1 故障标志位(高频模式)。如果该位被置 1，OFIFG 也会被置 1。当 XT1 出现故障，该位将被置 1，软件可清除 0b＝上次复位后没有故障发生 1b＝上次复位后 XT1 发生故障
1	XT1LFOFFG	读写	1h	XT1 故障标志位(低频模式)。如果该位被置 1，OFIFG 也会被置 1。当 XT1 出现故障，该位将被置 1，软件可清除 0b＝上次复位后没有故障发生 1b＝上次复位后 XT1 发生故障
0	DCOFFG	读写	1h	DCO 故障标志位，当该位被置 1 时，OFIFG 同样会被置 1 0b＝上次复位后没有故障发生 1b＝上次复位后 DCO 发生故障

9. UCSCTL8 寄存器

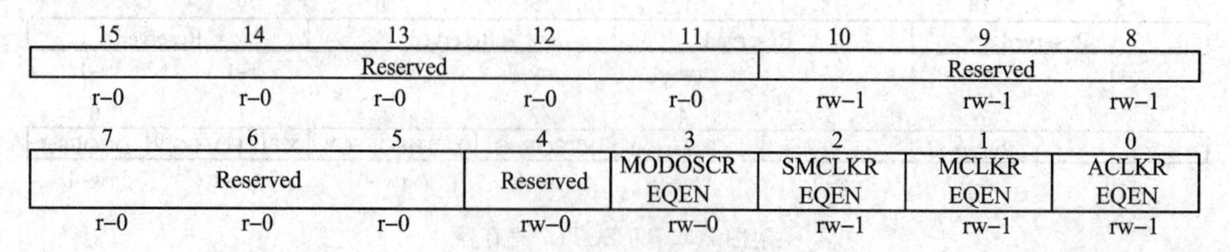

附图 2.9 UCSCTL8 寄存器

附表 2.10　UCSCTL8 寄存器功能描述

位	域名	类型	初始值	功能描述
15～11	保留	只读	0h	保留
10～8	保留	读写	1h	保留，不得修改
7～5	保留	只读	0h	保留
4	保留	读写	0h	保留，不得修改
3	MODOSCREQEN	读写	0h	MODOSC 时钟请求使能 0b＝MODOSC 请求失能 1b＝MODOSC 请求使能
2	SMCLKREQEN	读写	1h	SMCLK 时钟请求使能 0b＝SMCLK 请求失能 1b＝SMCLK 请求使能
1	MCLKREQEN	读写	1h	MCLK 时钟请求使能 0b＝MCLK 请求失能 1b＝MCLK 请求使能
0	ACLKREQEN	读写	1h	ACLK 时钟请求使能 0b＝ACLK 请求失能 1b＝ACLK 请求使能

10. UCSCTL9 寄存器

15	14	13	12	11	10	9	8
Reserved							
r–0	r–0	r–0	r–0	r–0	r–0	r–0	r–0
7	**6**	**5**	**4**	**3**	**2**	**1**	**0**
Reserved						XT2BYPASSLV	XT1BYPASSLV
r–0	r–0	r–0	r–0	r–0	r–0	rw–0	rw–0

附图 2.10　UCSCTL9 寄存器

附表 2.11　UCSCTL9 寄存器功能描述

位	域名	类型	初始值	功能描述
15～2	保留	只读	0h	保留
1	XT2BYPASSLV	读写	0h	XT2 旁通输入正负等级 0b＝从 0 到 DVCC 1b＝从 0 到 DVIO
0	XT1BYPASSLV	读写	0h	XT1 旁通输入正负等级 0b＝从 0 到 DVCC 1b＝从 0 到 DVIO

附录 C　Timer 模块寄存器

附表 3.1 列出了定时器模块相关寄存器，各通道控制寄存器和计数器类似，读者只需掌握其中之一就可以了。附图 3.1～附图 3.6 提供了各寄存器的结构，附表 3.2～附表 3.7 具体描述了各寄存器的功能。

附表 3.1　定时器模块相关寄存器

偏移	缩写	寄存器名	类型	访问方式	初始值
00h	TBxCTL	Timer_B 控制寄存器	读写	16 位	0000h
02h	TBxCCTL0	Timer_B 捕获/比较控制器 0	读写	16 位	0000h
04h	TBxCCTL1	Timer_B 捕获/比较控制器 1	读写	16 位	0000h
06h	TBxCCTL2	Timer_B 捕获/比较控制器 2	读写	16 位	0000h
08h	TBxCCTL3	Timer_B 捕获/比较控制器 3	读写	16 位	0000h
0Ah	TBxCCTL4	Timer_B 捕获/比较控制器 4	读写	16 位	0000h
0Ch	TBxCCTL5	Timer_B 捕获/比较控制器 5	读写	16 位	0000h
0Eh	TBxCCTL6	Timer_B 捕获/比较控制器 6	读写	16 位	0000h
10h	TBxR	Timer_B 计数器	读写	16 位	0000h
12h	TBxCCR0	Timer_B 捕获/比较计数器 0	读写	16 位	0000h
14h	TBxCCR1	Timer_B 捕获/比较计数器 1	读写	16 位	0000h
16h	TBxCCR2	Timer_B 捕获/比较计数器 2	读写	16 位	0000h
18h	TBxCCR3	Timer_B 捕获/比较计数器 3	读写	16 位	0000h
1Ah	TBxCCR4	Timer_B 捕获/比较计数器 4	读写	16 位	0000h
1Ch	TBxCCR5	Timer_B 捕获/比较计数器 5	读写	16 位	0000h
1Eh	TBxCCR6	Timer_B 捕获/比较计数器 6	读写	16 位	0000h
2Eh	TBxIV	Timer_B 中断向量寄存器	只读	16 位	0000h
20h	TBxEX0	Timer_B 扩展寄存器 0	读写	16 位	0000h

1. TBxCTL 寄存器

15	14	13	12	11	10	9	8
Reserved	TBCLGRPx		CNTL		Reserved	TBSSEL	
rw–0	rw–0	rw–0	rw–0	rw–0	rw–0	rw–0	rw–0

7	6	5	4	3	2	1	0
ID		MC		Reserved	TBCLR	TBIE	TBIFG
rw–0	rw–0	rw–0	rw–0	rw–0	rw–0	rw–0	rw–0

附图 3.1　TBxCTL 寄存器

附表 3.2 TBxCTL 寄存器功能描述

位	域名	类型	初始值	功能描述
15	保留	读写	0h	保留
14～13	TBCLGRPx	读写	0h	TBxCLn 分组控制位 00b＝每个 TBxCLn 锁存器独立工作 01b＝TBxCL1 和 TBxCL2 一组，由 TBxCCR1 控制 TBxCL3 和 TBxCL4 一组，由 TBxCCR3 控制 TBxCL5 和 TBxCL6 一组，由 TBxCCR5 控制 TBxCL0 一组，由 TBxCCR0 控制 10b ＝ TBxCL1、TBxCL2 和 TBxCL3 一组，由 TBxCCR1 控制 11b＝TBxCL0～TBxCL6 共 7 个通道作为一组
12～11	CNTL	读写	0h	计数长度 00b＝16 位，TBxR 最大为 0FFFFh 01b＝12 位，TBxR 最大为 0FFFh 10b＝10 位，TBxR 最大为 03FFh 11b＝8 位，TBxR 最大为 0FFh
10	保留	读写	0h	保留
9～8	TBSSEL	读写	0h	定时器 B 时钟源选择 00b＝TBxCLK 01b＝ ACLK 10b＝ SMCLK 11b＝ INCLK
7～6	ID	读写	0h	输入时钟分频器，可与 TBIDEX 一同使用 00b＝ 1 分频 01b＝ 2 分频 10b＝ 4 分频 11b＝ 8 分频
5～4	MC	读写	0h	模式选择 00b＝停止计数模式，关闭定时器 01b＝上升计数模式，定时器计数到 TBxCL0 10b＝连续计数模式，定时器最大值取决于 CNTL 11b＝上升/下降计数模式，定时器计数到 TBxCL0 后减计数到 0000h
3	保留	读写	0h	保留
2	TBCLR	读写	0h	定时器清零。该位置 1 时将定时器计数器 TBR 清零，该位会自动复位
1	TBIE	读写	0h	定时器中断使能，使用定时器中断该位必须置 1 0b＝中断失能 1b＝中断使能
0	TBIFG	读写	0h	定时器中断标志位 0b＝没有中断挂起 1b＝有中断挂起

2. TBxR 寄存器

15	14	13	12	11	10	9	8
TBxR							
rw–0	rw–0	rw–0	rw–0	rw–0	rw–0	rw–0	rw–0
7	6	5	4	3	2	1	0
TBxR							
rw–0	rw–0	rw–0	rw–0	rw–0	rw–0	rw–0	rw–0

附图 3.2　TBxR 寄存器

附表 3.3　TBxR 寄存器功能描述

位	域名	类型	初始值	功能描述
15～0	TBxR	读写	0h	定时器 B 计数器

3. TBxCCTLn 寄存器

15	14	13	12	11	10	9	8
CM		CCIS		SCS	CLLD		CAP
rw–0	rw–0	rw–0	rw–0	rw–0	rw–0	rw–0	rw–0
7	6	5	4	3	2	1	0
OUTMOD			CCIE	CCI	OUT	COV	CCIFG
rw–0	rw–0	rw–0	rw–0	r	rw–0	rw–0	rw–0

附图 3.1　TBxCCTLn 寄存器

附表 3.4　TBxCCTLn 寄存器功能描述

位	域名	类型	初始值	功能描述
15～14	CM	读写	0h	捕获模式选择 00b＝不进行捕获 01b＝捕获上升沿 10b＝捕获下降沿 11b＝捕获上升沿和下降沿
13～12	CCIS	读写	0h	捕获/比较输入选择。该位选择 TBxCCRn 输入信号，详见数据手册 00b＝CCIxA 01b＝CCIxB 10b＝GND 11b＝VCC
11	SCS	读写	0h	捕获源同步选择 0b＝捕获输入信号与定时器异步 1b＝捕获输入信号与定时器同步
10～9	CLLD	读写	0h	比较锁存器重载时机选择 00b＝写入 TBxCCRn 时，向 TBxCTLn 载入数据 01b＝TBxR 计数到 0 时，向 TBxCTLn 载入数据 10b＝TBxR 计数到 0 或 TBxCL0 时，向 TBxCTLn 载入数据 11b＝TBxR 计数到 TBxCLn 时，向 TBxCTLn 载入数据

续表

位	域名	类型	初始值	功能描述
8	CAP	读写	0h	捕获模式 0b=比较模式 1b=捕获模式
7～5	OUTMOD	读写	0h	输出模式选择，模式2、模式3、模式6和模式7不适用于TBxCL0 000b= 输出位值 001b= 置1 010b= 翻转/复位 011b= 置1/复位 100b= 翻转 101b= 复位 110b= 翻转/置1 111b= 复位/置1
4	CCIE	读写	0h	捕获/比较中断使能 0b=中断失能，1b=中断使能
3	CCI	只读	不确定	捕获/比较输入，输入信号可以从该位读取
2	OUT	读写	0h	定时器输出。当输出模式为0时，该位直接控制输出状态 0b=输出低电平 1b=输出高电平
1	COV	读写	0h	捕获溢出，该位必须通过软件进行复位 0b=未发生捕获溢出 1b=发生捕获溢出
0	CCIFG	读写	0h	捕获/比较中断标志位 0b=没有中断挂起 1b=有中断挂起

4. TBxCCRn 寄存器

15	14	13	12	11	10	9	8
TBxCCRn							
rw–0	rw–0	rw–0	rw–0	rw–0	rw–0	rw–0	rw–0

7	6	5	4	3	2	1	0
TBxCCRn							
rw–0	rw–0	rw–0	rw–0	rw–0	rw–0	rw–0	rw–0

附图 3.4 TBxCCRn 寄存器

附表 3.5　TBxCCRn 寄存器功能描述

位	域名	类型	初始值	功 能 描 述
15～0	TBxCCRn	读写	0h	在比较模式下：TBxCCRn 中的数据将会和 TBR 中的数据进行比较，决定输出值 在捕获模式下：当捕获发生时，TBR 中的数据将会被复制到该寄存器中

5. TBxIV 寄存器

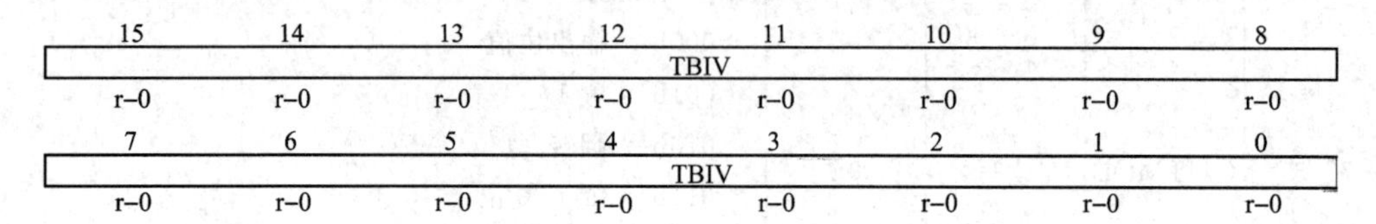

附图 3.5　TBxIV 寄存器

附表 3.6　TBxIV 寄存器功能描述

位	域名	类型	初始值	功 能 描 述
15～0	TBIV	只读	0h	定时器 B 中断向量 00h＝无中断 02h＝CCR1 发生中断，优先级最高 04h＝CCR2 发生中断 06h＝CCR3 发生中断 08h＝CCR4 发生中断 0Ah＝CCR5 发生中断 0Ch＝CCR6 发生中断 0Eh＝定时器溢出，优先级最低

6. TBxEX0 寄存器

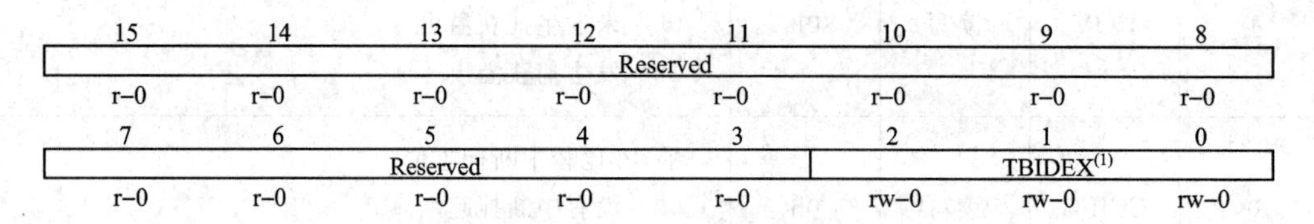

附图 3.6　TBxEX0 寄存器

附表 3.7　TBxEX0 寄存器功能描述

位	域名	类型	初始值	功 能 描 述
15～3	保留	只读	0h	保留
2～0	TBIDEX	读写	0h	输入扩展分频，可与 ID 配合使用 000b＝1 分频，001b＝2 分频，010b＝3 分频 011b＝4 分频，100b＝5 分频，101b＝6 分频 110b＝7 分频，111b＝8 分频

附录 D ADC12 模块寄存器

附表 4.1 列出了 ADC12 模块相关寄存器，ADC12 模块 12 个通道存储寄存器和控制寄存器完全类似，这里只对其中一个进行介绍。附图 4.1～附图 4.8 提供了各寄存器的结构，附表 4.2～附表 4.9 具体描述了各寄存器的功能。

附表 4.1 ADC12 模块相关寄存器

偏移	缩写	寄存器名	类型	访问方式	初始值
00h	ADC12CTL0	ADC12 控制器 0	读写	16 位	0000h
02h	ADC12CTL1	ADC12 控制器 1	读写	16 位	0000h
04h	ADC12CTL2	ADC12 控制器 2	读写	16 位	0020h
0Ah	ADC12IFG	ADC12 中断标志寄存器	读写	16 位	0000h
0Ch	ADC12IE	ADC12 中断使能寄存器	读写	16 位	0000h
0Eh	ADC12IV	ADC12 中断向量寄存器	只读	16 位	0000h
20h	ADC12MEM0	ADC12 存储器 0	读写	16 位	不确定
22h	ADC12MEM1	ADC12 存储器 1	读写	16 位	不确定
24h	ADC12MEM2	ADC12 存储器 2	读写	16 位	不确定
26h	ADC12MEM3	ADC12 存储器 3	读写	16 位	不确定
28h	ADC12MEM4	ADC12 存储器 4	读写	16 位	不确定
2Ah	ADC12MEM5	ADC12 存储器 5	读写	16 位	不确定
2Ch	ADC12MEM6	ADC12 存储器 6	读写	16 位	不确定
2Eh	ADC12MEM7	ADC12 存储器 7	读写	16 位	不确定
30h	ADC12MEM8	ADC12 存储器 8	读写	16 位	不确定
32h	ADC12MEM9	ADC12 存储器 9	读写	16 位	不确定
34h	ADC12MEM10	ADC12 存储器 10	读写	16 位	不确定
36h	ADC12MEM11	ADC12 存储器 11	读写	16 位	不确定
38h	ADC12MEM12	ADC12 存储器 12	读写	16 位	不确定
3Ah	ADC12MEM13	ADC12 存储器 13	读写	16 位	不确定
3Ch	ADC12MEM14	ADC12 存储器 14	读写	16 位	不确定
3Dh	ADC12MEM15	ADC12 存储器 15	读写	16 位	不确定
10h	ADC12MCTL0	ADC12 存储控制器 0	读写	8 位	不确定
11h	ADC12MCTL1	ADC12 存储控制器 1	读写	8 位	不确定
12h	ADC12MCTL2	ADC12 存储控制器 2	读写	8 位	不确定
13h	ADC12MCTL3	ADC12 存储控制器 3	读写	8 位	不确定
14h	ADC12MCTL4	ADC12 存储控制器 4	读写	8 位	不确定
15h	ADC12MCTL5	ADC12 存储控制器 5	读写	8 位	不确定
16h	ADC12MCTL6	ADC12 存储控制器 6	读写	8 位	不确定
17h	ADC12MCTL7	ADC12 存储控制器 7	读写	8 位	不确定

续表

偏移	缩写	寄存器名	类型	访问方式	初始值
18h	ADC12MCTL8	ADC12 存储控制器 8	读写	8 位	不确定
19h	ADC12MCTL9	ADC12 存储控制器 9	读写	8 位	不确定
1Ah	ADC12MCTL10	ADC12 存储控制器 10	读写	8 位	不确定
1Bh	ADC12MCTL11	ADC12 存储控制器 11	读写	8 位	不确定
1Ch	ADC12MCTL12	ADC12 存储控制器 12	读写	8 位	不确定
1Dh	ADC12MCTL13	ADC12 存储控制器 13	读写	8 位	不确定
1Eh	ADC12MCTL14	ADC12 存储控制器 14	读写	8 位	不确定
1Fh	ADC12MCTL15	ADC12 存储控制器 15	读写	8 位	不确定

1. ADC12CTL0 寄存器

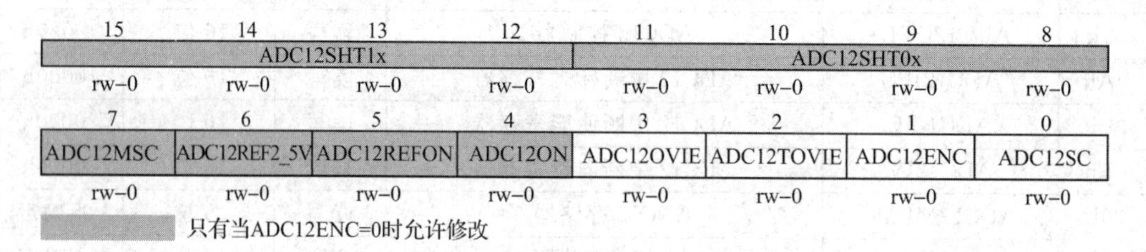

附图 4.1　ADC12CTL0 寄存器

附表 4.2　ADC12CTL0 寄存器功能描述

位	域名	类型	初始值	功能描述
15～12	ADC12SHT1x	读写	0h	ADC12 采样保持时间设置，该位同时对 ADC12MEM8～ADC12MEM15 进行设置，具体设置同 ADC12SHT0
11～8	ADC12SHT0x	读写	0h	ADC12 采样保持时间设置，该位同时对 ADC12MEM0～ADC12MEM7 进行设置 0000b=4 个 ADC12CLK 周期 0001b=8 个 ADC12CLK 周期 0010b=16 个 ADC12CLK 周期 0011b=32 个 ADC12CLK 周期 0100b=64 个 ADC12CLK 周期 0101b=96 个 ADC12CLK 周期 0110b=128 个 ADC12CLK 周期 0111b=192 个 ADC12CLK 周期 1000b=256 个 ADC12CLK 周期 1001b=384 个 ADC12CLK 周期 1010b=512 个 ADC12CLK 周期 1011b=768 个 ADC12CLK 周期 1100b=1024 个 ADC12CLK 周期 1101b=1024 个 ADC12CLK 周期 1110b=1024 个 ADC12CLK 周期 1111b=1024 个 ADC12CLK 周期

续表

位	域名	类型	初始值	功能描述
7	ADC12MSC	读写	0h	ADC12 多次采样转换设置，适用于序列和重复转换模式 0b=采样定时器通过 SHI 的上升沿信号触发每次采样和转换 1b=SHI 的第一个上升沿触发采样定时器，此后的采样转换自动进行
6	ADC12REF2_5V	读写	0h	ADC12 内部参考电压设置。首先要将 ADC12REFON 置 1，然后参考电压模块(REF)中的 REFMSTR 被置 0 后，该位设置才有效 0b=1.5 V 1b=2.5 V
5	ADC12REFON	读写	0h	ADC12 内部参考电压开启。参考电压模块(REF)中的 REFMSTR 被置 0 后，该位设置才有效 0b=内部参考电压关闭 1b=内部参考电压打开
4	ADC12ON	读写	0h	ADC12 打开 0b=关闭 ADC12 1b=打开 ADC12
3	ADC12OVIE	读写	0h	ADC12MEMx 溢出中断使能 0b=溢出中断失能 1b=溢出中断使能
2	ADC12TOVIE	读写	0h	ADC12 转换超时中断使能 0b=转换超时中断失能 1b=转换超时中断使能
1	ADC12ENC	读写	0h	ADC12 转换使能 0b=ADC12 失能 1b=ADC12 使能
0	ADSC12SC	读写	0h	ADC12 转换开始。ADC12SC 和 ADC12ENC 可以在同一条指令中设置。该位能自动复位 0b=不开启采样转换 1b=开启采样转换

2. ADC12CTL1 寄存器

15	14	13	12	11	10	9	8
ADC12STARTADDx				ADC12SHSx		ADC12SHP	ADC12ISSH
rw–0	rw–0	rw–0	rw–0	rw–0	rw–0	rw–0	rw–0

7	6	5	4	3	2	1	0
ADC12DIVx			ADC12SSELx		ADC12CONSEQx		ADC12BUSY
rw–0	rw–0	rw–0	rw–0	rw–0	rw–0	rw–0	rw–0

（灰色）只有当ADC12ENC=0 时允许修改

附图 4.2　ADC12CTL1 寄存器

附表 4.3　ADC12CTL1 寄存器功能描述

位	域名	类型	初始值	功 能 描 述
15～12	ADC12CSTARTADDx	读写	0h	ADC12 转换起始地址。适用于单次转换或是序列转换的首地址。值 00h～0Fh 依次对应 ADC12MEM0～ADC12MEM15
11～10	ADC12SHSx	读写	0h	ADC12 采样保持源选择 00b＝ADC12SC 位触发 01b、10b、11b 由定时器触发
9	ADC12SHP	读写	0h	ADC12 采样保持脉冲模式选择，该位设置 SAMPCON 信号来源 0b＝SAMPCON 信号来自采样输入信号 1b＝SAMPCON 信号来自采样定时器
8	ADC12ISSH	读写	0h	ADC12 采样保持翻转信号 0b＝采样输入信号不翻转 1b＝采样输入信号翻转
7～5	ADC12DIVx	读写	0h	ADC12 时钟分频器 000b＝1 分频 001b＝2 分频 010b＝3 分频 011b＝4 分频 100b＝5 分频 101b＝6 分频 110b＝7 分频 111b＝8 分频
4～3	ADC12SSELx	读写	0h	ADC12 时钟源选择 00b＝ADC12OSC(MODCLK) 01b＝ACLK 10b＝MCLK 11b＝SMCLK

续表

位	域名	类型	初始值	功能描述
2～1	ADC12CONSEQx	读写	0h	ADC12 转换方式选择 00b＝单通道单次转换 01b＝多通道单次转换 10b＝单通道连续转换 11b＝多通道连续转换
0	ADC12BUSY	只读	0h	ADC12 繁忙标志位 0b＝ADC12 空闲 1b＝ADC12 正在进行采样转换

3. ADC12CTL2 寄存器

15	14	13	12	11	10	9	8
Reserved							ADC12PDIV
r-0	r-0	r-0	r-0	r-0	r-0	r-0	rw-0

7	6	5	4	3	2	1	0
ADC12TCOFF	Reserved	ADC12RES		ADC12DF	ADC12SR	ADC12REFOUT	ADC12REFBURST
rw-0	r-0	rw-1	rw-0	rw-0	rw-0	rw-0	rw-0

只有当 ADC12ENC＝0 时允许修改

附图 4.3 ADC12CTL2 寄存器

附表 4.4 ADC12CTL2 寄存器功能描述

位	域名	类型	初始值	功能描述
15～9	保留	只读	0h	保留
8	ADC12PDIV	读写	0h	ADC12 时钟预分频 0b＝1 分频 1b＝4 分频
7	ADC12TCOFF	读写	0h	ADC12 温度传感器开关，参考电压模块(REF)中的 REFMSTR 被置 0 后，该位设置才有效 0b＝打开温度传感器 1b＝关闭温度传感器
6	保留	只读	0h	保留
5～4	ADC12RES	读写	0h	ADC12 分辨率选择 00b＝8 位(转换需要 9 个时钟周期) 01b＝10 位(转换需要 11 个时钟周期) 10b＝12 位(转换需要 13 个时钟周期) 11b＝保留

续表

位	域名	类型	初始值	功能描述
3	ADC12DF	读写	0h	ADC12 数据读取格式 0b=无符号二进制数，V_{REF-} 对应 0000h，V_{REF+} 对应 0FFFh 1b=有符号二进制数，V_{REF-} 对应 8000h，V_{REF+} 对应 7FF0h
2	ADC12SR	读写	0h	ADC12 采样率设置 0b=200 ks/s 1b=50 ks/s，能耗较低
1	ADC12REFOUT	读写	0h	参考输出，参考电压模块中的 REFMSTR 被置 0 后，该位设置才有效 0b=参考输出关闭 1b=参考输出打开
0	ADC12REFBURST	读写	0h	参考脉冲串 0b=连续 1b=仅在采样转换过程中

4. ADC12MEMx 寄存器

15	14	13	12	11	10	9	8
Conversion Results							
rw	rw	rw	rw	rw	rw	rw	rw

7	6	5	4	3	2	1	0
Conversion Results							
rw	rw	rw	rw	rw	rw	rw	rw

附图 4.4　ADC12MEMx 寄存器

附表 4.5　ADC12MEMx 寄存器功能描述

位	域名	类型	初始值	功能描述
15～0	转换结果	读写	不确定	存放转换结果 当 ADC12DF=0 时，转换结果右对齐，左侧空余位自动补零 当 ADC12DF=1 时，数据左对齐，采用补码方式存放，右侧空余位自动补零 实际存储数据均采用右对齐方式，第二种方式只在读取时转换

5. ADC12MCTLx 寄存器

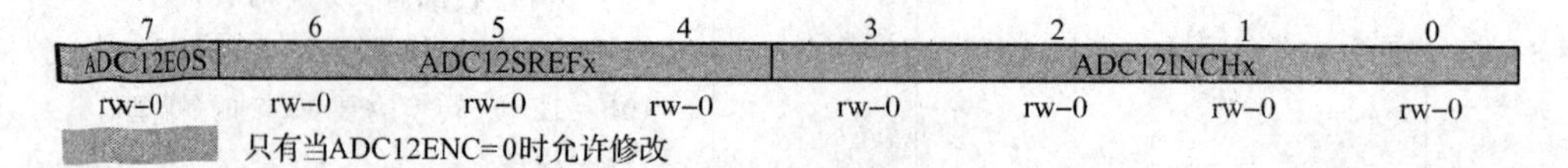

附图 4.5　ADC12MCTLx 寄存器

附表 4.6　ADC12MCTLx 寄存器功能描述

位	域名	类型	初始值	功能描述
7	ADC12EOS	读写	0h	序列终点 0b=该 MEMORY 并非序列终点 1b=序列到此结束
6～4	ADC12SREFx	读写	0h	参考电压源选择 000b=$V_{R+}=AV_{CC}$，$V_{R-}=AV_{SS}$ 001b=$V_{R+}=V_{REF+}$，$V_{R-}=AV_{SS}$ 010b=$V_{R+}=V_{eREF+}$，$V_{R-}=AV_{SS}$ 011b=$V_{R+}=V_{eREF+}$，$V_{R-}=AV_{SS}$ 100b=$V_{R+}=AV_{CC}$，$V_{R-}=V_{REF-}/V_{eREF-}$ 101b=$V_{R+}=V_{REF+}$，$V_{R-}=V_{REF-}/V_{eREF-}$ 110b=$V_{R+}=V_{eREF+}$，$V_{R-}=V_{REF-}/V_{eREF-}$ 111b=$V_{R+}=V_{eREF+}$，$V_{R-}=V_{REF-}/V_{eREF-}$
3～0	ADC12INCHx	读写	0h	输入通道选择 0000b=A0，0001b=A1，0010b=A2 0011b=A3，0100b=A4，0101b=A5 0110b=A6，0111b=A7，1000b=V_{eREF+} 1001b=V_{REF-}/V_{eREF-}，1010b=温度传感器 1011b=$(AV_{CC}-AV_{SS})/2$，1100b=A12 1101b=A13，1110b=A14 1111b=A15

6. ADC12IE 寄存器

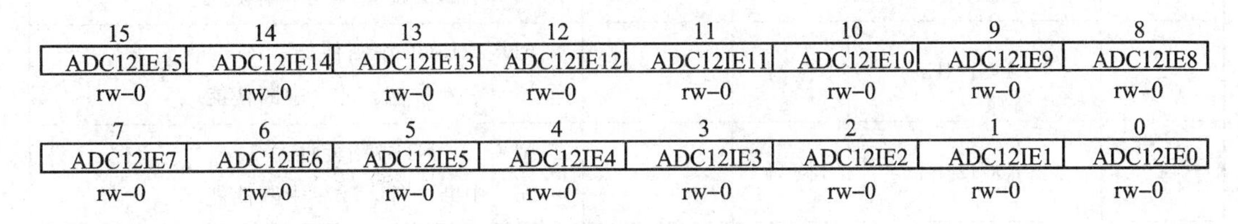

附图 4.6　ADC12IE 寄存器

附表 4.7　ADC12IE 寄存器功能描述

位	域名	类型	初始值	功能描述
15	ADC12IE15	读写	0h	ADC12IFG15 中断使能 0b=中断失能，1b=中断使能
14	ADC12IE14	读写	0h	ADC12IFG14 中断使能 0b=中断失能，1b=中断使能
13	ADC12IE13	读写	0h	ADC12IFG13 中断使能 0b=中断失能，1b=中断使能

续表

位	域名	类型	初始值	功能描述
12	ADC12IE12	读写	0h	ADC12IFG12 中断使能 0b=中断失能，1b=中断使能
11	ADC12IE11	读写	0h	ADC12IFG11 中断使能 0b=中断失能，1b=中断使能
10	ADC12IE10	读写	0h	ADC12IFG10 中断使能 0b=中断失能，1b=中断使能
9	ADC12IE9	读写	0h	ADC12IFG9 中断使能 0b=中断失能，1b=中断使能
8	ADC12IE8	读写	0h	ADC12IFG8 中断使能 0b=中断失能，1b=中断使能
7	ADC12IE7	读写	0h	ADC12IFG7 中断使能 0b=中断失能，1b=中断使能
6	ADC12IE6	读写	0h	ADC12IFG6 中断使能 0b=中断失能，1b=中断使能
5	ADC12IE5	读写	0h	ADC12IFG5 中断使能 0b=中断失能，1b=中断使能
4	ADC12IE4	读写	0h	ADC12IFG4 中断使能 0b=中断失能，1b=中断使能
3	ADC12IE3	读写	0h	ADC12IFG3 中断使能 0b=中断失能，1b=中断使能
2	ADC12IE2	读写	0h	ADC12IFG2 中断使能 0b=中断失能，1b=中断使能
1	ADC12IE1	读写	0h	ADC12IFG1 中断使能 0b=中断失能，1b=中断使能
0	ADC12IE0	读写	0h	ADC12IFG0 中断使能 0b=中断失能，1b=中断使能

7. ADC12IFG 寄存器

15	14	13	12	11	10	9	8
ADC12IFG15	ADC12IFG14	ADC12IFG13	ADC12IFG12	ADC12IFG11	ADC12IFG10	ADC12IFG9	ADC12IFG8
rw-0	rw-0	rw-0	rw-0	rw-0	rw-0	rw-0	rw-0

7	6	5	4	3	2	1	0
ADC12IFG7	ADC12IFG6	ADC12IFG5	ADC12IFG4	ADC12IFG3	ADC12IFG2	ADC12IFG1	ADC12IFG0
rw-0	rw-0	rw-0	rw-0	rw-0	rw-0	rw-0	rw-0

附图 4.7　ADC12IFG 寄存器

附表 4.8 ADC12IFG 寄存器功能描述

位	域名	类型	初始值	功能描述
15	ADC12IFG15	读写	0h	ADC12MEM15 中断标志位，当有数据载入该存储器时被置 1，如果该存储器被访问将会自动清 0 0b=无中断挂起，1b=中断挂起
14	ADC12IFG14	读写	0h	ADC12MEM14 中断标志位，当有数据载入该存储器时被置 1，如果该存储器被访问将会自动清 0 0b=无中断挂起，1b=中断挂起
13	ADC12IFG13	读写	0h	ADC12MEM13 中断标志位，当有数据载入该存储器时被置 1，如果该存储器被访问将会自动清 0 0b=无中断挂起，1b=中断挂起
12	ADC12IFG12	读写	0h	ADC12MEM12 中断标志位，当有数据载入该存储器时被置 1，如果该存储器被访问将会自动清 0 0b=无中断挂起，1b=中断挂起
11	ADC12IFG11	读写	0h	ADC12MEM11 中断标志位，当有数据载入该存储器时被置 1，如果该存储器被访问将会自动清 0 0b=无中断挂起，1b=中断挂起
10	ADC12IFG10	读写	0h	ADC12MEM10 中断标志位，当有数据载入该存储器时被置 1，如果该存储器被访问将会自动清 0 0b=无中断挂起，1b=中断挂起
9	ADC12IFG9	读写	0h	ADC12MEM9 中断标志位，当有数据载入该存储器时被置 1，如果该存储器被访问将会自动清 0 0b=无中断挂起，1b=中断挂起
8	ADC12IFG8	读写	0h	ADC12MEM8 中断标志位，当有数据载入该存储器时被置 1，如果该存储器被访问将会自动清 0 0b=无中断挂起，1b=中断挂起

续表

位	域名	类型	初始值	功能描述
7	ADC12IFG7	读写	0h	ADC12MEM7 中断标志位，当有数据载入该存储器时被置 1，如果该存储器被访问将会自动清 0 0b=无中断挂起，1b=中断挂起
6	ADC12IFG6	读写	0h	ADC12MEM6 中断标志位，当有数据载入该存储器时被置 1，如果该存储器被访问将会自动清 0 0b=无中断挂起，1b=中断挂起
5	ADC12IFG5	读写	0h	ADC12MEM5 中断标志位，当有数据载入该存储器时被置 1，如果该存储器被访问将会自动清 0 0b=无中断挂起，1b=中断挂起
4	ADC12IFG4	读写	0h	ADC12MEM4 中断标志位，当有数据载入该存储器时被置 1，如果该存储器被访问将会自动清 0 0b=无中断挂起，1b=中断挂起
3	ADC12IFG3	读写	0h	ADC12MEM3 中断标志位，当有数据载入该存储器时被置 1，如果该存储器被访问将会自动清 0 0b=无中断挂起。1b=中断挂起
2	ADC12IFG2	读写	0h	ADC12MEM2 中断标志位，当有数据载入该存储器时被置 1，如果该存储器被访问将会自动清 0 0b=无中断挂起，1b=中断挂起
1	ADC12IFG1	读写	0h	ADC12MEM1 中断标志位，当有数据载入该存储器时被置 1，如果该存储器被访问将会自动清 0 0b=无中断挂起，1b=中断挂起
0	ADC12IFG0	读写	0h	ADC12MEM0 中断标志位，当有数据载入该存储器时被置 1，如果该存储器被访问将会自动清 0 0b=无中断挂起，1b=中断挂起

8. ADC12IV 寄存器

15	14	13	12	11	10	9	8
ADC12IVx							
r-0	r-0	r-0	r-0	r-0	r-0	r-0	r-0

7	6	5	4	3	2	1	0
ADC12IVx							
r-0	r-0	r-0	r-0	r-0	r-0	r-0	r-0

附图 4.8　ADC12IV 寄存器

附表 4.9　ADC12IV 寄存器功能描述

位	域名	类型	初始值	功能描述
15～0	ADC12IVx	只读	0h	ADC12 中断矢量寄存器 00h＝无中断 02h＝存储器溢出中断，优先级最高 04h＝转换超时 06h＝存储器 ADC12MEM0 待访问触发中断 08h＝存储器 ADC12MEM1 待访问触发中断 0Ah＝存储器 ADC12MEM2 待访问触发中断 0Ch＝存储器 ADC12MEM3 待访问触发中断 0Eh＝存储器 ADC12MEM4 待访问触发中断 10h＝存储器 ADC12MEM5 待访问触发中断 12h＝存储器 ADC12MEM6 待访问触发中断 14h＝存储器 ADC12MEM7 待访问触发中断 16h＝存储器 ADC12MEM8 待访问触发中断 18h＝存储器 ADC12MEM9 待访问触发中断 1Ah＝存储器 ADC12MEM10 待访问触发中断 1Ch＝存储器 ADC12MEM11 待访问触发中断 1Eh＝存储器 ADC12MEM12 待访问触发中断 20h＝存储器 ADC12MEM13 待访问触发中断 22h＝存储器 ADC12MEM14 待访问触发中断 24h＝存储器 ADC12MEM15 待访问触发中断，优先级最低

附录 E　Flash 模块寄存器

附表 5.1 列出了 Flash 模块相关寄存器，Flash 模块共有 3 个控制寄存器。附图 5.1～附图 5.3 提供了各寄存器的结构，附表 5.2～附表 5.4 具体描述了各寄存器的功能。

附表 5.1　Flash 模块相关寄器

偏移	缩写	寄存器名	类型	访问方式	初始值
00h	FCTL1	Flash 存储器控制寄存器 1	读写	16 位	9600h
04h	FCTL3	Flash 存储器控制寄存器 3	读写	16 位	9658h
06h	FCTL4	Flash 存储器控制寄存器 4	读写	16 位	9600h

1. FCTL1 寄存器

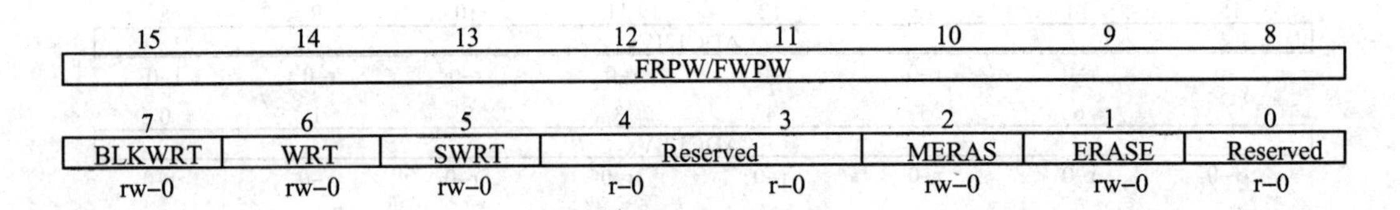

附图 5.1　FCTL1 寄存器

附表 5.2　FCTL1 寄存器功能描述

位	域名	类型	初始值	功能描述
15～8	FRPW/FWPW	读写	96h	FCTL 密码，读取时为 96h，实际密码为 A5h
7	BLKWRT	读写	0h	块写控制位。该位与 WRT 同时配合使用选择具体的写入模式 0-0=保留； 0-1=字节或字写入； 1-0=长字写入； 1-1=长字块写入
6	WRT	读写	0h	写控制位。该位与 BLKWRT 同时配合使用选择具体的写入模式 0-0=保留； 0-1=字节或字写入； 1-0=长字写入； 1-1=长字块写入
5	SWRT	读写	0h	智能写入控制。如果该位被置 1，则编程时间将会缩短
4～3	保留	只读	0h	保留
2	MERAS	读写	0h	大块擦除控制位。该位和 ERASE 配合使用。当 EMEX 被置 1 或 Flash 擦除操作完成后，这两位将会被自动清零 0-0=无擦除 0-1=段擦除 1-0=块擦除 1-1=整体擦除

续表

位	域名	类型	初始值	功能描述
1	ERASE	读写	0h	大块擦除控制位。该位和 MERAS 配合使用。当 EMEX 被置 1 或 Flash 擦除操作完成后，这两位将会被自动清零 0-0=无擦除 0-1=段擦除 1-0=块擦除 1-1=整体擦除
0	保留	只读	0h	保留

2. FCTL3 寄存器

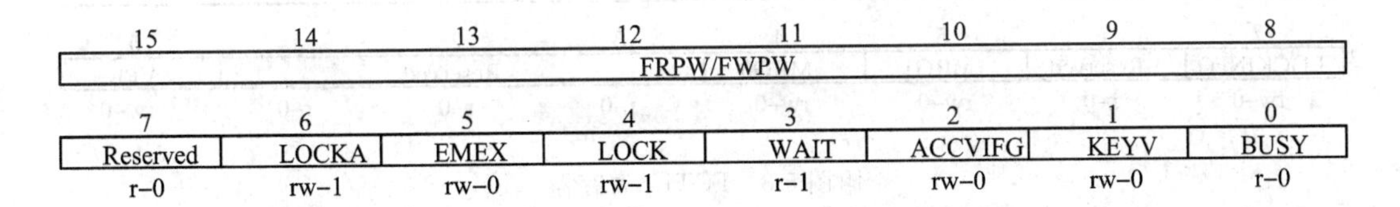

附图 5.2　FCTL3 寄存器

附表 5.3　FCTL3 寄存器功能描述

位	域名	类型	初始值	功能描述
15～8	FRPW/FWPW	读写	96h	FCTL 密码，读取时为 96h，实际密码为 A5h
7	保留	只读	0h	保留
6	LOCKA	读写	1h	段 A 闭锁。向该位写入 1 可以改变其状态。写入 0 无效 0b=信息存储器段 A 解锁，可以在擦除模式下进行写和擦除操作 1b=信息存储器段 A 闭锁
5	EMEX	读写	0h	紧急退出。该位置 1 将会停止所有擦写操作 0b=不进行紧急退出操作 1b=进行紧急退出操作
4	LOCK	读写	1h	该位可以解锁所有擦写操作 0b=解锁，1b=闭锁
3	WAIT	只读	1h	0b=Flash 还未准备好下次写入操作 1b=Flash 已准备好进行写入操作

续表

位	域名	类型	初始值	功能描述
2	ACCVIFG	读写	0h	非法访问中断标志位 0b=无中断，1b=中断挂起
1	KEYV	读写	0h	密码错误提示位，该位必须通过软件复位 0b=密码正确，1b=密码错误
0	BUSY	只读	0h	该位提示 Flash 是否处于擦写操作 0b=空闲，1b=正在进行擦写操作

3. FCTL4 寄存器

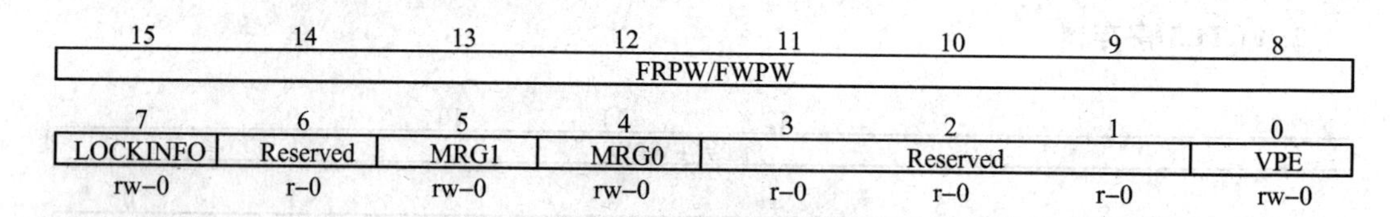

附图 5.3　FCTL4 寄存器

附表 5.4　FCTL4 寄存器功能描述

位	域名	类型	初始值	功能描述
15～8	FRPW/FWPW	读写	96h	FCTL 密码，读取时为 96h，实际密码为 A5h
7	LOCKINFO	读写	0h	该位被置 1 后信息存储器将会被闭锁，不能进行擦写操作
6	保留	只读	0h	保留
5	MRG1	读写	0h	0b=边缘 1 读模式失能 1b=边缘 1 读模式使能
4	MRG0	读写	0h	0b=边缘 0 读模式失能 1b=边缘 0 读模式使能
3～1	保留	只读	0h	保留
0	VPE	读写	0h	当 DVCC 在写入过程中发生改变，该位将会被置 1，必须由软件进行清零操作

附录 F　UART 模块寄存器

附表 6.1 列出了 UART 模块相关寄存器，UART 模块共有 11 个寄存器。附图 6.1～附图 6.11 提供了各寄存器的结构，附表 6.2～附表 6.12 具体描述了各寄存器的功能。

附表 6.1　UART 模块相关寄存器

偏移	缩写	寄存器名	类型	访问方式	初始值
00h	UCAxCTL1	USCI_A 控制器 1	读写	8 位	01h
01h	UCAxCTL0	USCI_A 控制器 0	读写	8 位	00h
06h	UCAxBR0	USCI_A 波特率控制器 0	读写	8 位	00h
07h	UCAxBR1	USCI_A 波特率控制器 1	读写	8 位	00h
08h	UCAxMCTL	USCI_A 调制控制器	读写	8 位	00h
0Ah	UCAxSTAT	USCI_A 状态寄存器	读写	8 位	00h
0Ch	UCAxRXBUF	USCI_A 接收缓存	读写	8 位	00h
0Eh	UCAxTXBUF	USCI_A 发送缓存	读写	8 位	00h
1Ch	UCAxIE	USCI_A 中断使能寄存器	读写	8 位	00h
1Dh	UCAxIFG	USCI_A 中断标志寄存器	读写	8 位	00h
1Eh	UCAxIV	USCI_A 中断矢量寄存器	只读	16 位	00h

1. UCAxCTL1 寄存器

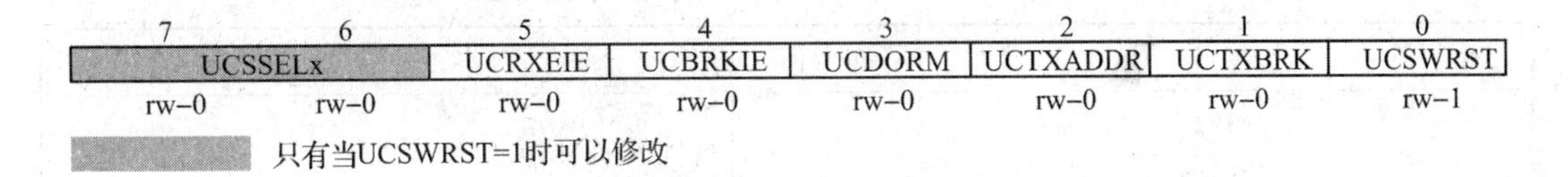

附图 6.1　UCAxCTL1 寄存器

附表 6.2　UCAxCTL1 寄存器功能描述

位	域名	类型	初始值	功 能 描 述
7～6	UCSSELx	读写	0h	USCI 时钟源选择 00b＝UCAxCLK 01b＝ACLK 10b＝SMCLK 11b＝SMCLK
5	UCRXEIE	读写	0h	接收错误字节中断使能位 0b＝接收错误字节但 UCRXIFG 不置 1 1b＝接收错误字节并将 UCRXIFG 置 1
4	UCBRKIE	读写	0h	接收故障字节中断使能位 0b＝接收故障字节但 UCRXIFG 不置 1 1b＝接收故障字节并将 UCRXIFG 置 1
3	UCDORM	读写	0h	0b＝不休眠，接收所有字节并将 UCRXIFG 置 1 1b＝休眠，所有有效数据接收后将 UCRXIFG 置 1

续表

位	域名	类型	初始值	功能描述
2	UCTXADDR	读写	0h	0b=下一帧发送的是数据 1b=下一帧发送的是地址
1	UCTXBRK	读写	0h	0b=下一帧发送的不是空数据 1b=下一帧发送的是空数据或同步信号
0	UCSWRST	读写	1h	0b=USCI退出复位状态 1b=USCI保持复位状态

2. UCAxCTL0 寄存器

7	6	5	4	3	2	1	0
UCPEN	UCPAR	UCMSB	UC7BIT	UCSPB	UCMODEx		UCSYNC
rw–0	rw–0	rw–0	rw–0	rw–0	rw–0	rw–0	rw–0

只有当UCSWRST=1时可以修改

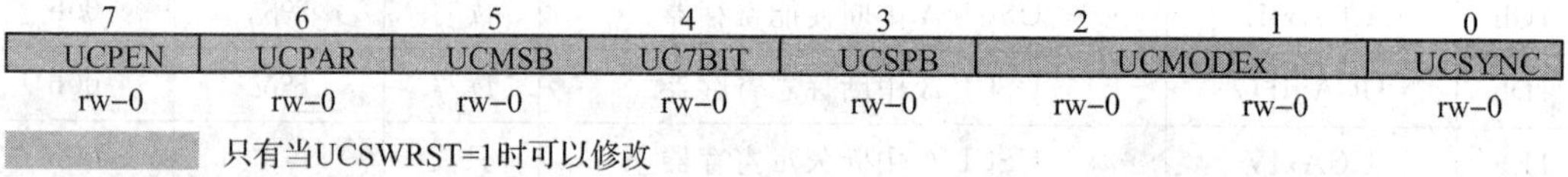

附图 6.2 UCAxCTL0 寄存器

附表 6.3 UCAxCTL0 寄存器功能描述

位	域名	类型	初始值	功能描述
7	UCPEN	读写	0h	奇偶校验使能 0b=奇偶校验失能，1b=奇偶校验使能
6	UCPAR	读写	0h	奇偶校验选择 0b=奇校验，1b=偶校验
5	UCMSB	读写	0h	0b=低位数据在前，1b=高位数据在前
4	UC7BIT	读写	0h	数据长度 0b=8 位数据，1b=7 位数据
3	UCSPB	读写	0h	0b=1 位停止位，1b=2 位停止位
2～1	UCMODEx	读写	0h	00b=UART 模式 01b=空闲线多处理器模式 10b=地址位多处理器模式 11b=波特率自动探测 UART 模式
0	UCSYNC	读写	0h	0b=异步模式，1b=同步模式

3. UCAxBR0 寄存器

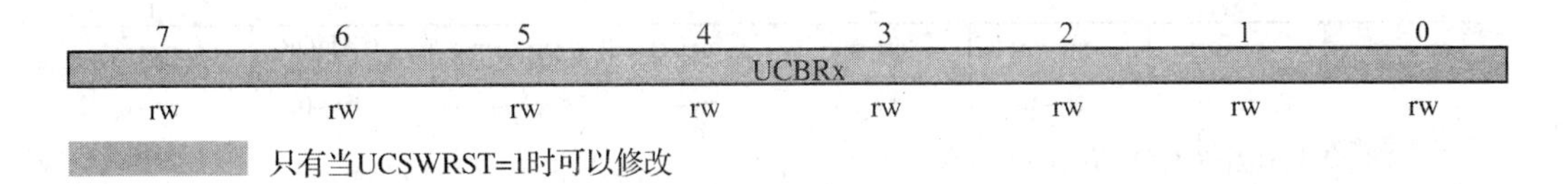

附图 6.3　UCAxBR0 寄存器

附表 6.4　UCAxBR0 寄存器功能描述

位	域名	类型	初始值	功 能 描 述
7～0	UCBRx	读写	不确定	波特率调制寄存器低 8 位

4. UCAxBR1 寄存器

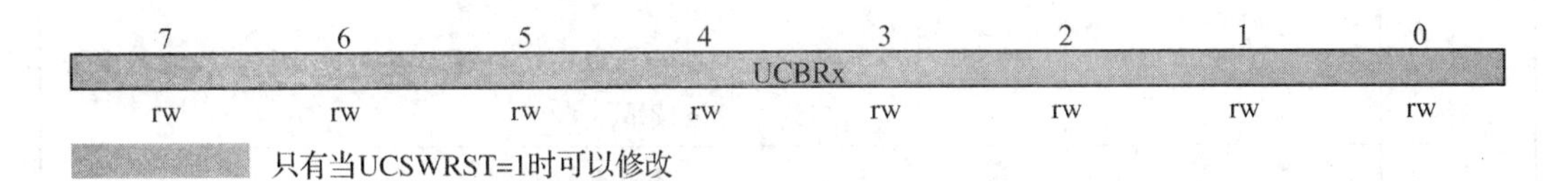

附图 6.4　UCAxBR1 寄存器

附表 6.5　UCAxBR1 寄存器功能描述

位	域名	类型	初始值	功 能 描 述
7～0	UCBRx	读写	不确定	波特率调制寄存器高 8 位

5. UCAxMCTL 寄存器

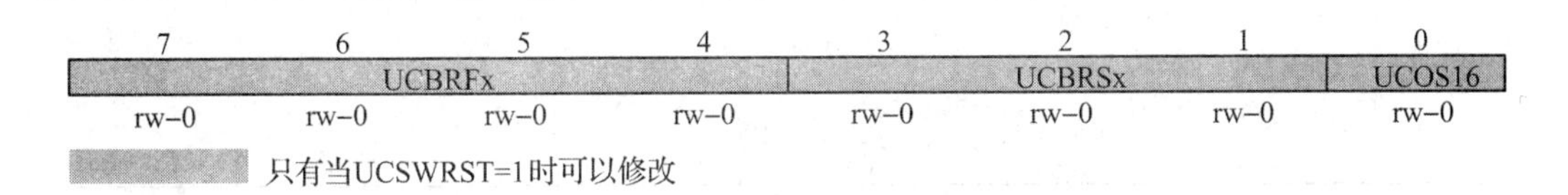

附图 6.5　UCAxMCTL 寄存器

附表 6.6　UCAxMCTL 寄存器功能描述

位	域名	类型	初始值	功 能 描 述
7～4	UCBRFx	读写	0h	一级调制设置，详见用户手册
3～1	UCBRSx	读写	0h	二级调制设置，详见用户手册
0	UCOS16	读写	0h	0b＝过采样失能，1b＝过采样使能

6. UCAxSTAT 寄存器

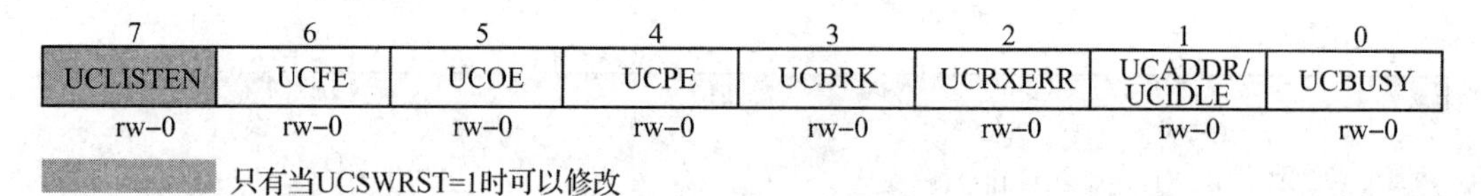

附图 6.6 UCAxSTAT 寄存器

附表 6.7 UCAxSTAT 寄存器功能描述

位	域名	类型	初始值	功能描述
7	UCLISTEN	读写	0h	0b＝失能收听模式 1b＝使能收听模式
6	UCFE	读写	0h	0b＝无帧故障 1b＝接收帧故障
5	UCOE	读写	0h	0b＝无读取冲突 1b＝写入接收缓存时，上一个字节数据尚未被读取
4	UCPE	读写	0h	0b＝无校验错误 1b＝字节接收发生校验错误
3	UCBRK	读写	0h	0b＝无空数据条件，1b＝有空数据条件
2	UCRXERR	读写	0h	0b＝未探测到接收故障，1b＝探测到接收故障
1	UCADDR/UCIDLE	读写	0h	0b＝未探测到空闲线，1b＝探测到空闲线
0	UCBUSY	只读	0h	0b＝USCI 空闲，1b＝USCI 正在发送或接收

7. UCAxRXBUF 寄存器

附图 6.7 UCAxRXBUF 寄存器

附表 6.8 UCAxRXBUF 寄存器功能描述

位	域名	类型	初始值	功能描述
7～0	UCRXBUFx	只读	不确定	存放最近一次从接收移位寄存器移入的 1 个字节数据。对该寄存器的读操作将会对接收错误位、UCADDR、UCIDLE 和 UCRXIFG 位清零

8. UCAxTXBUF 寄存器

附图 6.8　UCAxTXBUF 寄存器

附表 6.9　UCAxTXBUF 寄存器功能描述

位	域名	类型	初始值	功能描述
7～0	UCTXBUFx	读写	不确定	需要发送的数据写入该寄存器，等待移入发送移位寄存器中，待 UCAxTXD 置 1 时发送。向该寄存器写入数据时，UCTXIFG 自动清零

9. UCAxIE 寄存器

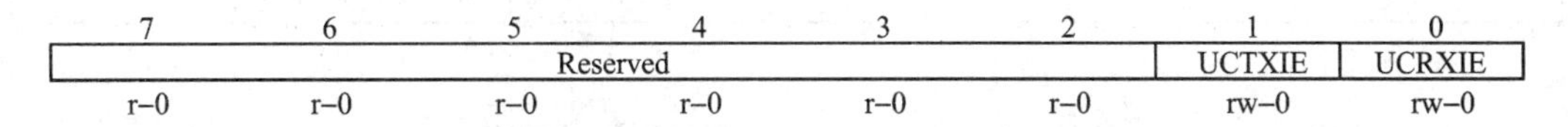

附图 6.9　UCAxIE 寄存器

附表 6.10　UCAxIE 寄存器功能描述

位	域名	类型	初始值	功能描述
7～2	保留	只读	0h	保留
1	UCTXIE	读写	0h	发送中断使能 0b=中断失能，1b=中断使能
0	UCRXIE	读写	0h	接收中断使能 0b=中断失能，1b=中断使能

10. UCAxIFG 寄存器

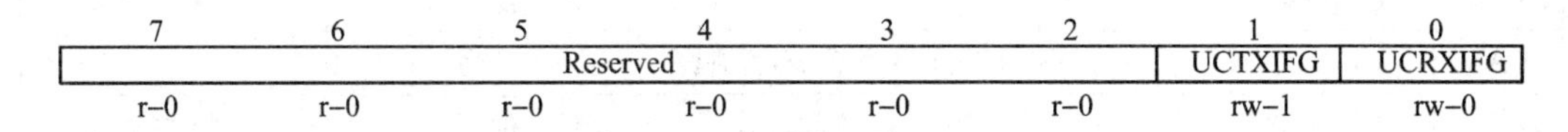

附图 6.10　UCAxIFG 寄存器

附表 6.11　UCAxIFG 寄存器功能描述

位	域名	类型	初始值	功能描述
7～2	保留	只读	0h	保留
1	UCTXIFG	读写	1h	发送缓存中断标志位 0b=无中断 1b=发送缓存空，可向其写入数据
0	UCRXIFG	读写	0h	接收缓存中断标志位 0b=无中断 1b=接收缓存收到 8 位数据，待读取

11. UCAxIV 寄存器

15	14	13	12	11	10	9	8
UCIVx							
r–0	r–0	r–0	r–0	r–0	r–0	r–0	r–0
7	6	5	4	3	2	1	0
UCIVx							
r0	r0	r0	r-0	r-0	r-0	r-0	r0

附图 6.11 UCAxIV 寄存器

附表 6.12 UCAxIV 寄存器功能描述

位	域名	类型	初始值	功能描述
15～0	UCIVx	只读	0h	USCI 中断向量位 00h＝无中断挂起 02h＝收到数据等待读取，优先级最高 04h＝发送缓存空，等待写入数据

附录 G SPI 模块寄存器

附表 7.1 列出了 SPI 模块相关寄存器，SPI 模块共有 11 个寄存器。附图 7.1～附图 7.11 提供了各寄存器的结构，附表 7.2～附表 7.12 具体描述了各寄存器的功能。

附表 7.1 SPI 模块相关寄存器

偏移	缩写	寄存器名	类型	访问方式	初始值
01h	UCAxCTL0	USCI_A 控制器 0	读写	8 位	00h
00h	UCAxCTL1	USCI_A 控制器 1	读写	8 位	01h
06h	UCAxBR0	USCI_A 时钟控制器 0	读写	8 位	00h
07h	UCAxBR1	USCI_A 时钟控制器 1	读写	8 位	00h
08h	UCAxMCTL	USCI_A 调制控制器	读写	8 位	00h
0Ah	UCAxSTAT	USCI_A 状态寄存器	读写	8 位	00h
0Ch	UCAxRXBUF	USCI_A 接收缓存	读写	8 位	00h
0Eh	UCAxTXBUF	USCI_A 发送缓存	读写	8 位	00h
1Ch	UCAxIE	USCI_A 中断使能寄存器	读写	8 位	00h
1Dh	UCAxIFG	USCI_A 中断标志寄存器	读写	8 位	00h
1Eh	UCAxIV	USCI_A 中断矢量寄存器	只读	16 位	00h

1. UCAxCTL0 寄存器

7	6	5	4	3	2	1	0
UCCKPH	UCCKPL	UCMSB	UC7BIT	UCMST	UCMODEx		UCSYNC
rw–0	rw–0	rw–0	rw–0	rw–0	rw–0	rw–0	rw–0

（阴影）只有当UCSWRST=1时可以修改

附图 7.1 UCAxCTL0 寄存器

附表 7.2　UCAxCTL0 寄存器功能描述

位	域名	类型	初始值	功能描述
7	UCCKPH	读写	0h	时钟相位选择 0b=在第一个 UCLK 边沿改变数据，在随后的时钟边沿捕获数据 1b=在第一个 UCLK 边沿捕获数据，在随后的时钟边沿改变数据
6	UCCKPL	读写	0h	时钟极性选择 0b=低电平时处于不激活状态 1b=高电平时处于不激活状态
5	UCMSB	读写	0h	0b=低位数据在前 1b=高位数据在前
4	UC7BIT	读写	0h	数据长度 0b=8 位数据 1b=7 位数据
3	UCMST	读写	0h	0b=从机模式 1b=主机模式
2～1	UCMODEx	读写	0h	00b=3 线 SPI 01b=4 线 SPI，UCxSTE=1 时主、从机使能 10b=4 线 SPI，UCxSTE=0 时主、从机使能 11b=I^2C 模式
0	UCSYNC	读写	0h	0b=异步模式 1b=同步模式

2. UCAxCTL1 寄存器

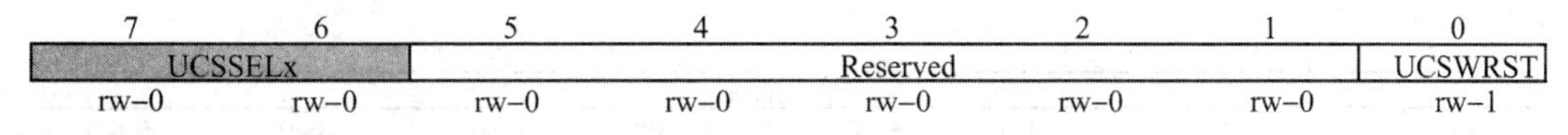

附图 7.2　UCAxCTL1 寄存器

附表 7.3　UCAxCTL1 寄存器功能描述

位	域名	类型	初始值	功能描述
7～6	UCSSELx	读写	0h	USCI 时钟源选择 00b=UCAxCLK 01b=ACLK 10b=SMCLK 11b=SMCLK
5～1	保留	读写	0h	保留
0	UCSWRST	读写	0h	0b=USCI 退出复位状态 1b=USCI 保持复位状态

3. UCAxBR0 寄存器

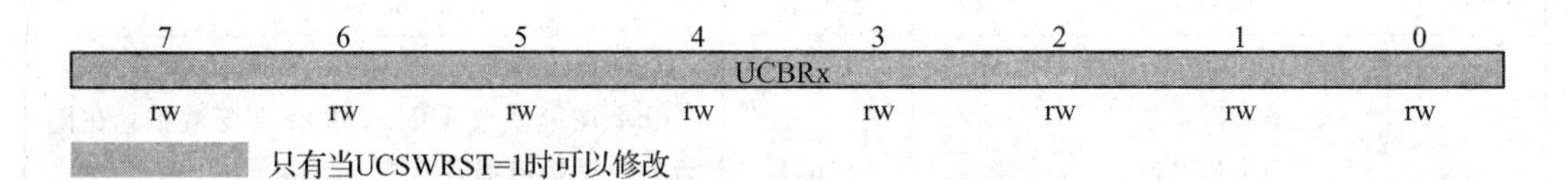

附图 7.3　UCAxBR0 寄存器

附表 7.4　UCAxBR0 寄存器功能描述

位	域名	类型	初始值	功能描述
7～0	UCBRx	读写	不确定	时钟分频系数低 8 位

4. UCAxBR1 寄存器

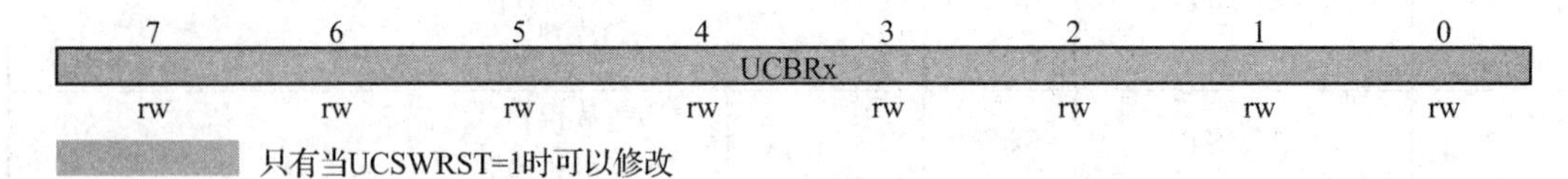

附图 7.4　UCAxBR1 寄存器

附表 7.5　UCAxBR1 寄存器功能描述

位	域名	类型	初始值	功能描述
7～0	UCBRx	读写	不确定	时钟分频系数高 8 位

5. UCAxMCTL 寄存器

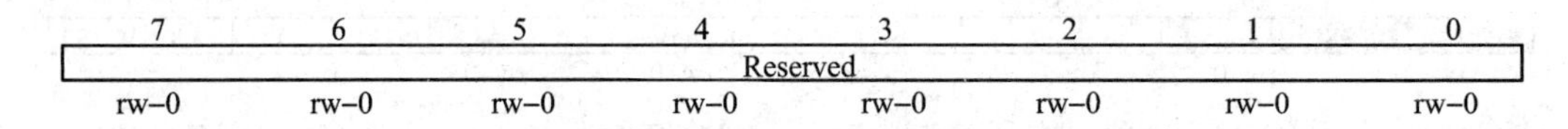

附图 7.5　UCAxMCTL 寄存器

附表 7.6　UCAxMCTL 寄存器功能描述

位	域名	类型	初始值	功能描述
7～0	保留	只读	0h	保留

6. UCAxSTAT 寄存器

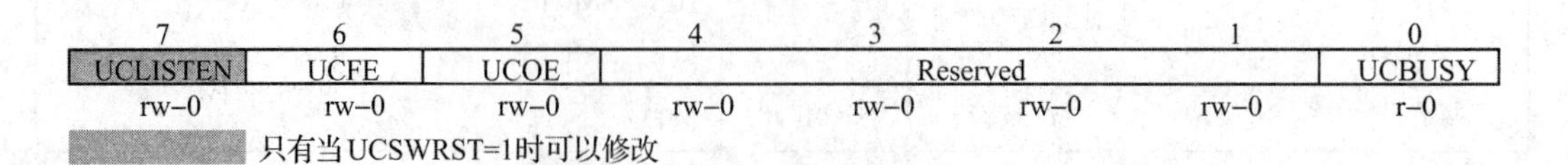

附图 7.6　UCAxSTAT 寄存器

附表 7.7　UCAxSTAT 寄存器功能描述

位	域名	类型	初始值	功能描述
7	UCLISTEN	读写	0h	0b=失能收听模式 1b=使能收听模式
6	UCFE	读写	0h	0b=无帧故障 1b=接收帧故障
5	UCOE	读写	0h	0b=无读取冲突 1b=写入接收缓存时，上一个字节数据尚未被读取
4～1	保留	读写	0h	保留
0	UCBUSY	只读	0h	0b=USCI 空闲 1b=USCI 正在发送或接收

7. UCAxRXBUF 寄存器

附图 7.7　UCAxRXBUF 寄存器

附表 7.8　UCAxRXBUF 寄存器功能描述

位	域名	类型	初始值	功能描述
7～0	UCRXBUFx	只读	不确定	存放最近一次从接收移位寄存器移入的 1 个字节数据。对该寄存器的读操作将会对接收错误位、UCADDR 或 UCIDLE 和 UCRXIFG 位清零

8. UCAxTXBUF 寄存器

附图 7.8　UCAxTXBUF 寄存器

附表 7.9　UCAxTXBUF 寄存器功能描述

位	域名	类型	初始值	功能描述
7～0	UCTXBUFx	读写	不确定	需要发送的数据写入该寄存器，等待移入发送移位寄存器中，待 UCAxTXD 置 1 时发送。向该寄存器写入数据时，UCTXIFG 自动清零

9. UCAxIE 寄存器

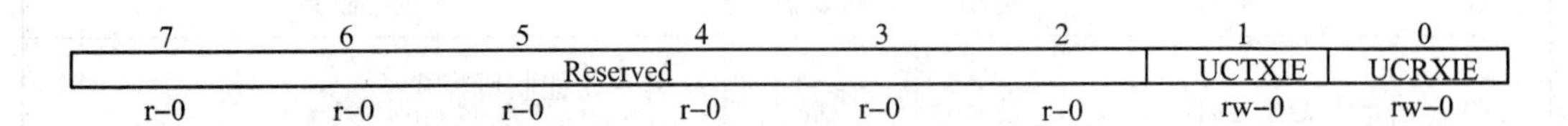

附图 7.9　UCAxIE 寄存器

附表 7.10　UCAxIE 寄存器功能描述

位	域名	类型	初始值	功能描述
7～2	保留	只读	0h	保留
1	UCTXIE	读写	0h	发送中断使能 0b＝中断失能 1b＝中断使能
0	UCRXIE	读写	0h	接收中断使能 0b＝中断失能 1b＝中断使能

10. UCAxIFG 寄存器

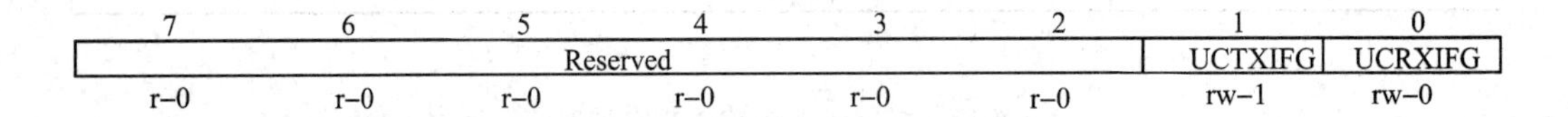

附图 7.10　UCAxIFG 寄存器

附表 7.11　UCAxIFG 寄存器功能描述

位	域名	类型	初始值	功能描述
7～2	保留	只读	0h	保留
1	UCTXIFG	读写	1h	发送缓存中断标志位 0b＝无中断 1b＝发送缓存空，可向其写入数据
0	UCRXIFG	读写	0h	接收缓存中断标志位 0b＝无中断 1b＝接收缓存收到 8 位数据，待读取

11. UCAxIV 寄存器

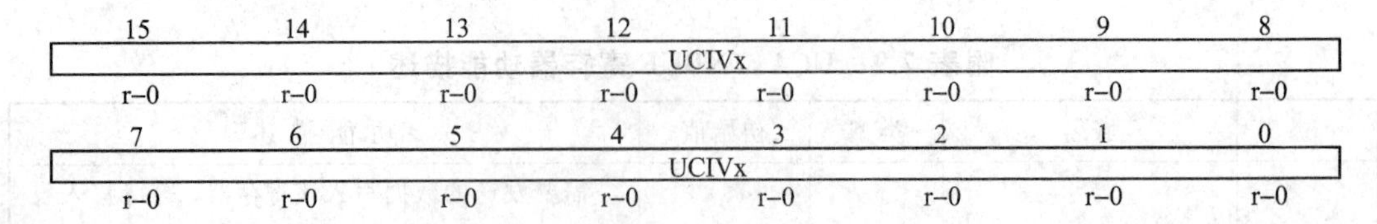

附图 7.11　UCAxIV 寄存器

附表 7.12　UCAxIV 寄存器功能描述

位	域名	类型	初始值	功能描述
15～0	UCIVx	只读	0h	USCI 中断向量位 00h＝无中断挂起 02h＝收到数据等待读取，优先级最高 04h＝发送缓存空，等待写入数据

附录 H　I²C 模块寄存器

附表 8.1 列出了 I²C 模块相关寄存器，I²C 模块共有 12 个寄存器。附图 8.1～附图 8.12 提供了各寄存器的结构，附表 8.2～附表 8.13 具体描述了各寄存器的功能。

附表 8.1　I²C 模块相关寄存器

偏移	缩写	寄存器名	类型	访问方式	初始值
01h	UCBxCTL0	USCI_B 控制器 0	读写	8 位	00h
00h	UCBxCTL1	USCI_B 控制器 1	读写	8 位	01h
06h	UCBxBR0	USCI_B 时钟控制器 0	读写	8 位	00h
07h	UCBxBR1	USCI_B 时钟控制器 1	读写	8 位	00h
0Ah	UCBxSTAT	USCI_B 状态寄存器	读写	8 位	00h
0Ch	UCBxRXBUF	USCI_B 接收缓存	读写	8 位	00h
0Eh	UCBxTXBUF	USCI_B 发送缓存	读写	8 位	00h
10h	UCBxI2COA	USCI_BI2C 本机地址	读写	16 位	0000h
12h	UCBxI2CSA	USCI_B I2C 从机地址	读写	16 位	0000h
1Ch	UCBxIE	USCI_B 中断使能寄存器	读写	8 位	00h
1Dh	UCBxIFG	USCI_B 中断标志寄存器	读写	8 位	00h
1Eh	UCBxIV	USCI_B 中断矢量寄存器	只读	16 位	00h

1. UCBxCTL0 寄存器

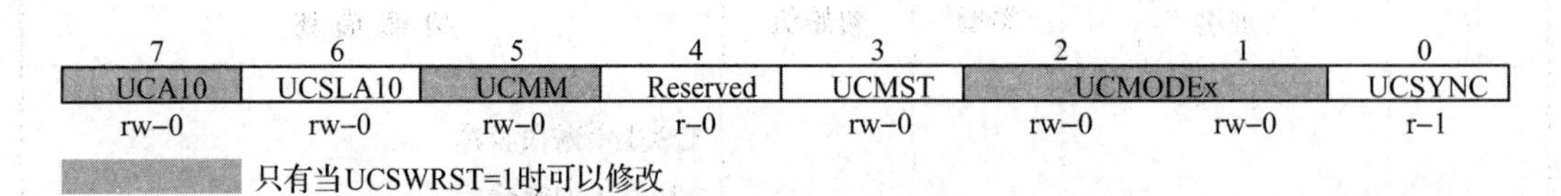

附图 8.1　UCBxCTL0 寄存器

附表 8.2　UCBxCTL0 寄存器功能描述

位	域名	类型	初始值	功 能 描 述
7	UCA10	读写	0h	本机地址行模式选择 0b＝本机地址采用 7 位地址 1b＝本机地址采用 10 位地址
	UCSLA10	读写	0h	从机地址模式选择 0b＝从机地址采用 7 位地址 1b＝从机地址采用 10 位地址
5	UCMM	读写	0h	多主机环境选择 0b＝单主机环境 1b＝多主机环境
4	保留	只读	0h	保留
3	UCMST	读写	0h	主机模式选择 0b＝从机模式 1b＝主机模式
2～1	UCMODEx	读写	0h	00b＝3 线 SPI 01b＝4 线 SPI，UCxSTE＝1 时从机使能 10b＝4 线 SPI，UCxSTE＝0 时从机使能 11b＝I^2C 模式
0	UCSYNC	只读	1h	0b＝异步模式 1b＝同步模式

2. UCBxCTL1 寄存器

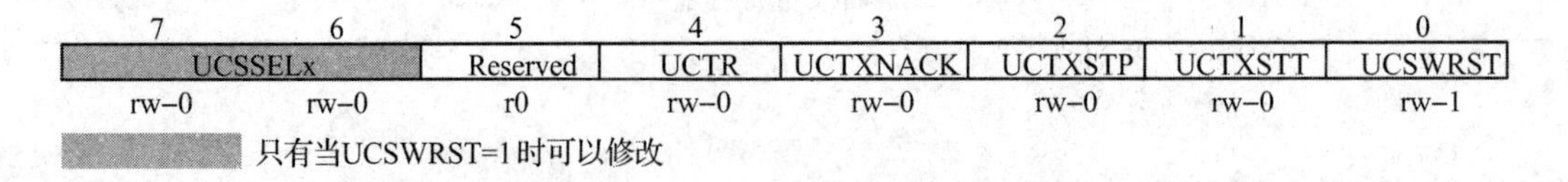

附图 8.2　UCBxCTL1 寄存器

附表 8.3　UCBxCTL1 寄存器功能描述

位	域名	类型	初始值	功能描述
7～6	UCSSELx	读写	0h	USCI 时钟源选择 00b＝UCBxCLK 01b＝ACLK 10b＝SMCLK 11b＝SMCLK
5	保留	读写	0h	保留
4	UCTR	读写	0h	0b＝接收端 1b＝发送端
3	UCTXNACK	读写	0h	0b＝正常应答 1b＝不应答
2	UCTXSTP	读写	0h	0b＝不发送结束信号 1b＝发送结束信号
1	UCTXSTT	读写	0h	0b＝不发送开始条件 1b＝发送开始条件
0	UCSWRST	读写	0h	0b＝USCI 退出复位状态 1b＝USCI 保持复位状态

3. UCBxBR0 寄存器

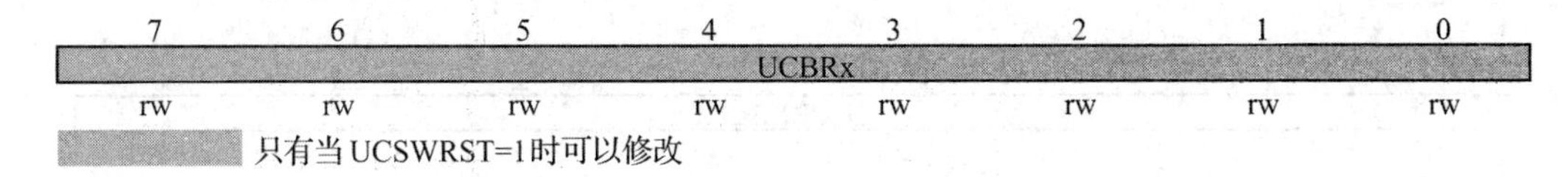

附图 8.3　UCBxBR0 寄存器

附表 8.4　UCBxBR0 寄存器功能描述

位	域名	类型	初始值	功能描述
7～0	UCBRx	读写	不确定	时钟分频系数低 8 位

4. UCBxBR1 寄存器

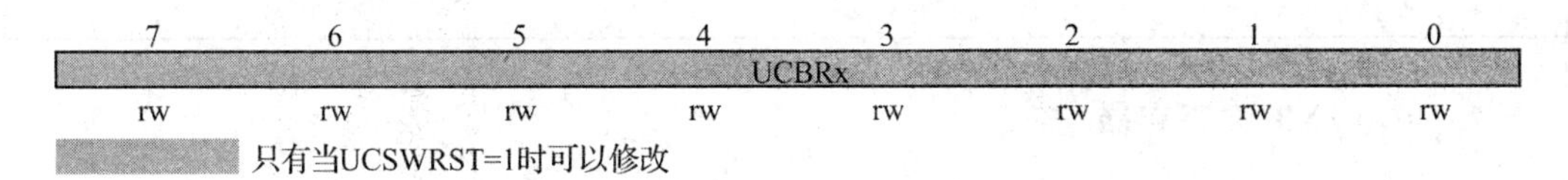

附图 8.4　UCBxBR1 寄存器

附表 8.5　UCBxBR1 寄存器功能描述

位	域名	类型	初始值	功能描述
7～0	UCBRx	读写	不确定	时钟分频系数高 8 位

5. UCBxSTAT 寄存器

附图 8.5　UCBxSTAT 寄存器

附表 8.6　UCBxSTAT 寄存器功能描述

位	域名	类型	初始值	功能描述
7	保留	读写	0h	保留
6	UCSCLLOW	只读	0h	0b=SCL 不在低电平时保持 1b=SCL 在低电平时保持
5	UCGC	读写	0h	0b=未收到广呼地址 1b=收到广呼地址
4	UCBBUSY	只读	0h	0b=总线空闲 1b=总线占用
3～0	保留	读写	0h	保留

6. UCBxRXBUF 寄存器

附图 8.6　UCBxRXBUF 寄存器

附表 8.7　UCBxRXBUF 寄存器功能描述

位	域名	类型	初始值	功能描述
7～0	UCRXBUFx	只读	不确定	存放最近一次从接收移位寄存器移入的 1 个字节数据。对该寄存器的读操作将会对 UCRXIFG 位清零

7. UCBxTXBUF 寄存器

附图 8.7　UCBxTXBUF 寄存器

附表 8.8　UCBxTXBUF 寄存器功能描述

位	域名	类型	初始值	功能描述
7～0	UCTXBUFx	读写	不确定	需要发送的数据写入该寄存器，等待移入发送移位寄存器中，UCTXIFG 自动清零

8. UCBxI2COA 寄存器

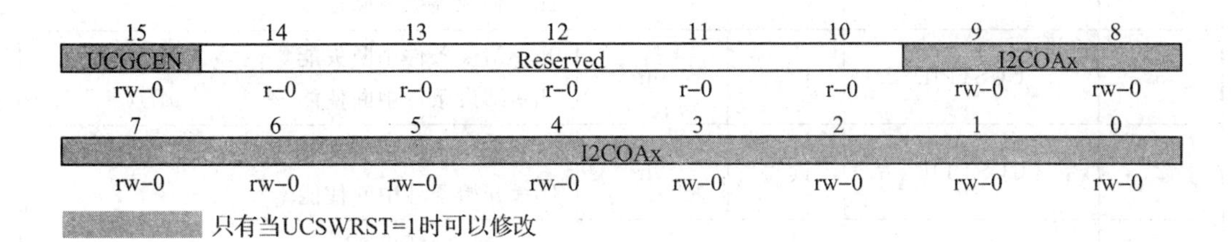

附图 8.8　UCBxI2COA 寄存器

附表 8.9　UCBxI2COA 寄存器功能描述

位	域名	类型	初始值	功能描述
15	UCGCEN	读写	0h	0b＝不响应广呼 1b＝响应广呼
14～10	保留	只读	0h	保留
9～0	I2COAx	读写	0h	I^2C 本机地址，采用右对齐方式

9. UCBxI2CSA 寄存器

15	14	13	12	11	10	9	8
Reserved						I2CSAx	
r–0	r–0	r–0	r–0	r–0	r–0	rw–0	rw–0

7	6	5	4	3	2	1	0
I2CSAx							
rw–0	rw–0	rw–0	rw–0	rw–0	rw–0	rw–0	rw–0

附图 8.9　UCBxI2CSA 寄存器

附表 8.10　UCBxI2CSA 寄存器功能描述

位	域名	类型	初始值	功能描述
15～10	保留	只读	0h	保留
9～0	I2CSAx	读写	0h	I^2C 从机地址。在本机作为主机时使用，用于存放当前通信的从机地址

10. UCBxIE 寄存器

7	6	5	4	3	2	1	0
Reserved		UCNACKIE	UCALIE	UCSTPIE	UCSTTIE	UCTXIE	UCRXIE
r–0	r–0	rw–0	rw–0	rw–0	rw–0	rw–0	rw–0

附图 8.10　UCBxIE 寄存器

附表 8.11 UCBxIE 寄存器功能描述

位	域名	类型	初始值	功能描述
7～6	保留	只读	0h	保留
5	UCNACKIE	读写	0h	0b＝无应答中断失能 1b＝无应答中断使能
4	UCALIE	读写	0h	0b＝仲裁丢失中断失能 1b＝仲裁丢失中断使能
3	UCSTPIE	读写	0h	0b＝结束条件中断失能 1b＝结束条件中断使能
2	UCSTTIE	读写	0h	0b＝开始条件中断失能 1b＝开始条件中断使能
1	UCTXIE	读写	0h	0b＝发送中断失能 1b＝发送中断使能
0	UCRXIE	读写	0h	0b＝接收中断失能 1b＝接收中断使能

11. UCBxIFG 寄存器

7	6	5	4	3	2	1	0
Reserved		UCNACKIFG	UCALIFG	UCSTPIFG	UCSTTIFG	UCTXIFG	UCRXIFG
r–0	r–0	rw–0	rw–0	rw–0	rw–0	rw–0	rw–0

附图 8.11 UCBxIFG 寄存器

附表 8.12 UCBxIFG 寄存器功能描述

位	域名	类型	初始值	功能描述
7～6	保留	只读	0h	保留
5	UCNACKIFG	读写	0h	0b＝无应答中断未发生 1b＝无应答中断发生
4	UCALIFG	读写	0h	0b＝仲裁丢失中断未发生 1b＝仲裁丢失中断发生
3	UCSTPIFG	读写	0h	0b＝结束条件中断未发生 1b＝结束条件中断发生
2	UCSTTIFG	读写	0h	0b＝开始条件中断未发生 1b＝开始条件中断发生
1	UCTXIFG	读写	0h	发送缓存中断标志位 0b＝无中断 1b＝发送缓存空，可向其写入数据
0	UCRXIFG	读写	0h	接收缓存中断标志位 0b＝无中断 1b＝接收缓存收到 8 位数据，待读取

12. UCBxIV 寄存器

15	14	13	12	11	10	9	8
UCIVx							
r-0	r-0	r-0	r-0	r-0	r-0	r-0	r-0
7	6	5	4	3	2	1	0
UCIVx							
r-0	r-0	r-0	r-0	r-0	r-0	r-0	r-0

附图 8.12　UCBxIV 寄存器

附表 8.13　UCBxIV 寄存器功能描述

位	域名	类型	初始值	功能描述
15～0	UCIVx	只读	0h	USCI 中断向量位 00h=无中断挂起 02h=仲裁丢失中断，优先级最高 04h=无应答中断 06h=开始条件中断 08h=结束条件中断 0Ah=收到数据等待读取 0Ch=发送缓存空，等待写入数据，优先级最低

参考文献

[1] Texas Instruments. MSP430F552x, MSP430F551x mixed-signal microcontrollers datasheet(Rev.M)[EB/OL].(2015-11-02).http://www.ti.com/lit/ds/symlink/msp430f5529.pdf.

[2] Texas Instruments. MSP430x5xx and MSP430x6xx family user's guide (Rev.P) [EB/OL]. (2016-11-10). http://www.ti.com/lit/ug/slau208p/slau208p.pdf.

[3] Texas Instruments. MSP430F5529 launchpad development kit (MSP-EXP430F5529LP) user's guide (Rev.D) [EB/OL]. (2017-04-07). http://www.ti.com/lit/ug/slau533d/slau533d.pdf.

[4] Texas Instruments. MSP-EXP430F5529LP quick start guide[EB/OL]. (2017-09-09). http://www.ti.com/lit/ml/slau536/slau536.pdf.

[5] 王兆滨，马义德，孙文恒. MSP430 单片机原理与应用[M]. 北京：清华大学出版社，2017.

[6] 任宝宏，徐科军. MSP430 单片机原理与应用：MSP430F5XX/6XX 系列单片机入门、提高与开发[M]. 北京：电子工业出版社，2014.

[7] 施保华，赵娟，田裕康. MSP430 单片机入门与提高[M]. 武汉：华中科技大学出版社，2013.